人文科普 —探 询 思 想 的 边 界—

THE SPECIES THAT CHANGED ITSELF

How Prosperity Reshaped
Humanity

[英]埃德温·盖尔 著

Edwin Gale

改变自己的物种

繁荣如何重塑人类生命

潘隆斐 译

张钰 罗淇 审校

中国社会科学出版社

图字：01-2021-0302号

图书在版编目（CIP）数据

改变自己的物种：繁荣如何重塑人类生命 /（英）
埃德温·盖尔著；潘隆斐译. -- 北京：中国社会科学
出版社，2022.9
书名原文：The Species that Changed Itself：How
Prosperity Reshaped Humanity
ISBN 978-7-5203-9675-2

Ⅰ.①改… Ⅱ.①埃… ②潘… Ⅲ.①人类学－研究
Ⅳ.①Q98

中国版本图书馆CIP数据核字(2022)第017850号

出 版 人	赵剑英	
项目统筹	侯苗苗	
责任编辑	侯苗苗　沈　心　朱悠然	
责任校对	李　莉	
责任印制	王　超	

出　　版　中国社会科学出版社
社　　址　北京鼓楼西大街甲 158 号
邮　　编　100720
网　　址　http://www.csspw.cn
发 行 部　010-84083685
门 市 部　010-84029450
经　　销　新华书店及其他书店

印刷装订　北京君升印刷有限公司
版　　次　2022 年 9 月第 1 版
印　　次　2022 年 9 月第 1 次印刷

开　　本　880×1230　1/32
印　　张　13.625
字　　数　269 千字
定　　价　89.00 元

凡购买中国社会科学出版社图书，如有质量问题请与本社营销中心联系调换
电话：010-84083683
版权所有　侵权必究

|目　录|

第四部分　改变我们的思想

第五部分　住在一起

在大历史中理解演化

　　我经常说，当代中国人都该学点医学史，这对于健康中国战略意义重大。虽然说，医学史可能不如政治史、战争史那般波澜壮阔，没有那么多的帝王将相、才子佳人可以品评，但医学史却和我们每个人的生活息息相关。生、老、病、死是所有人都必然经历的生命过程，了解医学史或者说更加广义层面的生命史，对于我们如何健康地过好这一生至关重要。中国人经历了人类历史上最为激烈的城市化，我们的科技和经济都得到了迅速发展，而我们也迅速脱离了我们所熟悉的生活环境。在过去，大部分中国人生活在乡村的熟人社会当中，生、老、病、死这些人生中的大事在这样的社会中已经形成了不需要过度思考的按部就班的经验。但大规模的城市化就意味着原子化，意味着每个人都面临着属于自己的自由选择，而没有经过成熟思考也就没有真正自由的选择。不了解人类的生育史，缺乏对于生育的认识，最后不得不选择技术和伦理都不那么成熟的辅助生殖技术是自由吗？不了解人类的养老史，缺乏对于养老的成熟规划，最后不得不选择发达国家都已印证不那么理想的机构化养老是自由吗？消费主义社会有无数的方法扭曲人类的选择，而盲目自大的当代人往往会深陷于各种操纵当中而不自知。

医学史不只与我们生命中的每个选择都息息相关，同时医学史也是演化医学的基础。现代医学研究和实践侧重于健康和疾病的分子和生理机制，重视统计和数据，我们可以称之为数据医学。数据医学相比于传统医学具有极大的进步性，但它也具有一定的片面性。韩启德院士就曾发出惊天之问——高血压是不是疾病？这个问题在过去很好回答，高血压有着一定的数据标准，超出标准后需要终身服药。而事实上，大部分人服用降压药物的实际作用并不大，而且还有可能存在药物副作用，并带来一定的经济负担。现代医学实际上还是比较粗糙的，难以做到真正的精准，在统计数据之下，过度医疗层出不穷。演化医学是对数据医学的一种补充，它侧重于从演化的角度审视人体、创伤、疾病、衰老等等健康议题，能让我们更多从个人的实际情况而非统计数据来认识疾病。现代人的很多疾病都是"文明病"，需要我们从人类文明发展与身体演化的角度来认识。我校教师潘隆斐翻译了英国医学家埃德温·盖尔的医学史著作《改变自己的物种——繁荣如何重塑人类生命》，这是一本讨论人类文明发展与身体演化的优秀医学史著作，可以帮助我们更好地认识自身的健康问题。

　　盖尔关于经济发展与慢性病之关系的论述令我印象深刻——容易受"三高"困扰的人往往都是经历过经济高速发展的一代人。这样的一代人往往儿时营养欠缺，身体在成长过程中已经适应了素食偏多的食谱，在经济条件大幅改善之后营养也大幅改善，他们的身体适应不了这样的营养，"三高"往往会很快到来，对他们的身体影响也很大。而从小就生活在相对富裕社会中的人，受"三高"的影响就不是特别大，因为他们从小就适应了营养相对充分的环境。所以，虽然指标可能类似，但对于有不同生活史的人而言，"三高"的危害性是差别很大的，每个人都应该懂得结合自己的生活史去分析自己的健康状况，打造适合自己身体的健康生活方式，不能指望把一切交给医生。在避免文明病的同时，读医学史也能让我们避免成为消费主义社会的"韭菜"。消费主义社会往往会制造各种健康和身材焦虑，向消费者推荐各种或者极端或者昂贵的生活方式和饮食方式。消费者对于这样的信息灌输是很难分辨的——历史总是惊人的相似，每一个历史时期总有科学家出于经济利益考虑，为各种"创新"的生活方式、饮食方式站台，也将我们的生活过度医学化。而盖尔的这本书则追溯了人类从远古时代开始的饮食变迁，告诉我们人类是通过怎样的饮食结构变化而变得更加健康和强壮，也揭示了不少营养和健康产业的"黑历史"。读罢这本书，就能更加理性地审视这个充满商业构建的消费主义社会，做出自己的生活选择。

经过三十多年的发展，演化医学已经在西方成为了一个强大的医疗实践框架。对于医者而言，演化医学可以弥补数据医学的不足，帮助医者结合患者的生活史从演化角度出发进行更为个性化的诊疗。对于大众而言，理解演化医学就可以在消费主义社会做出更加理性的健康决策，构建属于自己的健康生活方式。我们的演化医学依然有很大的发展空间，这需要更加广泛深入的医学史教育。医学史是人类文明史的重要部分，我们需要像盖尔这样，从大历史的视角理解医学，理解社会、经济、科技与健康的有机联系。经历了新冠一疫，相信会有更多的朋友停下匆匆的脚步，更加关注生活与健康。那就放下浮躁的内心，去读一读医学史吧。这会帮助我们思考关于生命与健康的本质，理性进行人生选择与决策，逃脱消费主义社会的异化，成为生命真正的主人，让自己的生命旅程更加美妙。

周程

2022 年 6 月于燕园

序　言

先知以赛亚在异象中看见了新耶路撒冷。他说："那里不再有活不过几天的婴孩，也不再有活不到寿数的老人；活到 100 岁而死的人仍算年轻，而活不到 100 岁的人会被认为受到了诅咒。"[1]以赛亚不可能想象我们凭自己的力量就能达到这种幸福的境界，然而，我们已经接近了。死亡是大部分人老年才需要面对的，从物质上讲，我们是有史以来最幸运的一代。

如果你把兔子放生到一个没有天敌的岛上，好好喂养它们，使它们免受常见传染病的影响，那么，它们的数量将呈指数级增长。它们将会逃脱自然选择的限制，就像我们所做的一样。我们大约在 200 年前逃离了那悲惨的命运，当时西欧的人们利用化石能源，发现了一种创造不断增长财富和知识的方法。地球科学家们将这一时代称为人类世——人类创造的时代。

从理论上讲，兔子岛的结局是兔子数量过度增长，以及随后的兔子数量崩溃。到目前为止，这种情况仍未发生在人类世界的原因，在于我们已经能够控制人口增长并扩大粮食供应。如此一来，我们改变了世界，同时也改变了我们自己。欧洲人普遍比两个世纪前高了近 20 厘米，美国的年轻人也在过去 100 年里增重了 12 千克。我们的骨骼比例已经改变，头骨和脸也同样改变了。我们的性成熟提前了 3—4 年，寿命延长了 40 年，我们通常因罕见病而死。我们的生活经历改变了，思维方式也不同了。这一切都发生在几代人之内——我称之为表型转化，这本书正是要探讨表型转化的历史和原因。

▶▷ 科克涅王国

一则中世纪的传说讲述了一片想象中的土地，那里的食物取之不尽。意大利人称它为 "Paese di Chucagna"，即 "蛋糕之乡"，而法国人则在 13 世纪的一首民谣中歌颂它，这首歌谣叫做《科克涅的故事》。在科克涅 (英国人称其为科克涅王国)，每个月有 6 个星期日，每年有 4 个复活节。大斋节每 20 年一次，斋戒是非强制性的。德国人称之为 "Schlaraffenland"，即 "饕餮的天堂"；荷兰人称之为 "Luilekkerland"，大致翻译过来就是 "甜蜜快乐的土地"。[2] 老彼得·勃鲁盖尔的描述展示了一个军人、一个职员和一个农民——社会三个阶层的代表——在这样一个 "烤猪背着刀子四处游荡、烤鹅直接飞进嘴里、煮好的鱼跳出水面落在脚边" 的世界里肚子鼓鼓地睡觉。在这个世界里，天气总是温和的，酒是自由流动的，性是轻而易举便可以得到的，所有人都永葆青春。"[3]

图 1："Luilekkerland"。仿照老彼得·勃鲁盖尔雕刻而成（1567）。

　　我们生活在一个我们的祖先只能梦想的世界，这经历了三个阶段。第一阶段基本上是在拥有像我们这样基因的人离开非洲时完成的。第二阶段是在我们自身活动的推动下完成的，我们致力于不断加快技术发展。第三阶段，我们在与自然选择的拉锯中达到了逃逸速度，并开始向未知的未来狂奔，在一个为我们量身定做的世界中成为自我驯养的动物。

　　我们的基因在不同的环境中有不同的表达，每种基因表达形式都被称为表型，这个术语是由丹麦植物学家威廉·约翰森在1911 年提出的。他指出，基因相同的豆子在不同的土壤和光照条件下生长的情况不同——这并不奇怪——但当并排种植时，它们的后代会恢复到相同的大小和形状。当时的遗传学家认为，父母获得的特征会被子女继承，但约翰森证实了孟德尔的观点，即遗传单位以密封方式传递，不受亲代环境的影响。这些神秘的单位仍然没有名字，约翰森选择称它们为基因。他们共同形成了"基因类型"即基因型，他把这种基因型在特定环境中的表达称为"表现类型"即"表型"。[4]

豆子如此，人也如此。尽管专家们仍在争论基因到底是什么，或者我们到底有多少基因，但人们在谈论基因时仍信心十足。"环境会影响你的表型"这一理论并不为人所熟悉，这也许可以解释为什么我们迟迟没有意识到我们的表型正在发生变化。那么，表型到底是什么呢？约翰森说，这是在有机体中你能观察或测量到的一切。在一粒豆子中没有太多可以观察和测量的，但人总是千变万化的。

约会网站是一个很好的开始。你会寻找特定年龄的人，对其背景和外表有一定偏好。你可能想知道他们是否吸烟，是否认为你有幽默感。几周后，你在一家餐馆遇到了感兴趣的表型。你第一眼看到的是外表——中等身高、红头发、健美的身材、讨人喜欢的脸和有一丝笑纹的眼角。不久，你们就能深入交谈，因为你们在相似的环境中长大，你们会对同样的事情发笑，你们的性情相合，你们的兴趣也相匹配。最重要的是，你的约会对象看起来善良、体贴，可能成为你未来的朋友和伴侣。

那么表型是什么呢？简短的回答是，它代表了你刚刚认识的那个人的一切。这是他／她经过环境的过滤和生命旅程的塑造之后的基因表达。表型的某些方面（例如眼睛的颜色）在吸引你，这些都是简单的特征，你无法改变它们。然而，除非你碰巧坠入爱河，否则你不会简单地沉迷于约会对象眼睛的颜色，你会对魅力、个性和智力等方面更感兴趣。这些都是复杂的特征——复杂是因为它们产生于许多基因的相互作用，而且这种相互作用的结果会因人而异。简单的特征是明确的：你的眼睛要么是蓝色的，要么不是。复杂的特征则具有"或多或少"的多样性，这意味着人与人之间的差异：它们是多维的。

基因和环境之间的对话始于受精卵植入母亲的子宫内膜，结束于我们最后的呼吸，其间的旅程有其独特的历史。事情以一种方式而不是另一种方式发生；走这条路而不是那条；基因和偶然事件的组合最终聚集在拿着这本书的人身上。时间是我们存在的真正媒介，表型是对一段时间旅程的叙述。

▶▷　受精卵的战争

当莱缪尔·格列佛游历利立浦特世界（小人国）时，他发现那里的微型居民正在与他们的邻居就一个重要的教义问题开战。利立浦特人坚持要从鸡蛋的小端开始吃，而他们的敌人则主张从鸡蛋的大端开始吃。这个争论恰似关于先天和后天、基因和环境哪个"更重要"的讨论。

通常情况下，答案取决于你提问的方式。例如，如果你在同一个笼子里饲养实验鼠，它们之间的差异很大程度上取决于它们的基因，同样的道理也适用于共享同一环境的人。但是，当拥有相同基因的人居住在不同的环境中会发生什么呢？20世纪30年代的一项经典研究表明，到夏威夷的第二代和第三代日本移民在身体上与留在日本村庄的人有很大不同。[5]

基因在很大程度上决定了种群内部的差异，而环境则决定了种群之间的差异。你可以把它想象成在潮汐盆地中抛锚的船只。它们的桅杆的相对高度会根据设计（"基因"）而有所不同，但所有的船都会在涨潮时一起上涨。那些为基因的重要性辩护的人在比较船只，而赞同环境的重要性的人是在比较潮汐。

关于在出生时就分开的同卵双胞胎的报道经常被引用来强调基因的极端重要性，显著的巧合总是被报道。撇开确认偏差不讲，我们应该记住，双胞胎通常共享同一个子宫，在同一个社会中成长。但是，假设它们在受孕后被分离，并被植入不同的代孕母亲体内呢？例如，双胞胎中的一个在韩国长大，另一个在朝鲜长大；或者双胞胎中的一个可能在克罗马农人的时代发展，另一个可能在现代纽约长大。然后呢？双胞胎会有同样的脸，但是他们在其他重要方面会有所不同，而这种不同正是我们所感兴趣的。查尔斯·达尔文说过："生存下来的物种可能不是最强壮的，也不是最聪明的，而是对变化反应最快的。"我们的基因可以成为变化的原动力，其所赋予的灵活性被称为表型可塑性，自然选择作用于表型而不是基因。

▶ ▷　表型简史

我们的时间之旅是由对食物的追求所驱动的：这一追求使我们从素食的灵长类动物一路进化为食用超市货架上的"成人婴儿食品"的现代人。食物反映在我们的生长和发展中，食物生产的每一次重大转变都产生了特有的表型。

作为一个物种，智人在其存在的 95% 时间里都生活在小型的流动群体中，20 世纪的狩猎－采集者遵循同样的生活方式，他们通常和马拉松赛跑者一样苗条、健康。我把这种原型模式称为旧石器时代的表型。大约 1 万年前，事情发生了变化，谷物的种植和消费塑造了我们的身体和社会——从进化的角度看，这不过是一眨眼的工夫。那些靠自给自足的农业生活的人们，其骨瘦如柴的遗骸证明了他们劳苦、多病，过着经常出现饥荒的生活。从耶利哥城建立到现代，他们的生活几乎没有变化，我称之为农业表型。自给自足的农民没有留下任何记录，历史是由那些靠他们的劳动为生的人们书写的。这些人是过去社会中的精英成员，他们住得、吃得更好，个子也更高——人们都很尊敬他们。他们是特权表型，在某种程度上，它预示着我们现代人的表型。

瘟疫和饥荒席卷了从事农业生产的人们，在出生和死亡之间形成了一种波动平衡，经济学家称之为"马尔萨斯陷阱"。[6] 欧洲最早开始摆脱这一陷阱。以英格兰为例，公元1300年之前是繁荣的年代，人口迅速增长，但在灾难深重的14世纪，瘟疫和饥荒导致人口减半。人口压力的缓解为食品生产的创新创造了空间，从而诞生了一个"马尔萨斯假日"。英格兰的人口花了四个世纪才恢复到1300年代的水平，但在1700年左右该国的牛奶和小麦产量增加了50%，牛肉产量增加了一倍，耕地面积却减少了。[7]

日益繁荣的经济给19世纪的欧洲带来了更多的食物、更好的生活条件和更好的健康水平。欧洲的人口激增，但它通过进口粮食和输出过剩人口避免了兔子岛的局面。尽管如此，在19世纪末，当全球种植业扩张到顶峰时，饥荒仍在威胁着人们的生存，后来的农业革命避免了饥荒的产生。现在，全世界都可以享受"马尔萨斯假日"了。

在20世纪初，这一切都仍在未来。繁荣在很大程度上局限于西方国家，他们的人口迅速增长。到1930年，全球人口中有三分之一都拥有欧洲血统。然而，这种情况即将发生改变，因为欧洲的出生率已经急剧下降。当代人口学家将"人口问题"视为人口数量下降的问题，出生率的下降预示着所谓的人口转型。

1950 年以后，全球经济进入了一个新的阶段。欧洲和亚洲被战争摧毁，但战时生产的需求为美国带来了大量投资、中央指令经济和科学技术知识的动员，从而使美国摆脱了停滞。食品和能源价格低廉，自动化将生产力带到新的维度，人们越来越多地依从欲望而非需求定做产品。新模式迅速传播，经济的繁荣标志着消费者表型的出现。20 世纪下半叶，世界范围内人口激增，但粮食生产却与之保持同步。饥荒仍在发生，但其部分原因是可以预防的，比如政治崩溃。丰富的食物、远离传染病和久坐不动的生活方式在世界各地蔓延开来，消费者表型走向了全球。

▶▷　表型转变

在 20 世纪初，欧洲人的后裔超过了其他大多数族裔，他们的孩子也因为不断增长的财富和不断下降的出生率快速成长。大约从 1870 年开始，身高和寿命的增加成为许多西方人口的特征，我们的表型也发生了许多其他变化。

生命始于母亲，基因与环境的相互作用始于受孕。当两三个孩子中只有一个能存活下来繁衍后代时，高繁殖力是我们这个物种的一个基本特征。但当存活到成年成为常态时，高繁殖力就成了一个障碍。生育期的管理是表型转变的先决条件，在这一过程中，女性发生了变化。

母亲的生活质量反映在她的孩子身上，孩子们的出生体重在几代人的时间里逐渐增加。一方面，这是因为母亲更健康，吃得更好；另一方面是因为个子较高的女性生育的婴儿更大，同时，体型较大的婴儿长大后也会更高。我们的手臂和腿的长骨长度增加了，改变了我们的身体比例。我们的头骨更高更窄，下颌更轻，把牙齿挤在一起，给牙医带来了更多的工作。更大的体型和更强的肌肉增长能力改变了力量—重量运动的面貌。尽管那些喜欢久坐不动的生活方式的人肌肉更小、脂肪更多，但人类运动记录却被不断刷新。

在生命的旅程中，我们并不孤单，我们身体内部和身体上生活着无数看不见的生命。旧石器时代的表型有利于长期存活的寄生虫和代代相传的传染病。向农业生活的过渡使人们涌入永久性社区，从而使一系列新的传染病在人类社群中生根，其中一些成为我们历史上有记载的流行病。近来，我们与这些看不见的生命的共存再次发生了变化。我们失去了其中一些古老的伙伴，双方交往的条件也不同了，这对我们的健康和福祉产生了深远影响。所有这些都反映在我们免疫表型的发展中。

一种表型是一段穿越时间的旅程，人类的平均寿命在最近一个世纪的进程中几乎翻了一番，这不仅是因为更好的生活条件和医疗保健——尽管这些很重要——而且也是因为我们的衰老速度越来越慢。寿命的延长和过度消费的结合给我们身体的内部带来了越来越大的压力。例如，"代谢综合征"就是一种典型的表型，肥胖的发展人容易导致控制血压、糖和脂肪的调节系统逐渐失效。我们把所谓的退行性疾病视为老年生活的疾病，但它们同样也可以被视为衰老表型的自然反应。

表型转变已经在我们的物质生活中产生了许多可察觉的变化，但是，那些我们看不到的变化呢？我们是相同的还是不同的？《荷马史诗》的一些段落用一种让时间静止的方式来表达我们的理解，但过去的情况确实与现在完全不同。如今，早逝和丧亲之痛已成为罕见事件，儿童的死亡被视为一场可怕的悲剧而非日常事件。"生过五个，埋过两个"是 20 世纪上半叶对常见医学问题的标准回答。和现在一样，当时的父母也为他们的孩子感到悲伤，但反复的丧亲之痛或许可以解释这些父母情感上奇怪的平淡。[8]他们对孩子的死亡漠然置之，或对生者近乎病态地施加暴力。在《天路历程》这部关于基督教生命历程的寓言中，作者约翰·班扬笔下主人公为了寻求自己的救赎，抛弃了他的妻子和孩子，让他们听天由命，这个决定我们大都不认为是值得称赞的。

我们怎么能如此不同却又如此相同？从广义上来说，我们的表型包括大脑和身体的工作方式、情感储备、互动方式，以及社会身份。如果这些事情改变了，我们也必须改变。我出生在一个由固定电话和接线员、无线电话机和条带打字机组成的世界，但现在，我却带着一个手持设备四处走动，它使我可以与地球上任何地方的人交谈，并获得几乎任何信息。然而——这是一个古老的悖论——年轻的我以某种方式嵌入了一个拥有不同身体能力、欲望、期望、知识和经验的老年人身上。他包含在我里面，我却不包含在他里面。个人如此，集体也是如此。我们前辈的生活深深地植根于我们的经验之中，我们对他们的生活有一些了解，但是，他们会怎么看待我们呢？

文学评论家们会用一种叫做"感情"的东西，一种难以捉摸的概念，来描述小说家或写日记的人如何体验他们周围的世界。在过去的三个世纪里，这种表达方式以及由此产生的感受都发生了变化。心理学家史蒂芬·平克在《人性中的善良天使》一书中指出，人们已经发展出了更强的同理心能力（尽管有许多相反的可怕事例）。一个简单的事实显而易见：我们的文化程度大大提高了。据联合国教育、科学及文化组织估计，200 年前，全球大约10% 的人口能够阅读，而 2017 年这一比例为 90%。[9] 相比表型转变的其他特征，阅读对人们思考和感知自我的方式产生了更大的影响。

理解我们自己的思维过程是很有挑战性的，更不用说理解别人的思维过程了，尤其是那些来自完全不同文化背景的人。那么，如何才能将我们的思想与前几代人的思想进行比较呢？智力测试提供了一种客观的测量方法，因为它旨在测量原始的智力能力，不受训练效果或文化背景的影响，并且独立于时间、地点或环境。

智力测试中，被测人群的智力平均值被设定为 100。心理学家詹姆斯·弗林在 1984 年注意到，智力测试中心必须定期上调智力平均值。[10] 他的分析表明，测试成绩正以每 10 年以 3%—5% 的速度增长。我们变得更聪明了吗？不太可能。更可能的是，我们运用大脑的方式不同了。

▶▷　表型和社会

我们创造了兔子岛，但其他生物也和我们共享环境。没有任何野生物种像我们这样发生如此的变化，但是我们的家畜变化得更快。它们也生长得更大，成熟得更早；它们的繁殖不再与季节相关；它们活得更久，长得更胖。和我们一样，它们的骨骼和头骨更轻，头骨上的牙齿更密集。它们也接受等级制度，生活在拥挤的环境中，不过度诉诸暴力。相似之处显而易见。我们是自我驯化的物种吗？正如汤姆·索耶可能会说的那样，想要得出答案是"艰难但有趣的"。

无论是否被驯化，我们都是群居动物。在前工业时代，人口的年龄结构呈金字塔形，儿童的数量远超过老年人。快速成长、性早熟、义务教育和最低就业年龄限制造成了青春期现象。当年轻人以更大的购买力和更少的责任感进入劳动力市场时，一种独特的青年文化就出现了。近年来，由于工业基础的崩溃，西方国家产生了自由流动的、未充分就业的年轻人，而在世界其他地区，年轻人也出现了爆炸性的过剩。与此同时，在年龄谱的另一端，老年人的数量也在增加。他们的长寿阻碍了财富、财产和责任从一代转移到下一代，高科技医疗干预使死亡变得更加昂贵，财富被用来照料老人而非在两代人之间流动，即使是最繁荣的国家也开始在这种负担下摇摇欲坠。

寿命延长的其他后果就不那么明显了，今天的婚姻和200年前一样长久，不同的只是以离婚而非死亡告终。库尔特·冯内古特在他的一部小说中描述了两个天生一对，同时又长生不老的人类的结合，并得出结论说，没有任何一段婚姻可以天长地久。社会安全感增强的另一个后果是对人身安全的追求，这是处于有史以来最安全社会的人所痴迷的事情。这也并不奇怪，因为200岁的人过马路时可能会格外小心。

不断变化的表型改变了社会的面貌，一个不断变化的社会对其公民的表型承担了更大的责任。我的先祖约翰·盖尔在1801年的人口普查中出现过。仅仅六代人之前，我的先祖对中央政府一无所知，而政府只知道他的名字。随着时代的发展，国家变得更有组织性，并越来越多地使用有关其公民的信息（恰当地称为"统计数据"）。勇敢的维多利亚时代的人们在城市贫民窟中发现了黑暗的心脏，精明的雇主寻找受过教育的工人，将军们需要健康的士兵，而英国梦想着成为一个新的帝国。国家对其所统治的人的生活更感兴趣，与此同时，工业社会大众的经济影响力导致了国家对劳动人民重要性的政治权衡。国家保险计划应运而生，国家对被保险人的生命承担了更大的责任，各政党就这种责任的范围争吵不休。

▶▷　申辩

写这本书的过程非常曲折。作为一名做研究的医师，我对两种主要的糖尿病类型的病例数增长如此之快感到困惑。为什么一种疾病会发生变化？当这个问题出现时，答案似乎很明显：糖尿病没有改变，我们在发生改变。我看得越多就越清楚，我们是一个处于转变中的物种，然而，这一相当明显的事实在许多人类生物学的研究中几乎没有被提及。由于基因在一两代之内不会发生变化，这种转变一定与基因的功能有关。基因造就了我们，但它们并非要执行一成不变的蓝图。相反，他们运行着一种对环境信号做出反应的生长程序。这种灵活性是我们的基因组所固有的。

生物学的历史告诉我们，每一代人都低估了自己的无知，我们也一样。我们已经开始理解人类的可塑性，表观遗传学的研究充分说明了人类的可塑性。但是，我们仍有很长的路要走。因此，我的任务仅仅是提供一个简短的表型历史，并描述其他需要解释的事。

首先，我将展示对食物的追求如何影响了我们长期进化和不断变化的表型。终于，我们设法使自己从自然选择的主要因素中解脱出来，哪怕只是部分解放。在兔子岛的寓言中，人口过剩和饥荒本应接踵而至；但在世界上较幸运的地区，粮食产量的增长比人口增长更快，从而促进了消费表型的出现。然后，我将更详细地描述这种表型转变——从我们的身体、衰老和疾病的历史开始，再到我们思想的转变。之后，我会研究我们的表型变化是如何影响社会的，以及社会是如何塑造我们的表型的。最后，我要提出一个不可避免的问题：我们有没有可能带来如此多的改变，但仍然保持不变？

第一部分　大逃亡

第一章

普罗米修斯时刻

想象你自己在非洲大草原上，看着一轮巨大的红日冉冉升起。那是 10 万年前，巨大的兽群在远处游荡。你一丝不挂：没有衣服，没有工具，没有电器。你的皮肤对昆虫的叮咬没有抵抗力，你的手和脚太软弱了，以至于派不上什么用场。如果你能找到例如块茎这样的食物，可能也无法咀嚼或消化它。那高贵的器官——你的大脑，并没有多大帮助。谁能想到，像你这样的人会成为地球的霸主？

从表面上看，我们是最无助的物种。在柏拉图版本的普罗米修斯传说中，众神本来打算创造凡间生灵，但因感到厌倦便半途而废了。一些初具形状的生物一动不动地躺在泥土里，等待着生命的召唤。普罗米修斯和他的兄弟厄庇墨透斯（这两个名字的意思是深谋远虑和事后思虑）被要求完成这项任务，而厄庇墨透斯自愿承担了这项任务。他意识到这些生物需要在野外生存，于是给它们配备了眼睛来观察大自然的平衡。狩猎的动物不应该挨饿，但也不应该没有节制地狩猎以使它们的猎物灭绝。捕食者的数量不应太多，而被猎杀的动物应该数量多。厄庇墨透斯分配了毛皮、兽皮和羽毛，并分发了蹄子和爪子。他如此专注于这项任务，以至于轮到人类的时候，每一份礼物和属性都已被分发出去了。普罗米修斯回来后，发现"其他动物都很好，但人却光着身子，没有利爪，没有皮毛，也没有武器。而约定的日期已经到了，人也要从地下钻出来，进入日光之中"。[1] 我们赤裸无助，眼看就要被屠杀了。普罗米修斯非常同情我们，他从天上盗来了火种，藏在一棵巨大的茴香茎里，然后把文明的艺术传授给人类。但他遗漏了政治的艺术，这成为柏拉图笔下的苏格拉底与普罗泰戈拉对话的起点。众神对普罗米修斯的惩罚是把他锁在高加索山脉的一座山峰上，让一只老鹰无休止地撕咬他的肝脏。

很明显，柏拉图把这个故事讲得很透彻。我们在没有火的情况下是无助的，正是因为我们的进化依赖于火。德裔美国人类学家弗朗茨·博阿斯在 1911 年指出，人类是一个烹饪物种。他说："烹饪的艺术是世界性的。它改变了食物的性质，改变了对消化器官的要求。"[2] 烹饪需要火，而直立人可能在 180 万年前就已经使用火了，[3] 我们有足够的时间通过进化来重组自身的消化器官和其他解剖学特征。让我们看看，到底发生了什么。

▶▷ 食物梯子

对食物的追求塑造了我们的进化，并将继续塑造我们的表型。1700 年 1 月 1 日，伦敦皇家学会 (Royal Society of London) 发表了一位名叫约翰·沃利斯的老医生和解剖学家爱德华·泰森的信件往来，后者以解剖黑猩猩而闻名。[4] 沃利斯的问题是：我们最初是打算吃肉的吗？他以神学模式开始，指出亚当和夏娃一定是素食者，因为上帝告诉亚当"我给了你每一种结种子的药草，以及每一种……树上结的果子，你们可以当肉（即食物）吃"。当诺亚被告知（大概是在动物们离开方舟之后）"所有活着的生物都将成为你们的食物"时，这一赦免范围就被扩大了。沃利斯说，吃肉是一种堕落的特征，开启了人类堕落的年代。我们是堕落的素食者。他承认，他的论点有一个缺陷，那就是食草动物有非常大的大肠，而人类像食肉动物一样大肠很小。在这方面，我们和我们的灵长类亲戚之间的差异是显著的（见图2）。

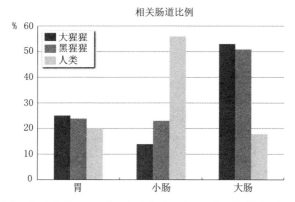

图2：人类和与我们关系最近的灵长类亲戚的大肠和小肠的比例是颠倒的。[5]

植物把来自阳光的能量投入到缔造果实、燃料和结构材料上。果实能量密度大，是被设计来食用的：如此多的果实使得人们有充足的供应——奥德修斯遇到过食莲人；喀拉哈里丛林人根本不认为耕种有什么意义，蒙刚果（Mongongo）坚果如此丰富[6]——他们没有动力去改变自己的生活方式。能量以淀粉和油的形式储存，我们培育的植物可以大量生产这些物质。植物把剩余的能量用在结构性碳水化合物上，比如纤维素（一种由葡萄糖分子通过化学键结合而形成的高密度聚合物）。我们和其他动物都无法消化纤维素，因为我们没有必需的酶。我们被锁在地球上最丰富的食物能源之外，因此食草动物必须与共生细菌（它们确实有酶）合作才能获得它。反刍动物把这些细菌保存在一个特殊的附属胃里，其他食草动物把它们安置在宽敞的大肠里。由于这种安排效率非常低，素食灵长类动物醒着的时候大约有 48% 的时间在吃东西，而我们人类只有 4.7%。[7]

与食草动物相比，食肉动物对肠道细菌的依赖性要小得多，正如沃利斯指出的那样，我们的肠道与食肉动物的肠道类似。那么，为什么我们能够消化大量的植物性食物呢？因为烹饪会打破食物中的化学键，减少我们对细菌的依赖。我们仍然需要肠道细菌帮助消化，大约 10% 的食物能量通过肠道细菌协助消化到达我们的体内。但生食植物的吸收效率非常低，所以生食者必须吃掉大量的植物才能维持身体运转。由于烹饪也会软化我们所吃的食物，以前我们用于粉碎植物性食物的解剖学结构就变得多余了。因此，我们的上颌后退了，下颌变小但更突出了。平坦的脸让我们的面部肌肉能够传达复杂的情感，语言和歌曲就这样诞生了。社交技能成为繁殖成功的关键，推动了所谓的社交大脑的进化。

从解剖学上讲，具有这些特征的现代人类起源于北非，他们最后一个共同祖先大约生活在 20 万年前。从颈部以下看，我们和直立人几乎没有什么区别——尽管现代人类更高、更轻，且两性的体型更接近。差别在于颈部以上，因为我们的大脑体积比直立人更大（1350 毫升比 700—900 毫升），而且我们的大脑皮层迅速向上生长，使我们的头骨呈现出典型的圆形外观。大脑是我们进化程度最高的器官，但维持神经细胞膜上的电荷的能量消耗很高——大约是一个静止的身体所需能量的 20%—25%。烹饪使超大型大脑成为可能。[8]

▶▷　旧石器时代的表型

智人大约在 8 万年前离开非洲，甚至更早。我们可以在梦中回到祖先生活的未受破坏的世界，但我们不应该忘记保暖，因为全球气温比现在低 6—8 摄氏度。冰雪覆盖了北半球，切断了通往北美的通路，开启了通往澳大利亚的海上航线。直立人和尼安德特人早已广泛分布在亚洲和欧洲，在从地球上消失之前，他们与我们共存了很长一段时间。为什么我们占了上风？如果能有我们的祖先显示出卓越能力的早期迹象就好了，但我们欠缺这样的考古记录。所谓的行为现代性的证据——技术创新、艺术表现、对弱者的照顾和对死者的尊重——最早出现在大约 4 万—5 万年前。那时，我们的祖先发明了弓和箭，学会了捕鱼，雕刻了骨头和石头，穿衣服并装饰自己，留下了辉煌的洞穴绘画。用人类学家理查德·克莱因的话来说："发生在 5 万年前的行为转变，是考古学家所能发现的最剧烈的行为转变，它仍需要解释。"[9]

大脑的变化一直困扰着进化论者。达尔文的竞争对手艾尔弗雷德·拉塞尔·华莱士认为，当人类拥有了聪明到足以超越其他动物的大脑时，进化就应该停止了。他说："自然选择只能使野蛮人的大脑比类人猿的大脑强一点，而野蛮人的大脑也只比哲学家的大脑差一点点。"他由此得出结论，创作音乐和建造教堂的能力一定是由于某种精神融合而产生的。[10] 在阿瑟·C. 克拉克的小说《2001》中，外星人给猿猴的大脑提供了必要的刺激，这是同样观点的世俗版本。

我们是如何拥有一个超出我们直接需求的大脑的呢？一种解释是"扩展适应"（exaptation）。进化思想家们用这个词来形容为某一目的进化而来的特征，而这种特征可能起到其他作用。羽毛是为了取暖进化而来的，但却使飞行成为可能。当我们学着说话时，我们的舌头就具有了一个新的功能。进化假说认为，与大脑变化相关的巨大突破之所以发生，是因为我们已经获得了足够的计算能力使之成为可能。对此可能的解释是社会互动和我们物种内部的竞争。但是，人们普遍认为，无论出于什么原因，大约在 5 万年前，我们的行为发生了明显的根本变化，使我们走上了通往现在的道路。

旧石器时代按惯例可以分为早期阶段（5 万—2 万年前）和晚

期阶段（2万—1万年前），这是根据最后一次冰河时代结束时间划分的。大约从2万年前开始，地球开始慢慢变暖。花粉痕迹显示，随着冰层的消退，茂密的森林也随后出现。生命向北迁移，最后存留下来的人类智人也随之迁移。狩猎者需要身体极度健康，但采集者的工作比猎人的工作更持久，同样令人疲惫不堪。对喀拉哈里沙漠的昆山人的观察显示，母亲在孩子出生后的4年里，会带着他们走大约7800千米的路程，并且在一天内收集7—10千克的植物食物。狩猎者和采集者摄入的脂肪比我们少，蛋白质比我们多，摄入的植物纤维更多，但盐却少得多。在这种生活方式下长大的人身体轻盈健康；他们的身体脂肪含量和现代马拉松运动员一样少，男性平均约为15%—20%，女性为20%—25%。他们的运动能力（根据耗氧量估算）通常比同龄的现代西方人高出30%。他们中有些人能让羚羊逃得筋疲力尽。和我们不同的是，他们的体重不会随着年龄增长而增加，他们的血压也不会升高，糖尿病和血管疾病也尚不存在。[11]

　　仅凭几块骨头碎片来重建人类是一件很棘手的事情，早期考古学家想象出了身高2米的早期祖先，后来又有了更冷静的估计。但我们的祖先中有些人相当高：在2万年前的欧洲，男性的平均身高为174厘米，而女性的平均身高为162厘米。

　　另一个"现代"特征是他们腿的长度相对于整体身高的比例（图3）。在意大利等地发现的猛犸象、犀牛和驯鹿的骨骼遗骸中，

图 3：意大利格里马尔迪的格拉维特人骨架。

这一点尤为明显。格拉维特人生活在 2 万—3 万年前，他们中很多人身高超过 183 厘米。对 Y 染色体（标志着男性血统）的研究显示，许多现代欧洲人都是他们的后裔。正如我们之前看到的，基因决定了身高的相对高度，但种群的绝对高度取决于其所处的环境。在这种情况下，人们的兴趣就在于这样一个事实：欧洲人在冰河时代比后来高，直到现代才恢复到以前的高度。这种变化的原因几乎肯定是由于营养，因为格拉维特人生活在狩猎的黄金时代。[12]

对他们的后人来说，生活就不那么容易了，这些人是广谱采食者，不得不以鱼类和小型野味来补充饮食。龋齿证明这些后人越来越依赖以植物性碳水化合物为基础的饮食，而且身材相当矮。女性和男性平均身高分别为 154.5 厘米和 165.3 厘米，分别下降了 7.3 厘米和 8.8 厘米。[13] 这一度被视为新石器时代革命的前奏。

▶ ▷　进化不止于此

史前历史研究领域最初是一个充满不成熟观点的快乐的狩

猎场。业余爱好者和抱有先入之见的妄想者在后来考古学、人类学、民族学和语言学的研究领域里自由驰骋。这些尊贵的先生们不懂当地语言，把对外国沿海的短暂访问写成了两卷本的权威出版物。当地居民的信仰和习俗被自信地推断出来，那些当地人坐在皮制扶手椅上的片段被拼凑进了诸如詹姆斯·弗雷泽的"祭司国王们"之类的学术性幻想中。史前人的漫游即当时的秩序，生物的不平等成为广为接受的假设，具有"远见卓识"的雅利安人漫游在史前世界，无论他们走到哪里都提高音调。20世纪，专业考古学家登场。尽管他们对前人的研究遗产不屑一顾，但还是引入了细致的科学挖掘，以及谨慎的事实推断原则。

戈登·蔡尔德（1892—1957）是那种在任何革命之后都会被逼到墙边站成一排枪毙的活跃人士。他身材矮小，瘦削结实，有一头胡萝卜色的头发，长相古怪，笨拙而睿智，非常好辨认。在他名声最盛的时候，他常常穿着笨重的靴子和短小的短裤，打着红领带，戴着一顶宽边帽子（他20年来一直戴着这顶帽子），一只肩膀上搭着一件黑色的油布雨衣。他懂的欧洲语言很多，但他对发音的漠视，使他说的大多数话都让人听不懂，那些难以理解他所说的话的听众必须首先确定他用的是什么语言。蔡尔德在1927年写了一本关于雅利安人的几乎是必读的书，但他回避了纳粹将走向何方这个话题。他急于成为一名优秀的野外考古学家，他的成就是将大量的考古资料编入动态的叙述中，将史前史与书面记录联系起来，将人们的生活填写进无声的历史进程中。

蔡尔德指出，农业的开端与磨光的石器、陶器和永久的泥砖房村庄的出现时间相吻合。这一切发生在大约 1 万年前，他创造了"新石器时代革命"这个词来描述它。考古学家挖掘了一层又一层的包含陶器和复杂的人工制品的下层土壤，他们认为这可能是一场革命，但这种突然变化的印象是有误导性的：第一个明确的耕作证据和耶利哥城的建立之间的时间间隔大约在 1700 年。这些事件都发生在新月沃土，这是一个回飞棒形状的狭长地带，从西边的巴勒斯坦一直延伸到东边的底格里斯河和幼发拉底河河口。蔡尔德提出，气候变化迫使新石器时代的人们进入一片被山脉和沙漠包围的狭长肥沃土地，而这片土地恰恰就有我们主要的谷物作物和牲畜的祖先。后来的研究表明，农业是在世界上几个地区独立发展起来的，但蔡尔德的假说包含了农业起源的三种主要解释：气候变化、人口压力和意外收获。然而，正如我们现在所看到的，这不是一场革命，而是一个漫长而缓慢的变化过程。

我们从蔡尔德所说的"野蛮的绝境"中逃离出来，这一过程中我们开展了"一场经济和科学的革命，使我们积极地成为大自然的伙伴，而不是大自然的寄生虫"[14]。和那一代的许多人一样，他认为拥有一个没有痛苦和折磨的未来的必要前提是经历苦难。

戈登·蔡尔德在他 65 岁时退休回到澳人利亚，并用 6 个月时间环游了澳大利亚，在那里他获得了极大荣誉。在到达美丽的蓝山之前，他给所有的朋友都写了信。一到蓝山，他就把那件跟随他许久的雨衣叠好，把他那支磨旧了的烟斗和眼镜放在雨衣上，然后纵身跃下了上千英尺高的悬崖。[15]

▶▷　从漂泊到耕作

很久以前，有一个人——也许是一个带着饥饿孩子觅食的母亲——偶然发现了一丛在微风中摇曳的高秆草。她剥去长满种子的草头，用手搓去壳，然后吹出谷粒。这些种子太硬了，根本无法咀嚼，于是她在上面吐了口唾沫，在两块石头之间摩擦，然后把得到的糊状物给了她的孩子们。后来，她也许又把一些这种糊状物糊在火堆旁边滚烫的石头上加热。我们就这样学会了食用植物。

以淀粉为基础的膳食改变了我们的饮食方式，从而改变了我们未来的整个发展过程。淀粉价格低廉、丰富而且易于消化，无论在哪里，标准的膳食都是从一团淀粉开始的——无论是以土豆、大米、玉米、木薯、糕点还是意大利面的形式。淀粉具有黏性和吸水性，需要大量的唾液来辅助咀嚼。这个过程甚至被用于世界各地的磨难仪式。西非的巫医们会给那些被怀疑做了坏事的人一把干米，让他们咀嚼后再吐回手中——干米表示罪孽。在盎格鲁-撒克逊英语国家，同样的折磨被称为"Corsned"。在拉丁咒语的威吓下，嫌犯们头顶着十字架，被要求吃一小块大麦蛋糕或圣礼威化饼。如果食物卡在他喉咙里，就证明他有罪。恐惧会抑制唾液分泌，当你读到一位在异国旅行的美国游客被人用枪威胁时的场景描述时，就会很容易理解这种折磨是如何起作用的："我的舌头开始肿胀，嘴巴开始发干。这种干渴越来越严重，最终我的舌头黏在了上颌上。"[16] 用脂肪或油脂润滑过的淀粉是非常容易下咽的，很少有人喜欢吃一顿脂肪能量不足 30% 的饭。富含油脂的酱汁能给食物带来独特的味道，而蛋白质则因为昂贵而很少使用。这就是为什么不管你去哪里，吃到的食物总是由一团淀粉组成，用脂肪润滑，并配以蛋白质。

　　大约 23000 年前，一群人在加利利湖边建造了六间茅舍。他们离开后，水位上升，积水的地面保留下了有机体残片。他们用柳树和橡树树苗作屋顶，下陷的石头地板上铺着草垫，地上散落着 150 多种种子和水果的残留物，还有鱼骨以及羚羊、小鹿和许多其他小动物的遗骸。那里还发现了一座浅坟，里面有一个习惯使用右手的男子的遗骨，他有 173 厘米。这些茅舍之间有一块巨大的玄武岩板，牢牢地嵌在沙子和鹅卵石中。显微镜分析显示，这是用来研磨多种谷物的石磨的下半部分，包括二粒小麦（小麦的先祖）、野生大麦和少量燕麦。[17]

正如这张快照所显示的，早在第一个定居社区出现之前，谷物就已经是人类饮食的重要组成部分了。一万多年后，他们的后人纳图菲亚人（Natufians）建立了世界上第一座城市耶利哥。耶利哥城不是你想象中的被农田包围的农业社区。相反，它是一个坚固的基地，在那里生活的人们从事着狩猎、采集、蓄养家畜和轮作耕种等多种工作。耶利哥有肥沃的冲积土层，附近有一处泉眼供应充足的水源，足够 2000—3000 人居住。另一个新石器时代早期的定居点是大约在 9500 年前在安纳托利亚中部建立的阿塔霍约克。奇怪的是，那里没有墙壁，没有市政建筑，也没有街道。取而代之的是一大片杂乱无序的单层泥砖公寓，这些公寓有公共的屋顶作为入口，人们通过梯子从屋顶上下来进入自己的住所。[18]这里没有隐私，充满了恶臭和虫害。阿塔霍约克并不是一座典型的城市，它是为满足猎人、牧民、采集者和流耕农民的需求而建

图 4：阿塔霍约克——艺术家的重建。

立的，这些人没有我们所熟知的市民生活的概念。如果你和我走在迦勒底的吾珥的街道上，我们就会看到寺庙、宫殿和工匠打造的街道；我们将从中理解权力结构，以及这个城市体系是如何运作的。同理，我们在阿塔霍约克的屋顶上会困惑不解。他们生活的物质基础显而易见，但他们的思维方式是难以捉摸的，或者说是难以理解的。城市造就了我们，我们也是城市的产物，但人类还有其他的生活方式。

▶▷ 农业表型

早期的定居点经常会耗尽附近的资源，迫使居民勒紧裤带忍饥挨饿，或者迁移到其他地方。因此，早期的城镇经常会被遗弃。这些早期农业社区的居民比之前的狩猎-采集者要矮得多，而且他们的骨骼具有营养不良的特征。从骨骼看，他们中有很多人患有缺铁性贫血，几乎可以肯定是钩虫引起的，钩虫是如今最常见的引发贫血的寄生虫。他们定居的社区对于啮齿动物、苍蝇、吸血昆虫的繁衍非常有利，也为水传播和粪便传播的传染病以及家畜传播的传染病提供了安全的避风港。古生物学家马克·内森·科恩认为，人们并非心甘情愿地耕种土地，而是由于人口和资源减少的压力被迫这样做的。久坐不动的生活环境有利于传染病的传播，同时也使指居民有了更充足但也并不稳定的食物供应。[19] 所谓的新石器时代革命并不一定带来更好的生活条件，这可能就是为什么人类用了很长时间才将新石器时代早期的定居点发展为城市，而早期城市发展比现代城市则要快得多。

欧洲人的饮食主要是素食，他们吃的植物种类比现在的我们多得多。公元1世纪，一个林多人被献祭并扔进了英格兰西北部的泥炭沼泽，他是一个健康的人，大约25岁，身高170厘米，体格强壮。他死前不久吃了用大麦、草、小麦和香草做成的粥，粥里可能还加了一点猪肉。[20]大约在同一时期，丹麦的托伦德人也遭遇了同样的命运，他的肠道里保存有一份纯素食，里面有大约40种不同的种子，包括大麦、亚麻和紫苏等。大麦和亚麻可能是人工种植的，其余都是野菜。

他们的后代就像塔西佗描述的德国人一样，将大麦汁发酵制成酒精饮料。塔西佗说："他们每年更换耕地轮作，但仍然有多余的土地。事实上，他们的土地肥沃而富饶，但他们拒绝在土地上付出应有的劳动。他们没有果树种植园，没有用围栏围起来的草地，没有被精心浇灌的花园。他们只在地里播撒谷物。"[21]塔西佗可能戴着有色眼镜看待这一切，但德国人的生活方式显然对他有吸引力。谁宁愿干农活而不愿在荒野中过自由自在的生活呢？谁会愿意年复一年地尝试在同一块土地上收割庄稼，而不是烧掉另一块林地，把种子撒在灰烬里呢？

农业在不断发展，定居从事农业活动意味着依赖粮食生存，而对粮食的依赖又需要组织来保障。定期的丰收之后会产生大量的剩余食物，这些剩余食物需要储存、看守和分配。于是，士兵出现了，防护栏也出现了，城市、行政人员、牧师和国王也紧随其后出现了。正如亚当·斯密在《国富论》中所说："公民政府……实际上是为了保护富人免受穷人的伤害设立的，或者说是为保护那些有一些财产的人免受一无所有的人的伤害而设立的。"文明是建立在奴隶制基础之上的。

历史由胜利者书写，而胜利者居住在城市里。5000年前，城市居民和供养他们的农民只占全球人口的一小部分；其余的人都没有历史。阿拉伯历史学家伊本·赫勒敦（1332—1406）的作品《历史绪论》以令人耳目一新的非欧洲中心的方式介绍了普世的历史。在他看来，人类最初的状态与7世纪阿拉伯人入侵之前的贝都因人相似：强壮的游牧民族带着骆驼四处迁徙，以骆驼的奶和肉为生。他们精瘦又强壮，已经习惯了饥饿，对一切危险都十分警觉。由于紧密的血缘关系，他们在战斗中团结一致。相比之下，城市居民则是柔软、娇弱和怯懦的，因为久坐不动的生活"构成了文明的最后阶段和衰落的起点"。一波又一波饥寒交迫的战士从荒地中涌现出来，掠夺着城市中虚弱和"罪恶"的居民，他们因奢靡而沦为牺牲品。[22]

那些不得不靠务农为生的人们，身高基本没有变化。埋葬在欧洲各地的9500个人的身高数据揭示了这样的事实：在基督教时代的前 1800 年里，男性的平均身高约为 170 厘米，女性的平均身高约为 162 厘米，而且在整个时期内，这些平均值的变化仅略大于 1 厘米。[23]农业社会是两极分化的，那些处于金字塔底部的人——沉默的大多数——生活在勉强维持生计的边缘。罗伯特·马尔萨斯是 18 世纪 90 年代著名的人口统计学家，在此之前，他曾在农村教区做牧师。他曾说："生活在这个国家的人应该知道，劳动者的儿子很容易发育不良，并且很晚才会发育成熟。一经询问就会发现，你以为是 14 或 15 岁的男孩，通常是 18 或 19 岁。"[24]在约克郡的沃伦珀西村中，对一个在中世纪被遗弃的乡村教堂墓地的遗骨进行的分析，也为我们提供了同样的结论。当时，沃伦珀西村 10 岁的孩子比现在同龄的孩子矮 20 厘米，而如今 10 岁的孩子已经和中世纪 14 岁的孩子体型差不多了。[25]沃伦珀西村孩子的体型并不比 1833 年英国儿童测量样本的体型小多少，这表明体型的增长是很近的事。现代生长研究之父詹姆斯·坦纳指出，终身发育不良在 2 岁时就已经确立，此后发育不良的儿童会在总体统计中拉低健康儿童的成长曲线。

　　自给自足的农民的身体被塑造为可以用微薄的口粮辛勤工作的样子，他们劳动的主要产品是谷物。骨骼在使用中定型，并随着施加在它们身上的压力而变厚；肌肉附着也变得更加突出。旧石器时代的猎人有旅行家的腿和有力的投掷手的手臂，而新石器时代早期的妇女拥有研磨种子产生的强壮手臂，以及因为前后晃动的跪姿而产生的膝盖和脚趾的畸形。[26] 一项对农业时代最初的 500 年中欧洲妇女的研究表明，由于从事诸如锄地或研磨玉米等重体力劳动，她们上臂骨骼的密度大大增加，就连剑桥大学女子赛艇队的队员也不能与她们相比。[27] 在农村的墓地中，经常会发现具有职业性骨骼和关节畸形的人体遗骸，这说明了农民的苦难和忍耐塑造了这些畸形。这就是农业的表型，从人类耕种初期到表型转变，它的变化不大。

公元 802 年 7 月 2 日，一头疲惫的大象步履沉重地走在亚琛的街道上，当地居民大为吃惊。亚琛是一个横跨意大利北部、法国、低地国家和德国部分地区的帝国的首都。公元 800 年圣诞节那天，查理曼在罗马加冕为帝国皇帝。他通过向东部派遣使者来宣誓他的尊贵。其中一队人马联系了耶路撒冷的主教，向圣墓献祭。为表示对新皇帝的敬意，主教将圣墓的钥匙送予他们。有三位大使去面见传奇的巴格达哈里发哈罗恩·拉希德（786—809 年在位）。

一路艰险，只有一位名叫艾萨克的犹太人大使活了下来，他向哈里发献上了精美的佛兰德布料。哈罗恩·拉希德礼貌地接待了他，并送给他一头大象作为礼物。这头名叫阿布 – 阿巴斯的大象从埃及航行到利比亚，再从那里航行到热那亚东南部的波托维内雷。在这里，它一直等到山口的积雪退去，才越过阿尔卑斯山，可能重走了一千年前汉尼拔大象走过的路线。从那里，它长途跋涉 1100 千米来到亚琛，并在北海之滨度过了几个冬天，直到公元 810 年死去。[1]

所有这一切对哈罗恩·拉希德来说都是纯粹的礼貌之举，他统治着文明世界，而查理曼大帝只能统治一个偏远、野蛮的落后地区。同时，查理曼大帝的统治也不够稳固。尽管查理曼大帝努力学习如何阅读，却徒劳无功。但希腊和罗马的书面文化仍然存在于阿拉伯图书馆中，这一古老而优雅的文明在亚洲得到了蓬勃发展。

距离阿拉伯人第一次横扫北非和西班牙已经过去了一个世纪；查理曼大帝在 778 年越过比利牛斯山对摩尔人发动入侵，最终徒劳无功。在朗塞斯瓦列斯隘口，他的后卫部队遭到了巴斯克人的屠杀。阿拉伯舰队统治了地中海，伊本·赫勒敦吹嘘说，基督徒"再也不能在地中海上漂浮起一块木板了"（再也无法在地中海航行）[2]。地中海西部的海岸线不断遭到巴巴里海盗的劫掠，甚至像爱尔兰这样的偏远地区也被海盗劫掠，索要奴隶。尽管在公元 709 年，希腊的炮火从阿拉伯舰队手中拯救了拜占庭，但包括西西里岛在内的地中海主要岛屿都在阿拉伯人手中。当哈罗恩·拉希德指挥阿拔斯王朝入侵小亚细亚时，他从博斯普鲁斯海峡的另一边瞥见了这座黄金之城。

拜占庭是一座拥有百万居民的繁华城市，被认为是欧洲文明遗迹的中心。尽管拜占庭的海军仅能在黑海和爱琴海的部分地区活动，但它仍然控制着安纳托利亚、意大利南部、巴尔干半岛和东欧大部分地区。此时欧洲其他地区再次陷入了野蛮状态。无边无际的森林中，稀疏地分布着类似塔西佗所描述的日耳曼人的异族部落，一直延伸到查理曼大帝领土的东部。英国已经消失在迷雾和传说中，而离奇的是，光头的爱尔兰僧侣还没有在大陆的基督教复兴中发挥他们的作用。在北部，沿着斯堪的那维亚峡湾的与世隔绝的社区，也正孕育鲜为人知的遗传疾病。

虽然看起来希望暗淡，但这个偏远和野蛮的地区将成为人类世界的发源地。为解释其中的原因，人们给出了多种假说，有些原因似乎显而易见。这一地区地域辽阔，土地肥沃，人口稀少，类似于后来的北美。这里有丰富的矿产资源；同时还非常偏远，既能躲避入侵，又能与地中海世界和繁荣的中东和远东文明保持着联系。对于罗马基督教来说，关于罗马帝国几乎消失殆尽的记忆仍挥之不去，共同的语言和文化为古典遗产的重新发现铺平了道路。历史学家彭慕兰在《大分流》指出：东亚的工业生产力和人口增长大约在这一时间和在西方一样，但却没有扩展空间了，而变成了在有限空间内尽力榨取资源的大师。他们的革命是一场"勤劳"的革命，而不是工业革命；[3] 只有欧洲有扩张的空间。

▶▷ 养活欧洲

欧洲西北部虽然土壤肥沃，但森林茂密，人口稀少。罗马时期的英国大约有 75 万英亩耕地，而 1914 年为 2700 万英亩。当盎格鲁－罗马帝国的不列颠衰落时，盎格鲁－撒克逊入侵者将面对的是一片杂草丛生的荒野。圣布里奥克（公元 5 世纪的一位圣人）的传记作者这样描述建立修道院社区的过程："兄弟们砍伐树木，铲除灌木丛和晒黑的荆棘，很快将茂密的树林变成一片开阔的空地……一些人用斧子砍伐和削减木材，其他人为他们的房子竖起了木板墙，有些人盖起了天花板和屋顶，有些人用锄头翻动土地……"[4] 这是一个无尽劳累的时代，野兽被人们鞭打以提供极限的体力。在夜晚沉默的星空下，人们挤坐在火堆边。

查理曼大帝的社会是一个边疆社会，这里充满了残酷、扩张、个人主义和自私自利。他的帝国很快土崩瓦解了，但在此之前，他把从罗马继承下来的语言、文化以及拉丁基督教的意识形态与组织的种子播撒了出去。教会跟随部队进入了未知的森林，开辟了森林空地，将被征服部落的幸存者转化为信徒，并为文明进程搭建了框架。对安全的需要促成了战士社会的形成，战士的武器也变得越来越致命。此时，人们用重型骑兵进攻，也有了坚固的城堡用以防御。城堡最初是顶部搭上木塔的土堆，后来逐渐演变成武装基地，为当地军阀提供庇护，保护当地教堂，并在困难时期为储存肉类和谷物提供仓库。

每个领主都靠自己的土地生活，几乎没有生产多余粮食的动机。农奴们靠剩下的土地勉强度日，他们聚集在村庄里，用一圈公共土地把村庄与原始森林隔开。他们的主要食物是谷物、乳制品，偶尔还有肉类；除此之外，他们还会寻找坚果、植物和浆果；在可能的情况下，他们还会捕捉鸟、鱼和小动物。后来，这种行为被认为是非法的"偷猎"。大多数欧洲农民实行两田轮作，这意味着每年有一半耕地被耕种，另一半则休耕。他们每种下一颗谷物种子通常只收获3—4粒，因为需要留下很大一部分作为种子。

图 5：中世纪农奴在庄园主的命令下用镰刀收割小麦。

产量上的微小变化可能意味着丰收和饥荒的差别，而每年的收获季节可能是胜利时刻，也可能是绝望时刻。历史学家费尔南·布罗代尔说："农民和庄稼，或者说，粮食供应和人口规模决定了这个时代的命运……对后来的每一代人来说，这都是当时最紧迫的问题。与之相比，其余的似乎都显得微不足道了。"[5] 他们共同耕种土地，在周围的旷野觅食，在患难时互相扶持。集体生活有许多积极的方面，但传统的农业社会普遍存在世仇、抑郁，和为微不足道的利益而展开激烈斗争的情况，这为相关学者提供了丰富的研究材料。

▶▷　**我们每日的面包**

面包是主食。"Lord"（主人）一词来源于古英语"Hlāford"，

"Hlāf"意为一条面包。《牛津英语词典》解释说，其词源含义表达的是"一家之主和食用其提供的面包的家属之间的关系"。"Lady"（夫人）一词来源于古英语"Hlæ-fdīge"，也就是做面包的人。人们为每天的面包祈祷，但小麦是留给富人的；其他人吃黑麦，有时混着小麦来做杂粮面包；穷人的主要食物则是燕麦。在 1755 年版塞缪尔·约翰逊博士的《词典》中，燕麦的定义是"一种谷物，在英格兰一般用来喂马，而在苏格兰则用来供养人民"。这个笑话有一定的道理，因为直到 1727 年苏格兰才种植小麦，这促使亚当·斯密说："一般来说，苏格兰的老百姓吃燕麦，他们既没有英格兰的老百姓强壮，也没有他们英俊。"[6]

　　小麦和豆类含有丰富的蛋白质，同时食用可提供足够的营养。相比于大麦，小麦种植需要更肥沃的土壤，大麦是小麦在旧世界的主要竞争对手，小麦具有绝对的优势，其中最重要的是小麦的面筋含量高。面筋是一种蛋白质，词源在拉丁语中是胶水的意思，也由此派生出了"Glutinous"（黏）这个形容词。面筋增加了营养价值，并使面团变得有弹性，当酵母产生二氧化碳时，面团就会膨胀。大麦含有的面筋较少，结合性也不太好，这就是为什么它被用于液体发酵酿造啤酒。传统的小麦是软粒的，但在 19 世纪被北美品种的硬粒小麦所取代；硬粒小麦面含有更多的面筋，制作的面包更轻、更脆，而且可以被取代石磨的碾磨机磨得更细。

小麦含有 60%—80% 的淀粉和 8%—15% 的蛋白质,比大多数其他谷物更有营养,占全球食品消费的 20% 以上。营养价值较低的谷物,如大麦、黑麦或燕麦,曾经都生长在较贫瘠或较偏北的土壤上,但正是小麦推动了后来欧洲的扩张。种子作物是用体积而不是重量来测量的,而测量桶被称为蒲式耳,这也是为什么"把灯藏在蒲式耳下"(hide one's light under a bushel)这一俚语有韬光养晦的意思。在 18 世纪,人均每年要消耗 8 蒲式耳的小麦,足够生产约 220 千克的面包,每天大约可以从中获得 2000 卡路里能量。

农民面临着两个挑战。一个是给土壤施肥,另一个是喂养动物过冬。后者是不切实际的,大多数动物不得不在秋天被宰杀;它们的肉被腌制或熏制过冬。第二年春天会出现一个"饥饿期",正好与"大斋节"的禁食和吃鱼的禁令相吻合。人们痛苦地发现,想要逃避这种循环就需要逐渐改良土壤,将多余的农产品喂给动物,并将它们用作畜力和肥料来源。佛兰德人在 17 世纪引入了四田轮种法——小麦、芜菁、大麦和三叶草。冬天用芜菁喂养牲畜,夏天用三叶草喂养牲畜。马取代牛成为畜力的来源,而牛则用来产奶和吃肉。三叶草通过固定氮来给土地增肥,农田不再休耕,轮作减少了害虫,冬天不得不宰杀的动物也减少了。农业变得更加有利可图,职业农民开始接管公共土地。

农业利润增长的原因有很多,其中主要包括从古老的习俗向现金经济的转变，以及向土地私有制的发展。这见证了新精英阶层的崛起，以及随后学术界对绅士阶层崛起的溢美之词。玫瑰战争中英国贵族的自我毁灭助长了这一趋势。1450年，国王、教会和大约30位贵族拥有英国500万公顷农田的60%；到1700年，这一比例下降到30%。[7]贵族阶层衰落造成的权力真空迅速被白手起家的新阶层填补：他们是典型的农业企业家，强壮、吝啬、脚踏实地、充满向上的野心。"这些放牧的人经常去市场，他们不像绅士那样让仆人闲着……他们拥有如此多的财富，能够每天都买到挥霍无度的绅士的土地。"[8]私人地主的首要任务是用栅栏把他的土地和公共土地隔开。公共土地不再能够用于改善土壤、耕作和畜牧。尽管以现代的标准来看，当时的羊已经够瘦的了，但那时的羊却是一种很有价值的经济作物，羊毛贸易是利用土地获取商业利润的第一步；甚至大法官还坐在羊毛垫子上（"羊毛垫子"一词也有"英国上议院议长席位"义，但事实上，1938年修复者们惊讶地发现，垫子里塞满了马毛）。

现代人认不出那些当年把农民从乡下赶出来的羊。人们饲养它们不是为了肉，而是为了羊毛。它们"体型小、活跃、强壮，能够以最匮乏的食物为生，能够忍受饥饿……并且在冬天还能忍受干草的不足"。[9]人们把它们的奶看作一种额外奖励，据说五只母羊的产奶量相当于一头母牛，而它们的肉类和奶制品对传统饮食的贡献微乎其微。费尔南·布罗代尔估计，19世纪初，德国穷人平均每人每年的肉摄入量不足 20 千克，而法国则为 23.5 千克，相当于每天 50—60 克。正如 1829 年一位观察家所说："在法国十分之九的地区，穷人和贫农每周最多吃一次咸肉。"[10]英国人吃的肉太多了，以至于法国人把他们叫作"Rosbifs"，即"烤牛肉"，但英国人还是比不上美国人当时每年 81 千克的肉类消费量。一位法国游客感叹："我的天啊！一个多么伟大的国家！这里有五十种宗教，而只有一种酱汁——融化的黄油！"[11]

更好的饲料和饲养条件使家畜成长得更好。在《英国农业：过去和现在》一书中，恩勒勋爵对比了 1710 年和 1795 年在伦敦史密斯菲尔德市场上出售的羊和牛的平均重量。肉牛的重量从 370 磅上升到 800 磅（168—363 千克），肉羊的重量从 28 磅上升到 80 磅（13—36 千克）。恩勒指出，"芜菁和三叶草的引进，使土地承载的牲畜数量和重量增加了一倍"，而且"早熟的改良品种使农民能够更快地养肥它们"。[12]

在几个世纪的时间里，自给自足的农业被商业农业所取代，而这段时间正好与英国人口的急剧减少相吻合。在灾难深重的 14 世纪初期，英格兰大约有 470 万人口，但鼠疫和饥荒造成的人口损失如此之大，以至于英国人口在 1700 年才恢复到 520 万。不过，到后来，英国的小麦、牛奶和牛肉产量增加了 50%—100%，而耕地和奶牛数量却减少了，经济也得到了大幅改善。[13]人口压力的长期缓解为粮食生产革命提供了空间。

第三章
通往兔子岛的路

人口结构的变化

在17世纪，英国这样的前工业社会中，一个1000人的城镇每年可能会举行50场葬礼。约翰·多恩说："永远别问丧钟为谁而鸣，它为你而鸣。"父亲埋葬的儿子比儿子埋葬的父亲要多，丧钟每周都会敲响。镇上将近一半的人年龄在20岁以下，只有30—50人超过60岁。小镇每年需要50人左右的新生儿来弥补损失，大约有150名育龄已婚女性来生育子女。由于出生率有限，没有限制的死亡率决定了人口的数量。"肮脏、野蛮、短暂"是托马斯·霍布斯对公民政府出现之前的生活的总结。虽然霍布斯活到了91岁，但这在他的时代是不寻常的。

据天文学家埃德蒙·哈雷的分析，狩猎－采集者的生存情况（表1）[1]与1691年布雷斯劳人的生存情况惊人地相似。在每种情况下，几乎有三分之一的儿童在15岁前死亡，在生殖期死亡率最低，而那些活到45岁的人可能再活20年。老年病学家凯莱布·芬奇指出，所有哺乳动物，无论体型大小或寿命长短，都具有相同的生存模式：婴儿夭折率高、生殖期死亡率低、此后死亡率呈指数级上升。他说："所有经过充分研究的哺乳动物都遵循着这一规律。"[2]

表1：17世纪布雷斯劳狩猎－采集者和居民的生存状况

	狩猎－采集者	布雷斯劳
寿命小于15岁（百分比）	57	62.8
寿命15—45岁（百分比）	64	63.2
寿命大于45岁（平均年限）	20.7	19.8

(Gurven and Kaplan 2007, Halley 1691.)

英国的第一次人口普查是在 1801 年，当时正值英法战争的短暂休整。充满征服欲的革命军队席卷了整个欧洲，旧的教会、国家和贵族的秩序似乎处于崩溃的边缘。当时的一些人把法国大革命看作是新耶路撒冷登场的彩排，另一些人则把它看作是恶魔出没的混乱的一瞥，空气中弥漫着危险的思想。这是一个虚假的黎明，还是无限进步的前奏？

一位乡村牧师也在此时加入了争论。托马斯·罗伯特·马尔萨斯（常被称为罗伯特）在家里七个孩子中排名第六，他从小就被教育相信世界存在理性，这个世界由一个仁慈的幕后领主统治着。我们可以想象他端坐于简·奥斯汀式装潢的客厅里，因为广泛的阅读、谦逊真诚的品格和魅力而备受大人们赞许。而孩子们则在模仿他说话时笑得喘不过气来，因为他生来就患有唇腭裂。他的嘴唇被缝合在一起，从肖像画上很难看得出来，但上颚的问题已经超出了当时的手术水平。他的一生都有着"丑陋的嘴和可怕的声音"，甚至"连字母表里一半的辅音都发不出来"。[3] 通常情况下，熟识他的人很快就会忽视他的这种残疾，因为他是个很健谈且有趣的人。但是，这一残疾限制了他的雄心壮志。1786 年，罗伯特对剑桥大学耶稣学院的院长说："我最大的愿望就是退休后住在乡下。"[4] 就这样，由于在数学方面的杰出成就，1793 年，他成为萨里郡奥克伍德一个乡村小教堂的助理牧师。在他追求这种平静而无可指责的生活过程中，一些重大事件发生了。这是一个国家面临危机的时刻：在海峡的对岸，一位国王被送上了断头台，革命军把反动势力打得落花流水，旧秩序正在全面衰退。1794 年，庄稼歉收，1795 年，人们焦躁不安。英国的安全依赖于刚刚发生过哗变的海军；具有颠覆思想的人遭遇了残酷的政治迫害。作为英国国教的牧师，他知道自己的职责所在。

《人口论》（1798）是迄今为止最具代表性的论辩著作之一。它讲述了一个谦逊的匿名作家在"一个朋友"（实际上是他的父亲）的敦促下读了一本有趣的书（作者是玛丽·雪莱的父亲威廉·戈德温）。作家被这本书所描绘的远景迷住了，同时偶然发现了其中一个致命的缺陷。可悲的是，他违背了自己的意愿，眼睁睁地看着梦想在白日的冷光中消逝。他既不否认哲学家们的论点，也不否认这些观点的吸引力，只是指出它们是无法实现的。在辩论的过程中，论证通常先于结论，但是辩论的核心在于说服对方。如果你回溯马尔萨斯的结论，就会更容易理解他了：他认为根本的世俗进步是不可能的，贫穷是不可避免的，也是人类无法干预的，这一切都是由一位睿智仁慈的神规定的。

马尔萨斯关于人口的观点没有什么新意。亚当·斯密估计，英国和欧洲的人口在过去 500 年里翻了一番，而在没有大量移民的情况下，新英格兰的人口从 1643 年的 21200 人增长到了 1760 年的 50 万人。正如他指出的那样，这相当于每 25 年人口翻倍，这意味着老年人可能会有多达 100 个子孙。而在经济下滑的情况下，情况就会大不相同，因为"很多人将无法找到工作……他们要么挨饿，要么被迫谋生，要么乞讨，要么犯下滔天大罪。匮乏、饥荒和死亡将立即蔓延"。

斯密估计，在此期间每两个孩子中就有一个在成年前夭折，富裕家庭的孩子更有可能存活下来，而在苏格兰较贫穷的地区，一个女性为了育有两个存活下来的孩子，可能要怀孕 20 次。他认为在一些地区，人口控制是通过杀婴来实现的："在所有的大城市里，每天晚上都有几个（孩子）被遗弃在街头，或者像小狗一样被淹死。"[5] 斯密只要去伦敦看看就知道了，威廉·科拉姆上尉就经常在伦敦东区的贫民窟里穿行时看到这种景象。这段经历促使上尉在 1741 年建立了伦敦弃婴医院"以防止可怜的孩子在出生时经常被谋杀，并禁止将新生儿遗弃在街头的危险的不人道习俗"[6]。医院面临着巨大的挑战：每年有 3000—40000 名婴儿入院，其中 70%—80% 会在医院里死亡。

马尔萨斯估计，如果允许自由繁殖，一对在基督教黎明时代生活的夫妇可以在 50 代之内拥有 10 万亿亿个后代，足以让我们这个星球每平方英码站 4 个人①，之后甚至会填满整个太阳系。相反，同样的计算也可以用来证明我们在 50 代以前有 10 万亿亿个祖先，但他没有提到这一点。他提出了基于三段论的论点：人口

---

① 1 平方英码≈0.836m²，每平方米约站 5 个人。如无特殊说明，本书脚注均为译者注。

增长快于粮食生产；缺乏食物造成苦难；因此，痛苦是不可避免的。支持这一观点的假设是，我们将永远无法控制自己的生育率，粮食生产将无法跟上人口的增长。这两者都被证明是错误的。

同时代的人喜欢和尊敬罗伯特·马尔萨斯，并赞誉他和蔼可亲的性格。他对贫穷有切身的体会。奥克伍德教堂是一个安静的乡村地区，马尔萨斯在他任职期间大概主持了 25 次葬礼，当那些可怜的小包裹被放到墓地里没有标记的洞里时，他尽其所能地履行他的职责。他的作品中也流露出对穷人的同情。即便如此，书中那种排除进步的可能性，并认为穷人无法获得帮助的哲学，可能会使人陷入悲观主义。正如他所总结的："道德邪恶对于道德卓越的产生是绝对必要的。"[7] 马尔萨斯关于人口的观点可能看起来令人沮丧，但与他的道德神学相比，这就像是一个春天的早晨。

纯粹唯物主义的论点与绝望派的神学（在第一版之后明智地省略了）相结合，对读者产生了毁灭性的影响，很少有牧师会让这么多人失去信仰。尽管如此，马尔萨斯还是给了达尔文和艾尔弗雷德·拉塞尔·华莱士灵感。查尔斯·达尔文在 1838 年写道：

> "我碰巧为了消遣读了马尔萨斯的《人口论》。我很欣赏他在动物和植物生存习性的长期观察中所看到的生存斗争，我忽然想到，在这种环境下，有利于生存的变化被保留了，而不利于生存的变化被消除了，这将导致新物种的形成。于是，我终于在这里找到了一个可以说得通的理论。"[8]

在其他场合，达尔文曾说他的理论"是将马尔萨斯的学说以多种力量应用于整个动植物王国"。马尔萨斯的神学确实有一种奇怪的达尔文式的味道：将遗传和环境结合起来，决定哪些灵魂应该存活而哪些不应该，就像是全能的上帝在他们之间移动，以作出他"神圣"选择。

▶▷ 人口结构的变化

马尔萨斯的悲观计算基于以下假设：我们永远无法控制自己的生育能力，粮食生产必然落后于人口增长。起初，历史似乎证明了他的预测是正确的。19世纪初，英国人口为1050万，而在19世纪结束时，英国人口为3700万，还有1100万人移民到海外。[9]英国1871年人口普查估计，每天有1173名婴儿出生，其中40%将移民国外。[10]

西方的优势在于技术，因为人们很难抵挡步枪、加特林机枪和炸弹，这一切的背后是蒸汽机、制造业力量、通讯和社会组织。1800年，欧洲裔人口占全球总人口的23.1%，而在1933年，这一比例为33.6%。[11]到了20世纪初，西方人主宰着这个星球，他们直接或间接控制或影响着地球上几乎每一个国家。除此之外，他们还有生物层面的优势，因为他们获得了前所未有的营养，体型更强壮，身体更健康，那些移居国外的人尤其如此。对于第一次世界大战中英国贫民窟的居民来说，美国和澳大利亚的士兵就像巨人一样。很少有人停下来想一想，这一优势可能只是由于更好的营养和更少的疾病。即便如此，富裕的白人男性仍为自己的未来担忧。他们担心工人的抱负和政治力量，担心女性日益增长的自信，担心非欧洲民族的复兴。

然而，最直接的担忧是出生率的下降。英格兰和威尔士在1837年开始进行出生登记，这一数字平均在33‰左右，在19世纪90年代保持在30‰左右，但在20世纪30年代下降到15‰以下。平均家庭人数由从19世纪60年代的6人下降到1935年9月的2个人。[12]当时的人震惊地发现，有才华的人（特别是受过教育的女性）生育率很低。这导致了两种同样可怕的前景。其一，当时的大英帝国统治着海洋，统治着世界24%的表面积和23%的人口，但正陷入人口负增长的螺旋。其二，社会底层人口的生育能力将超过其他人口，因此（正如他们所相信的那样）将导致进化论的逆转。

沃伦·汤普森在1929年提出了人口转型的概念。[13]他预测，苏联将凭借其丰富的新土地实现增长，到21世纪末其人口将与中国和印度持平。他认为，在世界其他地区，马尔萨斯因素将继续决定世界人口的增长。例如，由于无法控制的饥荒和流行病，印度的经济增长将会缓慢。然而，他认为，如果发展中国家的巨大增长潜力得以实现，未来的挑战将是重新分配目前由富裕国家占用的未利用土地。

　　金斯利·戴维斯在 1945 年的一篇文章中指出，在过去 300 年里，欧洲裔人口增长了 7 倍，而世界其他地区的人口增长了 3 倍。[14] 欧州已将其内部秩序外部化，它的后代已形成全球上层阶级，而其他群体则成为下层阶级。这种情况本身也埋下了自身毁灭的种子，因为 21 世纪末，亚洲数量庞大的人口将增加 1—2 倍。我们正在走向一个 100 亿到 200 亿人口的"蜂巢世界"吗？如果支撑西方崛起的社会文化结构能够和平地转移到世界其他地区，这种情况或许可以避免，但一场大规模的剧变即将到来。

　　西方的崛起得益于两次马尔萨斯假日。第一次是由于 14 世纪的人口减少，为农业生产的新发展提供了喘息空间；第二次是海外移民和食品进口缓解了人口压力。即便如此，饥荒还是在 20 世纪初开始肆虐——直到兔子岛的居民学会如何躲避马尔萨斯陷阱。

第四章

喂饱了世界的发明

1900 年 10 月 17 日，罗伯特·吉芬在曼彻斯特统计学会发表演讲。他预测，到 20 世纪末欧洲血统的人口将达到 15 亿—20 亿，尽管人口不可能继续以这样惊人的速度增长，"除非自然条件发生了巨大变化"[1]。杰出的科学家和超自然现象研究者威廉·克鲁克斯爵士 1898 在英国协会就小麦问题发表演讲时，也有同样的担忧。[2] 欧洲血统的人吃面包，他估计当时的欧洲血统人口为 5.17 亿，预计到 1941 年将增加到 8.19 亿。但是，有足够的面包养活他们吗？在北美、俄国和其他地方，种植的极限已经到来，他估计，到 1931 年小麦将出现供应短缺。既然没有更多的土地可用，就必须使有限的土地生产更多的粮食。

荷兰学者范·赫尔蒙特早已证明植物靠"空气"生存。1692 年，他将 100 磅（45 千克）烤干的土壤放在一个容器里，然后种了一棵 5 磅（2.3 千克）重的柳树。5 年后，这棵定期浇水的树重达 169 磅（77 千克），但土壤只轻了两盎司（57 克）。[3] 人们花了三个世纪才弄清楚这一壮举是如何实现的。

英国葬礼仪式常有这样的悼词："你本是尘土，也必将归于尘土。"过去，人们并不知道，我们的身体就像我们吃的植物一样，是由光和空气塑造而成的。我们身体的大部分是水，而我们身体中的碳——一个 70 千克的人身体中通常有 16 千克碳元素——是由植物从空气中提取的。我们身体中往往有 1 千克氮元素，这意味着我们身体 96% 的物质都来自空气和水。其余的大部分是矿物质：2.5% 是钙和磷，还有钾、硫、钠、氯、镁和其微量元素。

植物将来自阳光的能量转化为我们所知的食物，而我们则通过相反的生化过程将复杂的食物分子还原为二氧化碳和水。太阳的能量是可再生的，但是来自土壤的矿物质必须被氮、磷和钾的化合物所取代，这些化合物构成了我们的三种主要肥料。

我们呼吸的空气中有 80% 是氮，而氮所形成的化合物，包括蛋白质，对生命的化学构成至关重要。植物和动物无法直接接触到这种丰富的气体，因为氮原子被三重化学键成对锁住。这种力量如此强大，以至于闪电是唯一能够撕裂它的物理力量。然而，对我们来说幸运的是，以土壤为基础的细菌已经进化出了能够分裂这种连接的酶。一旦被分离，氮原子就会贪婪地与其他化学物质结合在一起，于是氮就被所谓"固定"了，所有其他生命形式都依赖于此。

威廉爵士担心的是，人类的数量增长如此之快，快到人类和家畜从土壤中吸收硝酸盐的速度超过了它们可以被替代的速度。当时有硝态肥料矿，但已经被开采得越来越少了。在这样的预测中，马尔萨斯式的崩溃似乎不可避免。正如他指出的那样，只有一条出路：我们必须学会直接从我们呼吸的空气中获取氮。他预测，"化学家将会介入，使饥荒大幅延期，使我们和子孙后代可以合理地生活而不过分关心未来"。在这个时间尺度上，他是正确的，因为威廉爵士的预言实现了，我们多养活了二三十亿的人口。

其他的发展促成了 20 世纪的农业革命，但将大气中的氮转化为肥料的能力是一切的基础，因为必须用别的方法来替代从土壤中提取的氮。给我们带来绿色革命的杂交作物被培育成为以硝酸盐来实现生存，杀虫剂和其他技术提高了产量。固氮技术使兔子岛的居民摆脱了饥饿，养活了 20 世纪的爆炸人口，给了世界一个马尔萨斯假日，并为消费者表型创造了条件。这个故事很值得一讲。

1802 年，亚历山大·冯·洪堡厌倦了利马的社会福利。他在秘鲁荒凉的海岸线上发现了业已消失的文明布满尘土的遗迹，里面有城市和沟渠。他注意到，这里的大海出奇的寒冷，但鱼却很多。后来这种现象被命名为秘鲁寒流（令他烦恼的是，他并非第一个记录这个寒流的人），它在来到南美海岸线前，已经横扫太平洋。秘鲁寒流塑造了世界上最多产的渔场之一，同时养育了大量的海鸟。鸬鹚在秘鲁的近海小岛上繁殖了数千年，它们的粪便堆积了数十米深，使这些小岛在白天看起来像被白雪覆盖，而在月光下则变成了银色。

有车的人都知道，鸟类的粪便并不是特别容易溶解。动物以可溶性尿素的形式排泄氮，而鸟类和爬行动物则以不易溶的尿酸形式排泄氮。雨水最终会滤掉这些物质，但在南美洲的海岸线上几乎没有雨水，这是由秘鲁寒流造成的气候反常现象。在洪堡到访秘鲁几十年后，富含硝酸盐的鸟粪的价值终于得到了重视。商

图6：19世纪美国从钦查群岛进口鸟粪的广告。

船在满是鸟粪的岛屿旁排着队，而签订了契约的华裔苦力在近乎被奴役的条件下工作，把臭气熏天的尘土倾倒进船舱。这些船在返航途中拖着一股氨气的臭味环游世界。[4]

19世纪90年代，当苦力们终于挖到基岩时，鸟粪贸易的好日子就结束了。幸运的是，还有其他的硝酸盐矿，与秘鲁的南部接壤且降水稀少的阿塔卡马沙漠就有硝酸盐矿。威廉·克鲁克斯爵士的解释是："经过漫长的年代，土壤持续固定着大气中的氮，数十亿的硝化生物缓慢地转化成氮元素，这些氮与碳酸结合，形成了硝酸盐结晶。"最终形成了丰富的氮储备,当地人称之为钙质层。威廉爵士的说法是有争议的,但地质学家承认,这些沉积物花了大约 1000 万到 1500 万年才积累起来。

阿塔卡马山脉的北部属于秘鲁,南部属于智利,其间狭长的陆地给了玻利维亚一个入海的通道。有"创业精神"的智利人很快就开始在名义上属于其他两个国家的土地上开采矿藏,不久之后,智利的政治家们宣布了对这片先前被忽视的荒地的不可剥夺的权利。战争接踵而来,秘鲁和玻利维亚在这场名为"太平洋战争"(1879—1883)的狂热战争中大败。现在,智利无可争议地拥有地球上最丰富的硝酸盐矿藏。硝酸盐出口从 1850 年的 2.5 万吨增加到 1900 年的 145.4 万吨和 1911 年的 244.9 万吨。智利公民无须缴税。

▶▷ 爆炸性的组合

硝石(硝酸钾)曾被用作肉类防腐剂,直到欧洲人从中国人那里了解到,75% 硝石、15% 木炭和 10% 硫的混合物具有有趣的特性。氮所形成的化学键很强,化学键断裂时会释放巨大的能力。因此,硝酸盐是所有化学炸药的基础。例如,火药可以产生一种自传播的冲击波,其传播速度是音速的 30 倍,并释放出白热化的气体,膨胀到原始体积的 1200 倍。由于火药需要小心处理,19 世纪的化学家们竞相寻找更稳定的混合物来代替它。他们在此过程中因炸到自己而声名狼藉：1864 年，阿尔弗雷德·诺贝尔的弟弟埃米尔·奥斯卡在诺贝尔军火厂的一次爆炸中丧生。

化学家的研制目标是将硝化甘油吸附在可以安全处理的惰性介质中。阿尔弗雷德·诺贝尔的财富建立在炸药上，炸药是将硝化甘油浸泡在硅藻土中制成的，硅藻土是藻类化石形成的粉末。这些硅藻土来源于汉堡偏远地区的克鲁默，后来这个地方建起了核电站。诺贝尔的选址是明智的，因为工厂爆炸了两次。1866 年，一箱原本要运往中太平洋铁路的炸药在富国银行旧金山办事处爆炸，造成 15 人死亡。各家公司竞相用其他惰性吸收剂来绕过诺贝尔的专利，但他又在 1875 年发明了胶煤吸收剂，一直保持行业领先地位。炸药可能从其固体基质中漏出不稳定的液体硝化甘油，这一特性令人担忧，但炸药是安全的，没有雷管就不会爆炸。然而，硝酸甘油却出人意料地起了治病的作用，因为它可以缓解由心绞痛引起的胸痛。阿尔弗雷德·诺贝尔就是它的使用者之一。"这难道不是命运的讽刺吗？"他说，"医生给我开了硝化甘油，要我内服！为了不吓到药剂师和公众，他们把它叫做抗心绞痛药。"[5] 我们现在还在使用它。

▶▷ 大象和鲸鱼

很难想象这样一个世界：第一次世界大战从未发生，伟人们在默默无闻中死去。同样难以想象的是生活在一个国家能够全面控制长途贸易和旅行的世界里，然而英国在1914年之前就在这样的幸福处境当中，当然，它同时也被其他国家怨恨。英国的海军天下无敌，而德国几乎无力保卫自己世界第二大的商船队。德国试图建立一支规模相当的海军，却招致了英国不可调和的敌意，使得一切努力徒劳无功：德国的庞大舰队在整个战争中一直停泊在海上，打了一场无足轻重的战役，并在1919年的斯卡帕湾战役中耻辱地沉没了。

德国陆军和英国海军之间迫在眉睫的冲突被比作大象和鲸鱼之间的较量。美国海军历史学家亨利·塞耶·马汉在他的《论海权对历史的影响》一书中描述了这样一个故事：拿破仑的军队统治欧洲大陆，而英国统治海洋。战略家们如饥似渴地阅读他的书，并推崇书中的一句名言："那些皇帝陛下从未见过的在暴风雨中翻腾的遥远船只，是他统治世界的唯一障碍。"20世纪的德国统治着陆地，但也严重依赖海洋，用约吉·贝拉的不朽名言来说，这真是"似曾相识"。

第一次世界大战就像一场希腊悲剧，在这场悲剧中，主角们盲目地自取灭亡。德国拥有世界上最强大的陆军，但这也是它的不幸，因为拿着锤子的人把所有问题都看作钉子。尽管这支陆军很强大，但它需要用硝酸盐制成的炸药，而这些炸药只能通过英国控制的海上航线才能获得。由于德国无力打一场旷日持久的战争，它选择了采取攻势，并认为先发制人是成功的关键，而德国陆军（他们从巴纳姆的马戏团那里学会了如何快速装载火车 [6]）可以比任何陆军都更快地到达铁路入口处。唯一的障碍是他们的士兵不得不像拿破仑时代一样，带着马拉的马车和枪一路跋涉到巴黎。德军最高统帅与前进部队失去了联系，他们的前进势头在马恩河中断了。

　　将军们在和平时期打扮得像农场里的公鸡，现在却束手无策。基其纳将军不止一次对他的外交大臣说："我不知道该怎么办，这不是战争。"[7] 德国没有为一场旷日持久的战争准备退路，而英国则掌控着全世界的资源。1913 年，德国进口了智利三分之一的硝酸盐，但现在已经用光了。军队储存了 6 个月的弹药，但从库房运走这些弹药的速度比预期的要快得多。1914 年秋，著名科学家埃米尔·费希尔和著名实业家瓦尔特·拉特瑙共同指出，德国将在第二年春天耗尽弹药。[8] 德国的科学能挽救这种局面吗？

▶▷　**黑色的色彩**

　　蒸馏煤焦油会制作出 7 种主要产品——苯、甲苯、二甲苯、苯酚、甲酚、萘和蒽，工业化学就以这些产品为基础。它们都有碳环骨架，上面可以附着大量其他分子。它们为我们所知的研制染料的光捕捉分子提供了很好的基础。1856年，威廉·珀金发现了第一种合成染料，以锦葵的法语名字命名为"Mauve"（淡紫色）。这引发了一场为新染料申请专利的竞赛，但当珀金在1869年6月26日申请茜素（茜素是茜草中红色染料的合成版本）专利时，他才发现，德国的竞争对手已经在6月25日申请了专利。大约5万英亩的茜草草根几乎在一夜之间变得一文不值，珀金在1874年退休时，诅咒英国的教育体系只能炮制出说着过时语言的绅士。

德国人瞄准了一个更大的目标：靛蓝。这是牛仔裤的颜色，最初是由丹宁布（源自一个名为"de Nîmes"的法国小镇，以出产牛仔裤闻名）制成，并用热那亚靛蓝染料染色，也就成了众所周知的"Gênes"（热那亚蓝），于是就有了"Blue Jeans"（蓝色牛仔裤）这个英文词。靛蓝是世界上最有价值的作物之一，而德国化学家阿道夫·冯·拜耳（1835—1917）于1880年在实验室合成了这种物质。问题是，将这一发现进行工业转化的每一次尝试都失败了，而最终成功实现这一转化的方式与我们的故事有一定关系。

巴斯夫（BASF，Badische-Anilin & Soda-Fabrik）是19世纪末德国领先的染料制造商之一。这家公司习惯于将所有资源投入研究，并向股东支付不超过5%的股息。海因里希·冯·布伦克领导公司一心研发靛蓝染料。他在19世纪90年代接管了公司，把数以百万计的马克投入研发项目，这引起了保守的同事们的抗议。

该公司以前所未有的规模解决了这个问题：实验室科学家确定了反应可能发生的条件，工程师创造了条件，工厂将其转化为产品。结果，对靛蓝长达17年的探索终于圆满结束。在1885—1900年间，德国科学家申请了1000多项染料专利，而英国只有86项。一战开始时，德国占有世界市场上85%的染料和药品的份额。[9]德国在科学的工业应用方面走在世界前列，并因此改变了20世纪的进程。

▶▷ 大修正

德国科学家花了数月时间寻找智利硝酸盐的替代品，以惊人的速度完成了化学工程的惊人壮举。标准化的历史几乎总是把故事搞错，所以让我们停下来，看看到底发生了什么。

问题是这样的：许多现有的工业流程提供了以氨（NH_3）的形式固定氮的方法。这是一种有用的肥料——当两个氨分子结合形成尿素时更是如此——但你不能用它制造炸药。炸药需要由硝酸制成的硝酸盐。1914年，德国有大量的氨，但没有办法将其转化为工业规模的硝酸。煤中含有氮，它们被困在两亿四千万年前死去的植物中。如果你在没有空气的情况下加热它，比如让它在熔炉中爆炸，那么氮气与氢气会结合形成氨（$N_2 + 3H_2 = 2NH_3$）。煤被转化成用于钢铁生产的焦炭，产生煤气和氨。另外，你也可以将焦炭和石灰石加热形成电石，电石能在 1200 摄氏度的温度下与大气中的氮结合。这种产品被称为氰胺，暴露在过热蒸汽中会释放氨。德国有大量的煤和石灰石，但生产氨气的能源成本很高，而一种更好的方法正在开发中。

弗里茨·哈伯（1868—1934）出生于世俗的犹太家庭。他一出生就失去了母亲，从来没能与异性建立起令人满意的关系，甚至也没能与他冷漠疏远的父亲建立起良好的关系。他的第一任妻子用他的左轮手枪自杀了，第二任妻子与他离婚了。哈伯是一个新德国的热情信徒，但作为犹太人他却有天然劣势。1892 年，他选择了接受洗礼，以逃离这个无形的禁区，同时也表明了他作为德国人的骄傲。这还不够，远远不够。瓦尔特·拉特瑙说："青春期是让每个德国犹太人铭记一生的痛苦时刻：他（哈伯）第一次意识到，自己已经进入了一个把他看作二等公民的世界，并且他无法通过任何成就和服务改变这个状况。"[10] 这句尖刻的评论总结了哈伯的一生。在学术方面，他是一个发展较晚的人，经常与父亲发生争执；但当 1894 年被聘为卡尔斯鲁厄大学的化学系助理时，他的事业开始起飞。同事们认为他进取心强、以自我为中心、容易被激怒——这是对少数族裔背景的人的普遍认知。但精力和才华很快克服了所有障碍，他在电化学这一新领域的专长使他在 1902 年被派往美国，并汇报其发展情况。他有限的英语能力不是问题，因为当时所有认真的化学家都必须学习德语。当他在 1906

年成为正教授时，他已经有了 2 本教科书和 50 篇科学论文，但他还没有在一项重要的新科学发现上留下自己的印记。

哈伯对氮的兴趣始于 1904 年。1905 年的一次会议上，他的一位竞争对手以尖刻而蔑视的姿态贬低了他的工作，这使得他开始对氮的研究充满了热情。哈伯把他所有的精力都投入到氢氮聚变研究中。他的研究专长是高压对化学物质的影响。哈伯与人合作开发了一种台式设备，能够产生以前无法想象的压力——高达 200 倍大气压。这使他找到了合适的温度和压力组合来融合这两种气体，他还发现了一种鲜为人知的催化剂来推动这一过程。巴斯夫一直饶有兴趣地跟踪他的进展，哈伯邀请巴斯夫的首席工程师卡尔·博施去看看新工艺的运行情况。1909 年 7 月 2 日，博施和一个同事去参观哈伯的设备，可是设备出现了漏洞。博施等不及了，但他的同事一直等到设备修好。几个小时后，液态氨开始流动，巴斯夫的来客兴奋地抓住了哈伯的手。

这个概念很美——一股氢气流与一股氮气流在催化剂上相遇，它们的聚变产生足够的热量，使整个过程能够自我维持。这使得它可以连续运行，即使在氨被提取的时候，也能循环利用氢和氮。这种产品非常纯净，固氮成本是电弧固氮的 5%，是氰胺固氮成本的 20%。这能在工业规模上实现吗？博施回来看了看，咕哝着说，可以。

弗里茨·哈伯是一个充满矛盾的人，相比之下卡尔·博施似乎很普通——以至于他没有引起传记作家的注意——但他改变了世界。博施接受过冶金和化学方面的训练——事实证明，这两者的结合非常重要。博施是精力充沛的技术专家，利用巴斯夫大量的资源，以魔鬼般的力量推动着氮项目的发展，其方式堪比曼哈顿计划。当时博施脑子里根本没有战争的念头，这只是他的工作方式。尽管有人因哈伯参与了毒气战而强烈抗议，但他还是在1918年获得了诺贝尔奖。博施于1931年获得诺贝尔奖，这是诺贝尔奖有史以来第一次授予技术成就奖项。这当然是他应得的，因为他面临的问题非常棘手，他的成就十分重要。哈伯的实验装置高75厘米，宽15厘米；它每天产生1—2千克的氨。博施的放大版在1910年生产了0.3吨，到1915年已经能够生产75吨。

这一发现并没有解决1914年德国所面临的问题，因为氨没有军事价值：制作炸药需要硝酸盐，而硝酸盐是由硝酸制成的。然而，碰巧的是，另一位获得诺贝尔奖的德国化学家威廉·奥斯特瓦尔德（也是和平运动的一名成员）在1902年已经发现，硝酸可以通过在铂纱上混合氨和空气制得。在1914年9月之前，巴斯夫在这方面几乎没有做过什么工作，这表明该公司期望和平。当时有人问博施，他是否可以迅速地把奥斯特瓦尔德的实验从实验台上带到全面的工业生产中。他回答说："经过短暂的评估，我的答案是肯定的。"[11] 到1915年5月，他确实生产出了用于军事的硝酸，而从此枪声也从未停止过。

表2: 1913—1712年德国固定氮产量, 以千短吨（2000 磅 ≈ 907 千克）计[12]

	1913	1914	1915	1916	1917
焦炭	121	（？）	（？）	（？）	134
青氨	26	40	551	551	441
哈伯-博施法	7	14	34	68	113
智利硝酸盐	153	0	0	0	0
	307				668

历史学家记录着哈伯-博施法使德国一直处于战争状态的故事，但这是不真实的。德国从氰胺中获得氨，而哈伯-博施在这一领域从未作出重大贡献。关键的进展不是生产更多的氨，而是通过扩大奥斯特瓦尔德的工艺将氨转化为硝酸。在这方面，博施再次扮演了核心角色。他在莱茵兰地区的奥煲的第一家大型工厂刚好在法国轰炸机的射程之内，这促使他在莱比锡附近的路易那建立了一座大型的新工业园区。整个国家的研究技术和工业能力都被动员起来投入战争，国家与工业部门合作，为新技术投入大量资金。军事-工业综合体诞生了，表型转变也开始了。

▶ ▷ 饥饿的政治

在战争时期，饥饿是一种由来已久的削弱士气的方式。在第一次世界大战中，双方都很好地利用了这种方式。1913 年，德国20% 的食品热量依赖进口，[13]此时必须填补这一缺口。农场工人参军了，但人们仍然需要食物，硝酸盐也需要用来制造军火。肉类生产效率非常低——喂给猪的 90% 的卡路里都被消耗掉了。在 1915 年春天的施温莫德，超过 500 万头猪被宰杀。但由于装罐的过程过于匆忙，猪肉变质很常见。其他人则因此获利，英国驻斯堪的纳维亚的海军少将康赛特说：

> "有一段时间，哥本哈根的肉类非常匮乏，以至于肉店不得不关闭：当丹麦无法买到鱼的时候，满载着鱼（许多丹麦人的主食）的特快专列把鱼运到了德国……咖啡是瑞典人最喜欢的饮品，但在瑞典向德国大量出口时，餐馆里是买不到咖啡的。" [14]

饥饿的负担一如既往地分配不均。面包、脂肪和糖在 1915 年实行定量配给，黎明前，冻得发抖的女性在食品店外排起了长龙。她们跳来跳去以取暖，这一幕被人们描述为 "波兰慢舞步"，充满了苦涩的幽默。在战争的大部分时间里，平民的每日能量配给一直徘徊在 1500 卡路里左右，在 1917 年 7 月达到了 1100 卡路里的低点。那些有条件种植土豆的人设立黑市以补充食品的缺口。然而，1916 年马铃薯歉收，随之而来的是 "萝卜之冬"。

一位试图靠官方规定的口粮生活的营养学家发现，他的体重在 6 个月内从 76.5 千克下降到了 57.5 千克。据估计，饥饿造成多达 75 万平民死亡。德国女性的死亡人数与英国女性的死亡人数之比为 3 : 2，而且在此之后的几年里，这一比例一直居高不下。[15]

图 7：一位心急如焚的母亲和五个饥饿的孩子围坐在一张桌子旁，其中一个孩子拿着一个空面包盒。"农民们，履行你们的职责吧！"海报上写着，"整座城市正在挨饿。"

　　饥饿促使德国进行了孤注一掷的无限制潜艇战，他们希望在美国参战之前逼迫盟军投降。在战争期间，平民的士气保持良好——1918 年年初，德国似乎要赢了——但封锁在战争结束后延长了六个月。这种行为带有明显的惩罚意图，永远不会被世人原谅。

　　哈伯-博施法可能并没有在战争中挽救德国，但能够固定大气中的氮，并将氨转化为硝酸盐肥料，向我们展示了 20 世纪摆脱饥饿的方法。用这一技术拯救世界并获得诺贝尔奖似乎是弗里茨·哈伯的梦想，但他的结局并不愉快。他试图通过从海水中提取黄金来偿还德国的赔款，但失败了，德国社会变得更加公开地反犹太，他发现他在自己的国家中也是被排斥的人。

1933 年，哈伯辞去了柏林威廉皇帝研究所所长的职务，开始了自愿的流亡生活，不停地从一家旅馆或疗养院搬到另一家。他甚至研究了在剑桥大学担任学术职位的可能性——那里成为许多从德国流亡的犹太人的家园——并询问了是否可以加入英国国籍。他在给一位英国朋友的信中写道："我人生中最重要的目标，就是不要以德国公民的身份死去……"他的心绞痛越来越严重，1934 年 1 月 29 日，哈伯于瑞士一家酒店的卧室中去世。[16]

与此同时，卡尔·博施的实力越来越强。战争结束时，他在路易那的主要工厂没有受到影响，尽管在大萧条期间，工厂产量大幅下降。但很快就生产出了比智利更多的硝酸盐，德国领先的化学和制药公司在战时紧密合作，其中 7 家在 1925 年联合成立了世界上最大的化学公司——法本公司。标准石油公司的首席执行官在 1926 年拜访了法本公司，这让他大吃一惊："那是一个我从未见过的规模巨大的研发领域。"公司总裁立即被召集到现场。他说："直到我看到它，我才知道研究意味着什么。和他们正在做的事情相比，我们还只是婴儿。"[17]

卡尔·博施经营着这个庞大的企业，20 世纪 30 年代，有两个项目耗费了他的精力：用煤生产合成汽油和合成橡胶——这两个项目都是希特勒发动另一场战争计划的核心。博施失宠的原因，在于他向希特勒抗议失去了很多犹太科学家——这引发了希特勒著名的反驳："如果没有犹太人，德国科学就无法生存，那么德国就应该必须没有科学。"随后博施便醒悟了。他退休来到西西里，在希特勒入侵法国的两周前死在了那里。博施临终前看到了预言般的景象。他说："对德国来说，一切都很顺利，直到希特勒入侵苏联并招致灾难。我看到了可怕的事情，一切都将变得漆黑一片，天空中到处是飞机。他们会摧毁整个德国，它的城市，它的工厂，还有法本公司。"[18]博施死前看到的景象在一个方面是错误的，因为到20世纪60年代，巴斯夫、拜耳和赫斯特这些由法本拆分出来的公司都比原来的法本公司规模更大了。哈伯-博施法也许没有延长第一次世界大战的时间，但博施的天资确实延长了一战。且他做出的合成石油和橡胶支撑了德国军队在第二次世界大战中的表现。他的研究获得了独特的"荣誉"——延长了两次世界大战的时间。

▶▷　充裕和匮乏

　　第一次世界大战后，世界发生了变化。过去那种顺从的态度消失了，女性有了选举权，民粹主义政党开始崛起。工业国家的劳动人民仍然在贫困线上挣扎，这在今天是难以想象的。但是，变化正在发生，人们的期望值也很高，他们向往消费者的天堂。

消费社会的第一次短暂繁荣出现在战后的美国。哥伦比亚大学市场营销学教授保罗·奈斯特罗姆在 1929 年出版的《消费的经济原理》一书中指出了这一变化。据他观察，消费是一个令人陌生的概念。在 1910 年之前，有 40 本书的标题中有这个词，其中 37 本是关于肺结核的 *。奈斯特罗姆认为，当一个家庭必须将收入的 50% 以上用于购买食品时，就存在贫困。1796 年，食品支出占英国家庭预算的 73%，而在 1918—1919 年，这一支出占美国家庭预算的 38.2%。此时，战争时期的繁荣使得美国造船厂的工人要求休假，以便他们去花钱。消费社会可能被定义为这样一个社会：一个人有足够的钱满足他的需要，却没有足够的钱满足他的欲望。亨利·福特是此中的先知，因为他知道，如果你给制造汽车的工人高工资，那么这些工人也会购买汽车。汽车开创了普通人的时代，但也固化了社会阶层。人们都可以有车，但不可能每个人都有凯迪拉克。财富产生吸引，吸引产生欲望，消费的扶梯滚滚而上。

生产率随着工资的增长而增长，每个工人的马力 ① 从 1899 年的 2 增加到 1925 年的 4.5。工作时间越来越短，这就产生了休闲的

---

① 功率单位，1 马力 =735 瓦特。

* 因结核为消耗性疾病，Consumption 早期为肺结核疾病名称。——编者注

现象。奈斯特罗姆说，机器生产是"我们时代最伟大的发展……机器及其加工程序不仅支配我们的工作时间，也支配我们的休闲时间，这也许是再自然不过的事了"。此时机器在工作和休闲时都能解放劳动者的肌肉，他继续说教道："软弱和懒惰在男女中都很明显，这可以从选择骑车而不是走路、只作观众而不是作为运动员参加体育运动，以及以各种形式逃避责任和努力的趋势的日益增长中看出。"

根据他的定义，奈斯特罗姆估计，1929 年美国有 200 万个家庭生活在贫困中。他声称，这些家庭的孩子活到一周岁的可能性是那些富裕家庭的三分之一。[19]正如他所写的那样，情况正在恶化。1933 年，芝加哥街头依然有人因饥饿而昏倒。1941 年，新成立的国防办公室的主任估计，有 4500 万美国人"吃不到我们所知的对健康至关重要的食物"。

英国的情况更糟。约翰·博伊德·奥尔在第一次世界大战前获得了教师资格，被分配到臭名昭著的格拉斯哥贫民窟的一所学校。他一眼就看出，他的任务是令人绝望的。那些孩子们只靠茶、面包和点心过活，不吃早饭就来上学，虱子爬在他们的头上和衣服上你什么也教不了。他在第二天辞职了，继续在一个贫穷但不那么贫困的地方教 12—14 岁的孩子。这些孩子注定要在 14 岁时开始从事体力劳动，给他们提供正规教育似乎没有什么意义。然而，他被关于他所在学校的冷嘲热讽所刺痛，为他的 4 个最聪明的学生提供额外的辅导，并为他们报名参加助学金考试。他们获得了 6 个席位中的 4 个。奥尔厌倦了眼睁睁地看着人的潜力被浪费，决定读完大学，选择医学，因为它有最好的就业前景。他有个学生在煤矿上夜班，靠自己赚的钱读完了医学院。

幸运的是（或者说是营养科学地位低下），奥尔得到了在阿伯丁建立一个营养研究所的机会。战争突然爆发了，他在担任新职务之前，作为一名医务官赢得了三枚勇敢勋章。他的研究所旨在帮助农场生产出更好的农场动物；同样的营养原则也适用于人类，但这种可能性似乎还没有被考虑到。1927 年，他的机会来了。当时，由于生产过剩，牛奶被倒入下水道。奥尔建议应该把它给学生。七个月追踪显示，喝牛奶的好处显而易见。从此，英国学校开始为学生提供牛奶，直到 1970 年撒切尔夫人取消了这一政策（针对 7 岁以上儿童）。

图 8：学校提供的牛奶（1929 年）。

博伊德·奥尔这时把精力集中在人类营养上，他在 20 世纪 30 年代成立了委员会，报告英国人的营养状况。调查发现，有 50% 的人没有得到充分的营养。高达 10% 的人忍受着普遍意义上的饥饿——严重缺乏所有营养元素——40% 的人缺乏特定营养物质，佝偻病普遍存在。这是一份政治报告，一位愤怒的卫生部长召见了奥尔，告诉他政府的政策已经消除了贫困。奥尔坚持自己的立场，尽管有人威胁要把他从医生名册上除名，他还是在 BBC（英国广播公司）上将他的发现广而告之。他的合著者在猛烈的攻击下撤下了名字，但他坚持出版了自己的作品。政府最终不仅低头，而且提供了一种非常英国式的解决方案——授予他爵士头衔！营养成为第二次世界大战食物短缺期间国家优先关注的问题，而他的政策为确保在战争时期出生的婴儿未来的健康作出了很大贡献。笔者就是其中之一。奥尔成为粮食及农业组织（粮农组织）的首任总干事，并被授予诺贝尔和平奖。[20]

▶▷ 消费者表型

1931 年，西方并没有像威廉·克鲁克斯爵士所预测的那样出现小麦短缺。然而，许多人确实经历过饥饿或更糟的情况。因为，在两次世界大战之间，严重的饥荒席卷了东欧，而在 1921 年可怕的伏尔加河饥荒导致了人吃人的惨剧。第一次世界大战后，德国路易那的大型化工厂从生产弹药转向生产化肥。到 1922 年，巴斯夫已经开发出一种将氨转化为尿素的工业工艺。尿素是一种更方便的氮源。除了技术上的改进，今天的固氮和化肥生产方法早在一个世纪前就已经开始运作了。德国对哈伯-博施法的垄断在《凡尔赛条约》后终止了，但其他国家缺乏利用这一"礼物"的基础设施和技能，需要再打一场战争才能充分发挥这一方法的潜力。

　　第二次世界大战把美国从大萧条中拉了出来，美国经济也像德国在第一次世界大战中那样得到了组织、精简和指导。工业和农业都受益，小麦产量猛增对世界各地都产生了巨大的影响（图 9）。

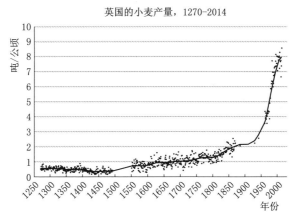

图 9：哈伯-博施法改变了战后世界的小麦产量，如图中英国小麦产量所示。数据来自 https：//ourworldindata.org/yields-and-land-use-in-agriculture。

　　从 1900 年到 2000 年，全球氮肥使用量增加了 125 倍，每公顷作物每年增产 50 千克，相当于人均 14 千克。固氮占所有化石燃料消耗的 1.3%，我们体内 40% 的氮来源于哈伯和博施的固氮法；如果没有他们的固氮法，这个世界不可能养活 60 多亿人。高产作物与大量农药和化肥的结合，使全球谷物收成从 1961 年的 7.41 亿吨，增加到 1985 年的 16.2 亿吨。[21] 固氮工作达到了威廉·克鲁克爵士的预期，但我们在环境方面付出了巨大代价。如果一种农作物是低效的氮利用者，插入一种能使它们更有效利用氮的基因可能会有助于遏制农业毒害环境。[22]

1950—1980 年，西方世界经历了 30 年的黄金时代，全球经济在 20 世纪下半叶增长了 6 倍。在此期间，经济平均每年增长 3.6%，而在 1820—1950 年期间为 1.6%，在那之前为 0.3%。[23] 财富遍布世界各地，廉价的能源、不断增长的财富、医学知识的普及和廉价的食品使全球人口从 1945 年的 23 亿猛增到 2015 年的 72 亿——所有这些都发生在我有生之年。消费者表型是建立在食物丰富的基础上的。

▶▷　消费者表型向东方进发

西方历史学家传统上把亚洲的过去描绘成人口过剩、停滞、无知、冷漠和饥荒的无穷无尽的马尔萨斯循环，但最近的分析驳斥了这一说法。18 世纪的中国和欧洲在预期寿命、人口增长和营养方面的差异微乎其微，而且中国可能更接近市场驱动的农业经济。"大分流"出现之际，欧洲走的是资本密集型道路，有充足的化石燃料供应，而中国走的是劳动密集型道路。按照奈斯特罗姆的标准（50% 的家庭收入用于购买食品），20 世纪中期大多数中国人仍处于贫困状态。到 1978 年为止，配给制已实行了 25 年，农村家庭将其收入的 67.7% 用于食物支出，而城市家庭则为 59.2%。[24]

20 世纪 60—70 年代，一场全球粮食危机似乎迫在眉睫。1974 年在罗马举行的世界粮食会议指出，1972 年恶劣的气候状况导致了第二次世界大战以来全球粮食产量的首次下降。许多国家依赖于粮食出口国（尤其是美国）的储备，而这些储备已极度枯竭，以至于全世界在 1973 年和 1974 年都依赖于当前的收成。正如随后的报告所指出的那样："连续第三年，1975 年的粮食供应也严重依赖于当年的产量，这是非常危险的。"会议还指出"世界上营养不良的人口主要集中地区"是东南亚。[25]

中国的人口从 1961 年的 6.6 亿上升到 1972 年的 8.7 亿。那一年，尼克松总统访华，其一大成果是帮助中国投资兴建了 13 个世界上最大、最先进的氨尿素生产设施，随后还投资了更多。到 1979 年，中国已成为世界上最大的氮肥消费国和出口国。独生子女政策对于人口的作用即将显现，其经济状况即将发生改变。哈伯-博施法又一次挽救了局面。

食物丰富会导致饮食习惯的变化，这些变化被统称为营养转变，其特点包括在可支配收入中用于食品的比例越来越小，而昔日的奢侈品（如肉类）的支出比例则越来越高（图 10）。

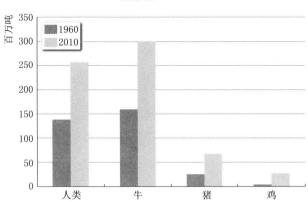

图 10：1960 年和 2010 年人类和三种肉类来源的估计生物量，以百万吨表示。2005 年，1 吨人类生物量相当于 12 个美国人或 17 个亚洲人，而转化为超重的能量可以再养活 4.73 亿成年人。[26]

　　这种营养转变与从小规模的本地采购食品转向大规模的商业化农业有关，这种农业以廉价燃料和集约化使用化肥和杀虫剂为基础。中国人的"饭碗"从东南地区向北部草原转移，这些草原现在养活了大量的牛群，中国成为世界上最大的绵羊生产国（比澳大利亚多 20 倍），第二大牛肉生产国和第四大牛奶生产国。小麦产量大幅增加，一千年来，向南输送的小麦热量第一次超过了向北输送的大米热量。这一切的隐性成本，包括过度放牧和草地退化、地下水位下降，以及动物粪便对地下水和河流的污染。

　　中国大规模扩大粮食生产用于自给自足，但 2002 年联合国粮农组织的报告显示，仍有 1.2 亿人营养不良。通过减少吃肉，中国可以在有限的资源范围内生活下去，但这很难做到，因此可能会引起环境的惩罚。

对于未来而言，我们目前的马尔萨斯假日不可能持续下去。我们可以产生固定氮，但还没有解决它的处理问题。磷酸盐是一种必须被开采的有限资源；据估计，"磷酸盐峰值"将在 21 世纪 30 年代到来。人口与资源之间的竞争远未结束，据联合国估计，撒哈拉以南非洲的人口将在 2015—2050 年间从 10 亿增加到 21 亿。这一地区是否能养活如此庞大的人口令人严重怀疑。[27] 另一个令人担忧的问题是，集约化农业会使土壤中的微量养分流失，而这些养分是化肥无法替代的。[28]

总而言之，兔子岛的居民到目前为止已经使马尔萨斯的预期落空了。相较于哈罗恩·拉希德的大马士革而言，查理曼大帝的大象进入了一个遥远而落后的世界，然而这里是我们逃离自然选择的开始。20 世纪初，当农业扩张到极限时，人口过剩和饥荒便开始威胁我们的生存，但粮食生产的革命却最终帮助我们克服了这些困难。越来越多的人现在可以享受马尔萨斯假日，消费者表型传播到了世界各地。

第二部分　可塑性

第五章
人类可塑性的发现

粮食生产、工业和科学携手合作，改变了人类生存的各个方面，这本书的其余部分将关注这些方面的变化。然而首先，我将着眼于前几代人提出这个问题的方式，因为他们的答案仍然萦绕在我们的脑海中。尤其奇怪的是，在 20 世纪初，人类正处于自智人离开非洲以来最伟大和影响最深远的变革之中，但是，生物学思维中却弥漫着对我们未来的极度悲观。

▶ ▷　退化

退化的概念在西方文化中根深蒂固。古典作家认为，人类已从黄金时代退化，后文艺复兴时期的思想家震惊地发现，希腊和罗马的高级文明已几乎被遗忘。南欧饱受疟疾折磨的农民对他们脚下的历史一无所知，也无法理解古代的宏伟雕像。18 世纪的欧洲用嫉妒的眼光看待重新发现的过去，爱德华·吉本真诚地相信，文明在公元 1—2 世纪达到了顶峰。

正统宗教传播着相同的理念。它的神圣文本声明人类是被创造的，神学家估计这是在 200 代之前发生的。因此，18 世纪的生物学家必须解释，为什么一对夫妇的后代会有如此大的差异。

约翰·弗里德里希·布鲁门巴赫（1752—1840）在哥廷根大学学习，他天资卓著，在 26 岁时就成为一名教授，并在那里度过了接下来的 62 年。布鲁门巴赫朝气蓬勃，举止文雅，和蔼可亲，他的书和演讲清晰而风趣，深受教师和学生的爱戴。父亲们把自己的儿子和孙子送到他那里学习。1795年出版的《论人类的自然多样性》是他最著名的著作。[1]他的信仰告诉他，生命是被创造出来的，但是哥廷根的铺路石却证明，确实有已经不复存在的生命形式。因此，布鲁门巴赫得出结论，生命一定是从至少一个毁灭的周期中恢复过来的，自然界中一定存在某种成形的力量，这种力量在过去就曾起过作用，现在仍然活跃着。

他的出发点是，所有的动物都是被完美地创造出来的——一个完美的创造者几乎不可能不这样做——任何偏离这种状态的情况都只能是走下坡路。生物无疑是在走下坡路的，但并不是完全随机的，因为他所谓"退化"的变化是使生物与其环境相适应的，他所说的"退化"，就像我们谈到的变异一样。在他看来，我们的家畜是最"堕落"的动物——因为它们遇到了各种各样的外部条件。正如他所指出的，獾犬看起来非常像"拥有一个原始的、有目的的结构，像是一个深思熟虑设计过的事物"。獾犬是指我们熟悉的达克斯猎狗，它是能够到獾的洞穴中追捕獾的猎犬。由于人类和我们驯养的动物一样暴露在同样的环境变化中，因此我们同样"退化"了。他引用了一个令人愉快的假说：我们是某个早已消失的高级种族的家养宠物的后代！

布鲁门巴赫将人类划分为五个种族，但却竭力描述种族之间存在的大量重叠："一种人类很明显地转变为另一种，以至于你无法区分他们之间的界限。"不同的种族因气候、饮食和行为的不同而不同，但他强调，这并不意味着他们是不平等的。在这方面，他的思想非常现代。

宗教正统学说认为，第一批人类是被创造出来的。但是在哪里被创造的呢？布鲁门巴赫开始寻找伊甸园的位置。他的研究是基于亚当和夏娃被完美创造出来的假设，而人类后来却从这种完美的状态中退化了。由于"退化"是由气候、饮食和行为造成的，那些从起点走得最远的种族会表现出最大的变异。相反地，那些离得最近的人将与人类的原始形态有最大的相似性。这种相似性是如何被识别的呢？根据布鲁门巴赫的逻辑，完美意味着美，而美应该在颅骨中寻找，因为颅骨承载着我们更高的能力（智慧）。剩下的工作，就是寻找最美丽的头骨了。

布鲁门巴赫并不是第一个寻找伊甸园的人，因为许多同时代的人都在从事同样的工作。亚洲是最受欢迎的地点：布丰认为伊甸园在里海的东岸，伊曼努尔·康德则认为在西藏。其他人则青睐波斯、克什米尔或印度北部。因此，布鲁门巴赫把目光投向东方，他的标准就是美。很简单，高加索地区的人民——黑海和里海之间的区域，在历史上一直是以美貌著称的，所有参观布鲁门巴赫丰富藏品的人都谈论过最美丽的头骨，这个头骨属于一个格鲁吉亚女人。

布鲁门巴赫认为欧洲人的头骨与此最接近，这就是"高加索

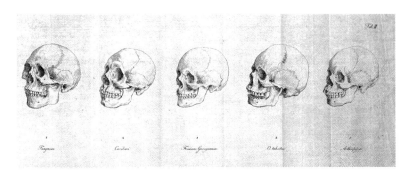

图 11：布鲁门巴赫收藏的头骨，中间是他"最完美的"格鲁吉亚头骨。尽管人们通常认为这些头骨代表着五个主要种族（蒙古人、美洲原住民、欧洲人、马来人和非洲黑人），但实际上这些头骨来自西伯利亚、加勒比海、格鲁吉亚、塔希提岛和西非。

人"一词在 20 世纪早期的移民表格中出现的原因。布鲁门巴赫说："我以高加索山脉的名字命名这一种族，因为它是最好的人种格鲁吉亚种族的发现地区。如果有可能为人类指定一个出生地，那么所有的生理因素都会结合起来，指向那个地方。"[2] 这的确很愚蠢，而且深深根植于神奇的想象之中，但是它却为后来的悲剧设定了一个足够天真的场景。

　　布鲁门巴赫的继承者们将他的思想进一步延伸到神话领域。美国人类学家 W．Z．里普利在 1899 年写道："在学生时代，我们大多数人……都被告知有一个理想的人类种族从喜马拉雅高原蜂拥而出，在野蛮的西部传播着文化。"[3] 之后有人相信，雅利安人灾难性地与劣等人种混居在一起。然而，由于他们仍然可以通过外表（尤其是头骨）来区分人种，因此种族有可能被重组，就像纳粹试图做的那样。布鲁门巴赫寻找伊甸园的天真尝试以悲剧告终。经济学家约翰·梅纳德·凯恩斯说过："那些自认为完全不受任何知识影响的实用主义者，通常是某些已故经济学家的奴隶。掌权的疯子听到了空中的声音，正从一些学术狂人身上提炼他们的狂热。"[4] 希特勒的狂热是从几代被遗忘的种族主义文人中提炼出来的。

▶▷ 进化倒退

让－巴蒂斯特·拉马克（1744—1829）在法国大革命期间成为巴黎自然历史博物馆的低等动物研究教授。他执着地研究着丰富的软体动物的化石，发现有些软体动物的后代可以按顺序排列，一直延续到今天，而有些则已经灭绝了。灭绝是对 18 世纪的有序宇宙概念的一个重大挑战，因为这意味着，一个永远不会犯错的造物主创造了一个有缺陷的设计。拉马克认为，失踪的生物并没有灭绝；相反，他们转向了更高的形态。这也可能发生逆转："如果环境保持不变，营养不良、痛苦或病态的个体状态就会成为永久性的，其内部组织会修改并在繁殖中保存这些修改，并最终产生一个与一直处于有利于其发展的环境中的种族截然不同的种族。"[5]

早在达尔文提出进化是朝着相反的方向行进的理论之前，回归（退化）——即逆向进化——就在维多利亚时代的想象中根深蒂固了。动物饲养者对"返祖"很熟悉：人工饲养的动物偶尔会生育更原始形态的后代。在通俗小说中，人类的例子比比皆是，其中的反派的特征是浓密的体毛、强壮的胸部、长臂、深陷的眼睛、突出的眉骨、令人恐惧的体力、冲动和轻信。人类学家切萨雷·隆布罗索将罪犯归类为"返祖者"，他们能够接受技能训练，但不能接受思想改造，性工作者就是所谓"道德退化"的典型。维多利亚时代，出生率下降，城市贫困人口发育障碍，健康的农村移民不断减少，都进一步证明了人口退化。曾任国家历史博物馆馆长的动物学家雷·兰凯斯特说：

> "任何一种使动物很容易获得食物和安全的新环境，似乎都会导致动物退化；正如一个精力充沛的健康人一旦突然拥有一笔财产就会堕落一样；或者像罗马在拥有了古代世界的财富后每况愈下一样。寄生习性明显地以这种方式作用于动物组织。寄生的生命一旦得到保护，腿、下巴、眼睛和耳朵就会消失；活跃而有天赋的蟹类、昆虫或环节动物可能仅仅变成一个囊，吸收营养并产卵。"

博物学家阿尔弗雷德·拉塞尔·华莱士在引用这句话时反复强调道德的维度，并指出：退化的前景告诉我们"作为一切进步的条件，劳动和努力，斗争和困难，不适和痛苦，都是绝对必要的"。正如兰凯斯特所言，另一种选择是很可能会"堕落到物质享受的满足生活中去，同时还伴随着无知和迷信"。[6]

达尔文的自然选择理论建立在生物变异的基础上，但是（在没有基因理论的情况下）他很难解释变异最初是如何产生的。坦率地讲，他的一些解释是拉马克式的。比如，他提出了一些令人难以置信的想法：人类没有尾巴，是因为我们的祖先坐着时把尾巴磨掉了；劳工所生的婴儿比专业人士所生的婴儿有更大的手。[7]另外一些人则把气候作为变异的来源，因为当时人们认为气候会影响人群的性格和肤色。西北欧人被认为是耐寒好战的，因为他们的天气条件令人振奋，而地中海人柔软舒适的生活则使他们感性而放松。这种现象的真正元凶是疟疾，正如美国南部人民明显的懒惰是由于钩虫和维生素缺乏。由于缺乏这种解释，早期人类学家夸大了气候的影响。有些人甚至认为，移民到美国的白人最终会变得像美洲原住民。[8]

▶▷　国家的退化

在 20 世纪初，我们的寿命有望延长 40 年，我们的身体比以往都要更高大、更健康。智人生长和发展的前景从未如此光明过，然而，当时的顶尖生物学家却对未来极为悲观。尽管接受了进化论思想的教育，但他们沮丧地看到，自然选择的法则不再适用于现代社会，而最不适应社会的成员（从他们的观点来看）的繁殖速度比其他成员更快。他们认为，文明行为使进化发生逆转，人类正在走下坡路。

　　1903 年 1 月，少将弗雷德里克·莫里斯爵士（1841—1912）在《当代评论》上写了一篇文章。《柳叶刀》杂志认为此文耸人听闻。这篇文章标题为"国民健康：士兵的研究"，它描述了在布尔战争（英国最近的一场野蛮的和平战争）中参战的士兵们糟糕的身体状况。例如，在第一次战争的狂热中，有 11000 人在曼彻斯特自愿应征入伍，其中只有 1000 人适合服现役。曼彻斯特是一个极端的例子，但弗雷德里克爵士估计，只有 40% 的潜在新兵具备为英国而战的体力。[9]

图 12：许多参加第一次世界大战的志愿者的身高都是在 63 英寸（160 厘米）的规定高度之下，而其中 58 英寸（147 厘米）以上的人组成了特殊的"矮脚鸡"团。

　　枢密院随即成立了一个委员会，以审议弗雷德里克爵士的指控。委员会询问了 68 名证人，并宣布人口的体质没有恶化，得出的结论是"征兵令已经不能吸引那些过去通常会应征入伍的阶级的人了"。[10] 这种说法当然纯属无稽之谈。在过去的黄金时代，也不存在上流社会的男人大量挺身而出去服兵役的现象。纳尔逊的海军不得不从街上招募新兵，威灵顿把麾下的英雄们描述为地球上的渣滓。用前征兵监察长的话说，应征入伍的人口"很大程度上是垃圾"，因为他们来自社会上处境最不利的阶层。

回顾过去，我们可以发现，正处于帝国荣耀全盛时期的英国以现在的眼光看会被归为第三世界国家。1900 年，63% 的人在 60 岁之前死亡，男性的预期寿命为 45 岁，女性为 49 岁。令人震惊的贫穷与自满的富裕在伦敦并存，这令到访的游客感到震惊，正如今天到访印度的游客会感到震惊一样。威廉·萨克雷反思了亨利·梅休早期对伦敦穷人的研究，并评论道：

> "自从我们有了自己的门，这些奇迹和恐怖就一直躺在你我的门前。我们只需要走一百码远，自己去看看，但我们从来没有……我们属于上层阶级；我们到目前为止还没有与穷人交往，从不对服侍我们 20 年的仆人说一句话。"[11]

托马斯·巴纳多医生（1845—1905）在伦敦最贫困的地区怀特查普的医院开始进行医学训练，他建立了一所简陋的学校，这让他看到了周围的贫困。当他在伦敦俱乐部吃饭时，有人嘲笑贫困的孩子们在伦敦露宿街头。在适当的酒精强化下，一些食客走上了穷街陋巷；一个沉睡的顽童被自己从手推车下伸出的赤脚出卖，被食客拽了出来。巴纳多开始为无家可归的儿童设立收容所。一名被称为"小胡萝卜"的 11 岁男孩被拥挤的收容所拒之门外，两天后被发现死在了街上。在那之后，再没有人被拒之门外。[12]巴纳多在30岁时已经建立了一所学校、一系列的儿童之家以及供孩子们学习一门手艺的设施和教堂。在接下来的几年里,许多其他中产阶级男女发现了自己所在城市的贫困问题,"城市使命"这一公益组织(包括宗教和世俗的)出现在了富裕国家的贫民窟。

在征兵官面前排队的矮小的人就是来自这样的托儿所。他们太可怜了,连当炮灰的资格都没有。人们很容易把弗雷德里克爵士的思想贬为典型的军事头脑的产物,但他觉得自己在身体退化方面被委员会欺骗了。它"给成员和公众留下了这样一种印象,即调查的首要目标是考察与过去相比,这个国家是否在身体上退化了"。相反,弗雷德里克爵士的意图是说明相当一部分人口是"身体效率低下的,而这种效率低下主要是由于可补救的原因"。

19世纪欧洲的有产阶层被那些在1789年和1870年在巴黎街头涌动的下层群众的幽灵所困扰。然而,镇压是一种危险的游戏,俾斯麦在19世纪80年代引入的治理方式是一种适时的让步。这始于一系列以保险为基础的社会福利改革,旨在先发制人地阻止其他计划中更诱人的提议。在英国,1906年获胜的自由党进行了社会改革,将类似的谨慎思虑与更进步的愿望结合在一起。经过一段时间,这些措施开始推行。弗雷德里克·莫里斯爵士引用伯明翰大学卫生学教授的话说:"迄今为止所做的一切工作,在减少每年都在发生的对婴儿生命的可怕浪费和对无辜者的真正屠杀方面，实际上都毫无作用。"改革者们做梦也想不到，他们即将释放出巨大的潜力。

►▷ 不可变的头骨的神话

20 世纪头几十年，西方对人类生物学的思考反映了全球力量的现实。西方人几乎统治了地球上的每一个角落，他们相信女性与男性是不平等的，并且相信这种遗传上不可逾越的差异分裂了人类。全面展示了这种偏见的是西方国家拒绝接受日本在 1919 年《凡尔赛条约》中提出的种族平等修正案。[13] 当时的种族主义思想是基于头骨分类。这是理所当然的，因为头骨形状是不变和可遗传的。1899 年，里普利说："头部的一般比例似乎不受气候、食物供应、经济地位或生活习惯的影响；因此，它们是我们所拥有的人类物种内部永久遗传差异的最清楚的代表。"[14]

人类学家威廉·豪厄尔斯说：从人类骨架上取下头部，就是对体质人类学进行斩首；在肩胛骨上不能建立起种族差异的理论。人类学家弗朗茨·博阿斯（1858—1942）揭穿了头骨不可变的神话。博阿斯是美国人类学的奠基人，他首先将人类学分为了考古学、语言学、体质人类学和文化人类学四部分。他出生在世俗的犹太家庭，身体柔弱，目光敏锐。博阿斯在海德堡学习，当时犹太人表现出各种被更广泛的德国文化所同化的迹象，他通过决斗来增强自己的条顿身份①认同。但这还不够，他成了种族主义的坚定反对者。

博阿斯对欧洲移民子女的里程碑式研究在很大程度上破坏了种族主义理论。在 20 世纪初，大量移民从南欧和东欧涌入美国，许多人认为他们是劣等人。博阿斯想知道，他们所谓的"种族"特征是否反映了他们成长的环境，他申请了资金来比较跨越埃利斯岛的移民的后代和在美国出生的第一代移民的后代。这项研究始于 1908 年，当 1912 年公布结果时，他的团队对 12 万人进行了检查——以当时的标准来看，这是一个巨大的样本。头骨的形状是通过长宽比来判断的，也就是所谓的头部指数，过去它被认为是一个不可改变的种族标志。博阿斯的发现表明，这是一种错觉。举个例子，在美国出生的西西里儿童的头骨明显比在西西里出生的儿童的头骨更宽。相反，宽头骨的移居到美国的欧洲犹太人所生的孩子头更长，两个被认为截然不同的欧洲"种族"显示出向共同的美国类型靠拢的迹象。一般来说，出生在美国的移民家庭的孩子比出生在欧洲的孩子要高，他们的头骨更长、脸型更窄。种族标志，如头发和眼睛的颜色可能是不变的，但他们的身体正在成为美国人。博阿斯向移民当局报告说："移民的适应能力似乎比我们想象的要大得多。"[15]

---

① 条顿指古代日耳曼人的一个分支。

图 13：1907 年在埃利斯岛等待处理的美国移民。

当时的人对此无动于衷，而麦迪逊·格兰特，一位律师出身的业余人类学家，通过他的著作《伟大种族的消逝》产生了更大的影响力。这本书出版于 1916 年，附有彩色地图，显示了北欧人离开喜马拉雅山后的路线，但没有提到博阿斯。地图显示，这个"优等民族"就像染料穿过色谱仪一样穿过了中东和中欧，一路上没有留下任何痕迹，到达北海边界时没有受到严重污染。可悲的是，正如他所指出的那样，欧洲 4.2 亿居民中只有 9000 人是北欧血统，他们的后代似乎注定要在北美的大熔炉中消失得无影无踪。阿道夫·希特勒声称这本书是他的"《圣经》"，被告们试图在纽伦堡审判中用这本书来证明纳粹思想并不局限于德国。博阿斯对格兰特尖刻的批评，促使后者要求哥伦比亚大学开除他。

许多后来对美国移民的研究都是从博阿斯那里得到线索的，并且得出了类似的结果。无论哪个种族，在美国出生的孩子都倾向于腿部骨骼更长，臀部更细，肩膀更宽。由于这些相同的特征是在对就读于哈佛大学的父子之间（他们几乎都来自历史悠久的美国家庭）进行比较后发现的，因此，在美国出生的移民的状况应该能反映整个国家人口的身体特征变化。即便如此，直到20世纪80年代，身体可塑性的概念才被认为是"完全可以接受的"。[16]到那时，已经相当明显的是，表型的改变根植于早期发育，这随后成为更广泛的"发育可塑性"[17]概念，我们将在以后的章节中讨论。

马克斯·普朗克说："一个新的科学理论的胜利不是通过说服它的对手，并让相信旧观念的人看到光明，而是因为它的对手最终会死去，新一代熟悉这个理论的人会成长起来。"[18] 1962年，美国物理人类学家协会主席卡尔顿·库恩得知，协会成员想就所有种族智力平等的动议进行投票。他回避了这个问题，认为对一个科学事实进行投票是没有意义的，而且在涉及种族和智力的问题上，学界仍没有定论。同年，他出版了《种族起源》一书，提出人类的主要分支是在不同的时间和不同的场合由直立人进化而来，从而达到了不同的进化阶梯。人们对这篇论文的敌意表明，库恩已经与他的时代格格不入了。即便如此，直到 1998 年 AAA（the American Anthropological Association，美国人类学协会）才发布了种族平等的声明。但附带的注解是，声明"没有反映出所有 AAA 成员的一致意见"。这个声明指出"在 20 世纪结束的时候，我们现在了解到人类文化是后天习得的行为，在婴儿出生时各种条件就产生作用，总是不断修改"，但没有解释为什么我们用了一个世纪的大部分时间仍然没能获得一致的结论。[19] 在博阿斯对移民的研究发表 86 年之后，没有任何迹象表明"发育可塑性"是存在的。

第六章

母体

我们比自己想象的要大 9 个月，这 9 个月就是表型转变的开始。当美国人宣誓效忠时，会将手放在心口上，以表示他们将终生效忠于国家。古罗马人在法庭上宣誓时，把手放在自己的睾丸（Testicle）上，以子孙后代的生命宣誓；这就是"Testify"的字面意思。在一个男性主导的世界里，人们认为种子孕育着后代，而女性的身体仅仅是提供了土壤。这就是为什么 18 世纪的小说《项狄传》的戏剧主人公在最开始总由模仿拙劣的侏儒扮演——小号的主人公被视为继承人，进行了从他父亲的身体到他母亲身体的重大旅程。劳伦斯·斯特恩写道："这时，一旦两性获得了巨大的快感，上面提到的数百万的微型生物就会被近距离射入子宫……它们挤来挤去，踢来踢去，咬去咬去，直到其中一只幸运地到达了卵子侧面的小洞，它进入了那个洞，把尾巴留在了通道里。"《项狄传》原著中的这段描述，是在模仿一种流行的观点，即在此过程中扮演最重要角色的是男性。今天，我们也被说服，而相信品格和命运是在受孕的那一刻决定的——尽管母亲也作出了相应的贡献——我们很容易忘记种子发芽的土壤。

更好的生活水平意味着更多的孩子有可能存活下来，其结果就是 19 世纪的人口激增。儿童死亡率下降了：1841 年，在英格兰和威尔士，39% 的 5 岁以下儿童会死亡；而在 1999 年，这一比例下降至 1%。此外，父母们发现，他们有更多的孩子需要抚养，调节女性生育的需求变得越来越迫切。到了 19 世纪末，出生率开始

下降。这时可以在每个孩子身上投入更多的关心和关注了，1870
年首次有明确的证据表明，孩子们发育加速了，性成熟提前了，
体型增大了，寿命也延长了。这一切都是在母亲体内打下的基础。

▶▷　男人是经过改造的女人

要证明我们的表型具有内在的可塑性，没有什么比两性在同
一个基础上具有共同起源更好的了。尤金·施泰纳克是奥地利的
一位实验主义者，在第一次世界大战之前，他因在性生理学方面
的开创性工作赢得了国际社会的尊重。战后，他又因声称可以做
逆转衰老过程的手术而声名狼藉。他的早期研究表明，将睾丸植
入被阉割大鼠身体的其他部位，被阉割的生理和行为后果就不会
展现出来，从而证实该腺体向血液中释放性激素。他还指出，通
过将睾丸移植到雌性老鼠身上、将卵巢移植到雄性老鼠身上，可
以逆转年轻雄性和雌性老鼠的生理和行为特征。变性动物具有异
性的大小和性状，表现出同样的胆小或好斗的模式，并且徒劳地
尝试与同性动物交配。[1]

受精卵中的基因在两性中是基本相同的，只是雄性只有一条
X 染色体而不是两条。与之相配合的是一个杂草状的 Y 染色体，
因其在显微镜下的外观而得名。Y 染色体是一个雄性转换工具，
除了使雌性转换到雄性的控制元件外，不包含任何必要的信息。

雌性是性别的默认模式，雄性是由 Y 染色体上的基因决定的，Y
染色体激发性腺产生睾丸素，同时关闭雌性生殖系统的发育。尽
管如此，雌性气质依然具有强大的引力，而雄性气质则被恰当地
描述为"一种漫长的、令人不安的、充满风险的冒险……与固有
的女性化趋势作斗争"。[2]性是一种复杂的基因洗牌策略，而男人
则是一种方便的"摇骰子"的方式。如果提供一个装备精良的精
子银行，女性可以很容易地维持一个没有睾丸激素的物种。男性
的内心深处知道这一点。

▶▷ 自然生育

小说家大卫·洛奇评论说，义学主要是关于性的，而不是关
于生孩子的，而生活则恰恰相反。然而，从生物学的角度来看，
无生产力的性行为是人类的标志。我们巨大的大脑对此负有责
任，因为它们在出生 2 年后才开始接近成人大小，而要让它们具
备成人的操作能力还需要更长的时间。孩子在这段时间内需要照
顾，母亲在照顾孩子时也需要支持。与假定的生父建立长期的伙
伴关系是一个久经考验的解决方案，而性则是将这种关系维系在
一起的黏合剂。在这一点上，我们不同于其他物种。一方面，女
性是私下排卵的，并且即使怀孕了，性行为也很活跃；另一方面，
与其他灵长类动物相比，男性的阴茎更大，性腺更小，这告诉我

们——好像我们还不知道似的——人类的性行为不仅仅是为了生殖。

女性的生育能力出奇的灵活。20 世纪下半叶的人类学家发现，狩猎-采集群体能够很好地平衡他们的生育能力和资源。以喀拉哈里沙漠的坤人女性为例，通常她们在 16 岁的时候第一次来月经，第一个孩子在她们 20 岁左右出生，通常生 5—6 个孩子，每隔 2—3 年生一个，其中 2—3 个能活到成年。[3]

20 世纪的哈特人则让我们看到了一种截然不同的自然生育模式。哈特人社区很小，在 16 世纪初的欧洲宗教和政治动荡中幸存下来，最终定居在北美。哈特人过着一种简单、简朴的集体生活，他们的目光牢牢地锁定在天堂上。他们虽然认可现代医学，却诅咒节育，而且几乎所有女性都结婚了。1880—1950 年间，只有一宗离婚和四宗弃婴记录在案。一些人（大部分是男性）会离开殖民地，但他们通常会回来。哈特人的数量成倍增长，这种奇特的繁衍过程被称为"蜂群"的繁衍过程。新的"蜂群"开始不断出现，许多人最终来到了加拿大。

哈特人让人口统计学家感到高兴，他们把哈特人视为自然繁殖实验。哈特人不受马尔萨斯理论的束缚，因为他们相互支持的体系避免了饥荒，可以随时使用未开垦的土地，健康的生活方式和现代医学资源使疾病减至最低。1880 年，47% 的哈特人年龄在15 岁以下，只有 2.7% 超过 60 岁，这一比例直到 20 世纪 50 年代

图 14：1946 年，加拿大阿尔伯塔省，哈特人的女性和儿童。

都保持相对不变；老年人比例低只是反映了出生率很高。哈特女性在接近 20 岁时结婚，其中 97% 的人会生育——鉴于在大多数社会中多达 10% 的女性是不孕的，这一比例是非常高的。他们平均每人有 10.4 个孩子，最多的有 16 个左右。一个典型的哈特人母亲理论上有可能有 100 个孙子和 1000 个曾孙，[4] 然而最近的生育率下降表明，节育正变得被哈特人接受。

　　没有节育措施的情况下，坤人和哈特人的自然生育范围是 5—10 个孩子。但是，为什么坤人生育得更少呢？他们的生殖期更短，因为他们的青春期来得更晚而更年期来得更早，相比之下少了孕育 2 个孩子的时间（图 15），但主要区别在怀孕间隔，我们之后还会讲到这里。

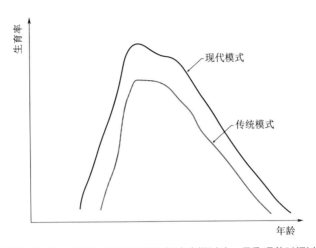

图 15：以往对女性生育能力的影响因素包括青春期过晚、母乳喂养时间过长、生活条件差和更年期提前；基于弗里施的研究。[5]

其他社区则介于这两个极端之间。另一个被广泛研究的群体是委内瑞拉的雅诺马马印第安人，总终身生育率约为 8 个孩子。这种高生育率——可能与发现香蕉后的营养改善有关——被选择性地杀死女婴的行为所平衡。相比之下，前现代社会或严重贫困的现代社会需要高出生率来平衡婴儿高死亡率。1940 年，巴勒斯坦的人口出生率并不比哈特人低多少，但 43% 的巴勒斯坦婴儿夭折，而哈特人则为 9%。[6]

自然选择使女性的生育能力得到了训练，从而在资源和环境之间达到了最有效的平衡。一个因反复怀孕而疲惫不堪的女性不能培养出适量的可存活的孩子，自然选择会相应地控制生育规模。具有讽刺意味的是，*Brca1/2* 基因容易使女性患上乳腺癌和卵巢癌，但它似乎也能提高生育成功率。在犹他州人口数据库中，在1930年之前出生并携带这些突变的女性，比那些没有携带突变的女性有更多的孩子（平均6.2：4.2），具有更短的生育间隔和更长的生育期，但在生育后的生活中死亡率要高85%。她们增加生育的原因尚不清楚，[7] 但这一发现，如果得到证实，可以解释一种致命基因在种群中持续存在的原因，也可以作为拮抗性多效性的一个例子。拮抗性多效性是一种现象，即在生命早期增强进化适应性的基因在生命后期会带来相应的劣势。

一个根据环境来调整生育能力的女性会在富足的时候生育更多的孩子，在贫穷的时候生育更少的孩子。科学家罗斯·弗里施强调了生育能力和食物能量流动之间的关系，她在20世纪70年代因将女性的生育能力与体内脂肪的数量联系起来而一举成名。她后来推断，在1994年瘦素被发现之前，存在一种与月经周期相互作用的"脂肪激素"。基于对生长记录的分析，她对青春期的研究表明，当身体脂肪达到临界水平时，月经就开始了；推迟排卵是因为需要积累足够的能量储备来支持怀孕，这在生物学上肯定是有意义的。为了追求这个难以捉摸的阈值，弗里施继续注意到，进行高强度训练的女性——比如田径运动员和芭蕾舞者——当她们的脂肪储备低于临界水平（她估计约为身体质量的17%）时，就会停止月经。雌激素提供了能量储存和生殖周期之间的联系，但哈佛大学的教授彼得·埃里森最近认为，身体触发青春期的"决定"可能与生长的综合信号有关，而不是与脂肪沉积的单一线索有关。[8] 无论这种机制是什么，女性的生殖能力都是与所处的由进化和社会习俗决定的环境相适应的，其子女的表型也是如此。

▶▷ 分娩

分娩对人类母亲来说比其他任何物种都要危险得多。世界卫生组织在 20 世纪 90 年代估计，西欧 15 岁女孩的分娩死亡概率为 1 : 8 000，冈比亚为 1 : 8，这表明了现代社会在这方面的巨大进步。在过去的几个世纪里，世界各地的女性都经受着与今天非洲较贫穷地区女性同样的分娩死亡风险。

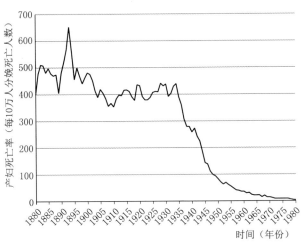

图 16：1880—1980 年英国分娩产妇死亡率。[10]

母亲的声音很少出现在历史记录中。英国女性合作协会于1915年出版了一本名为《母性：职业女性的来信》的书。这本书毫无自怜之情地记录了那些试图以平均每周20先令的收入养家糊口的女性的奋斗历程，有时几乎令人难忍动容。其中一位母亲说："孩子的母亲不知道自己活着有什么意义，如果再生一个孩子，她希望孩子一出生就死掉。"另一位写道："有很多次，我坐在孩子爸爸的大椅子上，一个两岁半的婴儿坐在我身后，2个孩子趴在我的膝盖上，一个16个月大，一个1个月大，我因为疲惫和绝望而哭泣。""我不相信别的孩子（除了最大的那个）受了这么多苦。如果我能吃得好一点，多休息一点，他们可能会更强壮、更高、更好。""除了母亲，没有人经历过孕期处于半饥饿状态的折磨，经历九个月的活死人生活，终于给这个世界带来了一个孩子……"该书记录的348名母亲中，有42.4%有死胎或流产的经历，21.5%的怀孕以此告终。在1396名活产婴儿中，有8.7%活不到一周岁。[9]

难产通常与佝偻病有关，在维多利亚时代这是一种非常可怕的并发症，直接促进了剖腹产术的引入。佝偻病是由于缺乏阳光照射（在过去的工业城市常见）加上不适当的饮食，导致骨盆骨软化进而弯曲，这种弯曲在分娩时会阻碍婴儿的头部，这对母亲来说意味着可怕的死亡。我很幸运，有马尔科姆·波茨这样一位伟大的人类生殖专家做我的大学导师。他在印度农村的一个医疗

ELEVEN CHILDREN BORN, ALL LIVING. FATHER A FISH-HAWKER.
This family is not connected with the Women's Co-operative Guild.

FIFTEEN CHILDREN, FOUR LIVING. FATHER AN IRON-MOULDER.
The family is not connected with the Women's Co-operative Guild.

图 17：来自《母性：职业女性的来信》（1915 年）的插图。令人难以置信的是，上图中的这位女士养育了 11 个孩子，还为此次拍照将他们精心装扮。下图中的这位母亲生下了 15 个孩子，其中 11 个孩子夭折了。

传教站目睹了一次难产，并惊恐地看着那位虔诚的宗教人士拿起维多利亚时代用来碾碎胎儿头部的过时设备。牧师解释道："在比哈尔邦，一个家庭的第二个孩子有多大机会活下来？"采用产钳分娩和剖宫产减轻了难产的恐惧。

除此之外，引起产妇死亡的"四驾马车"是感染、大出血、惊厥和非法堕胎[11]，图 17 所示的 1935 年后产妇死亡率的急剧下降，与使用有效的抗生素和药物防止失控的大出血有关。有效的避孕和合法的堕胎，使女性免遭街头堕胎医生引发化脓的编织针的毒手。

▶▷ 苹果的果实

人们一直在努力寻找一种进化论的解释，来解释人类在生育方面特别低效的事实。2012 年进行的一项国际调查显示，我们已经来到了怀孕结果最佳的时代（就母亲和孩子的存活率而言），有五分之一的孩子是通过剖腹产分娩的。[12] 虽然剖腹产的流行方式各不相同，难产只是其中一个原因，但调查显示，我们还没有达到最佳的生育效率。"自然分娩"（在缺乏医疗安全保障的情况下）并不是解决问题的办法，正如怀孕的悲惨结果所显示的那样——在某个拒绝一切形式医疗干预的美国教派中，一岁婴儿的死亡率是原来的 3 倍，孕产妇死亡率是原来的 100 倍。[13]

　　不利的社会环境对怀孕的结果有重大影响。所以在一个世纪前，伦敦工人阶层的母亲们遇到这么多困难也就不足为奇了。饮食不良、发育不良、慢性或反复感染以及缺乏医疗无疑是造成她们痛苦的原因。然而，我们确实需要问一问，为什么今天的健康和营养良好的年轻女性需要手术帮助分娩，而所有条件似乎都有利于直接分娩。

　　《圣经》中说，夏娃因她的罪过而受到惩罚。惩罚是"我必多加增你的苦楚和怀胎次数；你将在苦难中生下儿女"。对夏娃诅咒的标准解释是"产科困境"。简而言之，这表明我们直立的姿势使得母亲的盆骨狭窄，而对较大的大脑的需求使得婴儿的头部很大。两者之间的契合度几乎比其他任何物种都要更紧密，分娩之所以可能，是因为胎儿头骨在压力下会受到挤压，母亲会产生一种激素，软化骨盆出口。在没有医疗援助的情况下，不能通过母亲产道的胎儿将会死亡，母亲也是如此。为什么自然选择这双看不见的手不能解决如此明显的问题？需要注意的一点是（无论你的腰围是多少）髋关节间只有一手掌宽的间距。这将最大限度地减少我们走路时左右移动的次数，并帮助我们有效地跑步。有理论认为，更大的间距并不是什么坏事，因为女性的骨盆比男性更宽，微微蹒跚似乎是为了更安全、更容易怀孕而付出的小小的代价。相反，胎儿的大脑在出生时已经有成年时的30%大小，如果大脑能稍微缩小，也会大大降低胎儿出生的难度。

既然进化没有选择这两条路径，我们就必须扩大搜索范围，寻找解决这一困境的办法。

一种是悬崖边缘模型。[14] 全世界约有 3%—6% 的怀孕受到难产的影响，这可以说是由于母亲的基因决定了骨盆的大小，而父亲的基因决定了胎儿头的大小。因为较小的头部增加了母亲怀孕的存活率，而较大的头部有利于胎儿，这就产生了潜在的利益冲突。我们可以把两条钟形曲线画在一起：曲线越吻合，婴儿的存活率就越高，但只要到了"悬崖边缘"，灾难就会随之而来。笔者认为，常规剖腹产违反了自然选择，将导致每一代不能自然分娩的婴儿比例增加 10%—20%。

这是一个有趣的提议，但也存在争议：人类分娩并不能得出简单的结论。例如，哪里有证据表明，婴儿头部的周长是其出生后生存的关键因素？婴儿身体的大小也与母亲身体的大小相关，"母亲的约束"随之而来。这一点在设得兰母马与夏尔种马交配，夏尔母马与设得兰种马交配的著名实验中得到了证明。幸运的是，对于设得兰母马来说，母马的体型对后代的大小有很大的影响，因此它们能够顺利生产。[15] "母亲的约束"似乎可以解释为什么头胎出生的孩子比他们的兄弟姐妹平均轻 200 克，以及为什么同父异母或同母异父的兄弟姐妹出生时的体重与母亲的体型的相关性比两个父亲的相关性更强。同样，代孕儿出生时的体重受代孕母亲的体重影响更大，而不是受捐卵母亲的影响更大。

产科的困境还远未被解决。胎儿对快速成长的追求和母亲对安全生产的追求可能会背道而驰，但对双方来说，最好的结果是足月生产出一个健康的婴儿。考虑到所涉及的问题的复杂性，对最佳结果的追求有时可能会陷入困境，这也许并不奇怪。如果推断，常规的剖腹产可能会改变我们这一物种未来的生育能力，似乎过于简单。然而，任何解决这一困境的方案都必须考虑到人类表型变化如此迅速这一事实。

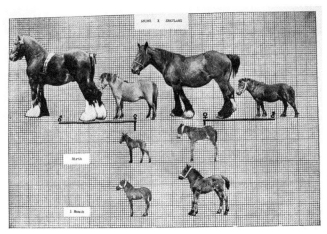

Parents and offspring of reciprocal Shetland-Shire crosses.

图 18：母亲的约束——夏尔种马和设得兰母马杂交生出的小马驹（左）要比夏尔母马和设得兰种马杂交生出的小马驹（右）小得多。

人类怀孕的突出特点，是实现这一结果的手段具有灵活性。母亲成功地孕育了孩子——自人类诞生以来，历经了富饶和饥荒，一路上忍受着各种各样的困难，她们为孩子即将进入世界做准备，为此表现出适应周围环境的能力，这是表型可塑性的一个显著例子。胎儿在不同的环境中被孕育，但他们出生后所生活的环境却不一定与孕育他们的环境相同。

▶▷　棘轮

詹姆斯·乔伊斯说，历史是一场噩梦，他试图从中醒来。过去，分娩对母亲和孩子来说无疑是一场噩梦，只有在如今人们的记忆中才变得相对安全。表型反映了我们所生活的世界，母亲和孩子都在几代人的时间里发生了变化。棘轮效应在很大程度上解释了这一点，因为较高的母亲会生出较大的婴儿，较大的婴儿会长得更高。现代生长研究之父詹姆斯·坦纳指出，在1880—1950年期间，美国和4个欧洲国家的成年人身高以每10年约1厘米的速度增长，母亲身高每增加5厘米，婴儿出生时的平均体重就会增加200克左右。[16] 母亲身高增加是新生儿体重增加的主要原因。

身高的调整表明，维多利亚时期营养不良的女性能够以今天的标准生出接近正常出生体重的婴儿。很明显，进化使饥饿的母亲能够在最恶劣的环境下使下一代的生存机会最大化。然而，进化没能让母亲和婴儿做好长期过量饮食的准备。例如，糖尿病控制不佳的母亲所生的婴儿体内会出现葡萄糖供应过剩的情况，而且这种情况不仅使婴儿在出生时体重超标，而且在以后的生活中更有可能使体重增加。同样的效果也可以在超重或怀孕期间体重增加过多的母亲的孩子身上看到。可能的原因是胎儿适应了营养过剩（对糖尿病患者而言是葡萄糖），从而在以后的生活中形成持久的易感体质。因此，营养过剩的母亲可能会通过一种不太受欢迎的棘轮效应，把肥胖传给下一代。[17]

营养良好的母亲所生的孩子生长得更快，性成熟也更早。奥斯陆大学的数据显示，在 19—20 世纪之间，女性月经初潮的平均年龄从 16.5 岁下降到 12.5 岁，平均每年女性的第一次月经期都会提前一周。[18] 这与身高的增加、发育期的急剧增长以及我们身体比例可见的变化有关，由此产生了一个新现象：青春期。

►▷　青春期

阿喀琉斯是希腊无与伦比的英雄。年轻时，他面临着两种选择：长寿的幸福生活，和短命却名扬四海的生活。他选择了后者。有预言说，没有他，希腊人将无法征服特洛伊，但他自己也不会回来。他的神母忒提斯试图逃避这样的命运，把他打扮成一个女孩，送到斯凯洛斯（爱琴海上的一个小岛）的利科米德斯国王的宫廷里。一到那里，他就与国王的女儿黛达米亚生了一个儿子，但显然没有引起她父亲的注意。奥德修斯装扮成商人来找他，拿出一堆饰物让姑娘们欣赏，长矛和盾牌随意地放在旁边，只有阿喀琉斯对它们感兴趣。当奥德修斯下令拉响警报，真正的女士们逃走时，阿喀琉斯抢过武器，暴露了自己的身份。

这个传说的生物学意义在于，这位伟大的战士（虽然显然很有能力）想必没有胡子，而且他的声音还没有变。我们不应该过分相信一个传说，但是那时青春期无疑比现在开始得晚。奥古斯都皇帝第一次刮胡子是在他 23 岁的时候，而迎接罗马公民成年的刮胡子仪式通常在 21—23 岁之间举行（在此之前，他们通常都留着精心设计的胡茬）。

在青春期，女性面部骨骼停止生长，而男性的面部骨骼持续生长，使其五官更加粗糙，下巴更加四四方方。这使得女性的外表更像孩子，脸型更小、更椭圆、更对称。她们的颧骨更加突出，眼睛显得更大。大多数男孩在青春期初期并不漂亮，但也有惊人的例外。在莎士比亚的戏剧中，有十几岁的男孩扮演女性角色。奥斯卡·王尔德认为，十四行诗中充满激情的"W.H. 先生"就是其中之一。在古希腊，青春期的青年被称为"Ephebes"，即"埃菲比"，年长男性被他们唤起浪漫情结并不是一件耻辱的事。

古希腊人把男性的生活分为七个时期，或称为一周（hebdomad），对应于拉丁语中的"Puerulus、Puer、Teencens、Juvenis、Junior、Vir、Senex"，这一顺序被著名的莎士比亚所采用。第一阶段结束时，男孩的乳牙脱落；第二阶段结束时，男孩喷射精液；胡须长起来时（这是一个里程碑，在我们庆祝 21 岁生日时仍然可以反映出来），青春期就结束了；男性被认为在 28 岁就可以结婚；到 35 岁时，他们的判断力已经成熟；42—56 岁，他们达到了鼎盛时期；在这之后，他们成为莎士比亚笔下的"瘦削的、穿拖鞋的傻老头"，精神和身体逐渐虚弱；到了 70 岁，这段"奇怪而多事的历史"结束于"第二童年"①并被全然遗忘。过度解读这些古老的分类可能是错误的，但它们确实表明，那时成熟比现在来得更晚，衰老比现在来得更早。

在过去的一个世纪里，生长加速使得现在的孩子进入青春期的时间提前了 4 年。青春期释放的激素会引发第二次生长突增，最终以长骨中生长板的融合而结束。早在前几个世纪，贵族阶层的孩子就已经达到了这一水平。1772—1794 年就读于斯图加特卡尔舒尔的贵族家庭孩子到 15 岁时，要比中产阶层家庭的孩子高出近 7 厘米，尽管他们在学校饮食相同。当这些学生在 21 岁时再次进行测量时，这种差异几乎消失了，这表明中产阶层的男孩进入青春期较晚，但赶上了贵族。[19] 19 世纪初，富裕的成年人并不比我们矮多少；在简·奥斯汀的小说《曼斯菲尔德庄园》中，拉什沃斯是个愚笨的地主，他曾大声问道，女人们为什么会对一个身高不足 5 英尺 9 英寸（175 厘米）的情敌表现出兴趣。

青春期提前成为唱诗班老师们头疼的问题。1740—1745 年，

---

① 通常指暮年。

在莱比锡组成巴赫合唱团的男孩们通常在 16—17 岁左右经历了嗓音的中断，尽管有些人到 19—20 岁时仍然担任高音或女高音的角色。随着时间的推移，这些训练有素的声音在很小的时候就消失了，1959 年的时候比巴赫的时代早了 3 年半到 4 年。[20] 由于形成喉结的软骨增大，青春期男孩的声带形成嵌在喉头的褶皱。声音的音高取决于声带的长度和张力，而声带会因睾丸激素的作用而变厚，由此产生的体积的增加，造成了共振增加，与缠绕在钢琴低音弦上的铜丝类似。

体型的增大似乎影响了成人唱歌的声音。格里高利圣歌的音调在男高音范围内。男高音，顾名思义，就是"保持"高音调的歌手。这种高音的流行并不局限于欧洲，因为世界各地的传统歌唱风格都强调高音域，男中音或低音的作用很小。直到 1450 年左右，佛兰芒学派的歌唱流行之后，低音才有了一席之地；意大利宫廷接受了这种新风格，但不得不引进佛兰芒歌手，因为他们自己的宫廷没有同样音域的歌手。资深的男低音歌手 19 世纪才大量出现。毫无疑问，时尚与此有关，但似乎越来越大的体型使男性的喉头变大，从而扩大了人类声音的范围。

过去的流行审美倾向于高音，16 世纪下半叶，女高音的引入是歌唱史上的重大发展。即便如此，那个时代的超级明星还是阉割者——那些为了他们的歌声而在青春期之前被阉割的男孩。尽管在 20 世纪初有一些糟糕的录音，然而他们的声音还是永远消失了，不过，已有两个世纪的音乐爱好者曾为他们的声音而欢欣鼓舞。例如，1776 年帕基埃罗蒂在福尔利表演。他的"至尊"咏叹调讲述了一个儿子准备为他的父亲举行圣礼的故事，让观众潸然泪下。当他的表演接近高潮时，管弦乐队颤颤悠悠地静了下来。受到侮辱的歌手走到前台要求解释，却发现指挥已经激动得无法继续了。[21]

阉割者通常在 7—12 岁之间被阉割，往往会因压迫颈动脉而导致昏厥。他们中的许多人都来自非常贫穷的家庭，父母为了名利主动将他们送去阉割。

然而，这种牺牲往往是徒劳无功的，因为只有大约 10% 的人后来会成为职业歌手。只有那些最有天赋的人才有可能取得真正的成功，而且要经过无数个小时的练习。阉割者结合了柔软的青春期前声带与成人大小的胸腔，以及精准的呼吸控制的优点。尽管装饰音和假声是他们所表演曲目的核心，但他们的名声并不依赖于演唱高音，而是取决于音域和流畅度，以及他们为

图 19：帕基埃罗蒂的骨骼最近被挖掘出来进行科学调查。他身高 191 厘米，患有晚期骨质疏松症，具有高度发达的呼吸肌。[22]

声音注入的色彩和感情。

青春期通常开始于第一个月经期或第一次精子释放，但这些只是激素表型重组的里程碑，需要数年时间才能完成。这一阶段始于 8 岁左右，在此之前男孩和女孩的发育方式基本相同。他们的骨骼生长和身体组成在来自肾上腺皮质的性激素作用下开始分化，这种现象被称为肾上腺机能初现。女孩的快速发育开始得更早，但结束得也更早，这就是她们比男性矮的原因。由于卵巢与雌激素的作用，女孩的骨盆变宽，骨盆边缘张开，在行走时提供更多的机械支持。女孩们会有更多的脂肪组织，她们的乳房会发育，性欲会得到发展。男孩成长较晚，但更持久，这使得他们的肩膀更高，更宽，腿部相对较长。他们的脸会变得更粗糙，他们的肌肉比脂肪多，而且他们的大脑（根据某些人的说法）的工作方式也不同。

最近一项针对 22 个以生存为基础的传统社会的研究发现，其青春期前的发育高潮比现代要晚得多，发育时间在 10—13 岁半之间，而我们的一般年龄是 8 岁。月经随之而来，通常间隔 4 年。[23] 巴布亚新几内亚的干基人在这项调查属于异类；对她们来说，青春期大约在 18 岁开始，第一次怀孕大约在 20 岁。这些人身材矮小，生长缓慢，饮食少，毫无疑问代表了我们的许多祖先。

富裕家庭的孩子成熟得更早，大概是营养方面的原因。由于排卵周期需要一段时间才能完全形成，少女比成人有更多的无排卵周期——月经期间没有排卵。发生无保护措施性行为的现代少女怀孕的概率从每周期约14%增加到25岁左右的女性的约25%。[24]在过去的社会中，女孩很早就被嫁出去了，部分原因是为了保证童贞，当时社会地位高的女孩和今天的青春期女孩有类似的生育能力。1457年1月28日，13岁的玛格丽特·博福特，埃德蒙·都铎的妻子，生下了未来的国王亨利七世。这次分娩给她带来了创伤，尽管后来她又结过两次婚，但都没有再怀孕。

人类青春期的一个反常特征是，性特征在生育之前就出现了，而其他灵长类动物只有在怀孕时乳房才发育。在传统条件下，巴布亚新几内亚的邦迪族在18—20岁才会行经，较早发展出来的性特征和较晚发展出的生育能力显得不匹配，这使得邦迪族女孩会较早获得性经验且受孕风险较低。[25]在前几代人中，完全发育之前的性行为可能并不少见。

凯瑟琳·霍华德的悲剧历史为我们提供了一个有趣的视角。凯瑟琳16世纪20年代出生在一个落魄的贵族家庭——因为还不够重要，她的出生日期没有被记录下来——被送去和她的祖母诺福克公爵夫人生活在一起。后来，她和其他十几岁的女孩一起住在兰贝斯宫的一个宿舍里。没有人费心去注意她们，而且男性访客经常被允许进入。凯瑟琳在15岁的时候和她的音乐老师有过亲密的接触，后来一位叫弗朗西斯·迪尔罕的绅士也顶替她的音乐老师进入了她的闺房。根据她自己的说法："最后他和我赤裸着躺在一起，像一个男人对待他的妻子那样许多次地对我，但我不知道有多少次。"后来，她成了宫廷里的随从，并被王室宠儿托马斯·卡尔佩珀所吸引。后来，她不幸地受到了亨利八世的青睐。1540 年 7 月 28 日——也就是托马斯·克伦威尔被处决的那一天——她成为亨利八世的第五任妻子，当时她可能只有 17 岁。这不是一个好兆头。她和卡尔佩珀鲁莽的恋情让她受到了惩罚，在 1542 年 2 月 13 日被处决。青春期开始较晚和与之相关的低生育能力也许可以解释女孩们在闺房的随意许可，以及她们明显的低怀孕风险。

▶▷　管理生殖的生物学后果

管理生殖是现代生活的一个基本特征，并可能潜在地影响后代的表型。体外受精是干扰自然选择的一个极端例子，因为它使无法生育的女性能够生育孩子，同时发掘了性别选择或基因编辑的潜力。某些类型的男性不育症可以通过直接将精子注入卵子来治疗，这种技术每年带来 250 万名儿童的出生。不足为奇的是，精子有问题的父亲的儿子更有可能不育，这意味着未来有些雄性可能没有实验室的帮助就无法繁育后代。[26]

与此同时，现在自然怀孕的女性普遍年龄偏大。例如，1968 年，75% 的产妇年龄在 30 岁以下，而 2013 年这一比例为 40%。尽管许多人渴望自然分娩，分娩仍然被视为一个医疗过程，多达三分之一的女性通过剖腹产分娩。母乳喂养是一种选择，但并不是必要的。婴儿很容易摄入大量能量，但免疫能力低下。例如，剖腹产出生的婴儿患 1 型糖尿病的风险更高，这可能是因为他们没有接触到产道的正常微生物菌群。

在过去的社会里，生育只能通过推迟结婚来限制——马尔萨斯称之为"谨慎克制"。随着经济的日益繁荣，人们有条件在 20 世纪中叶比以往任何时期都更早地结婚。从那时起，两性生育年龄稳步增加，流产、早产、低出生体重和死胎的风险随着母亲年龄的增加而增加。例如，20—24 岁的怀孕女性中约有 9% 会自然流产，而在 35—39 岁的女性中，这一比例为 20%，40—44 岁的女性中为 41%。大龄母亲所生的孩子患老年痴呆症、高血压和某些癌症的风险更高。[27] 染色体异常也更为常见，40 岁以上母亲生的孩子患唐氏综合征的风险呈指数级上升，到 50 岁时接近 10%。

男性是精子工厂，转录错误导致突变的可能性被睾丸中天文数字般的细胞分裂率大大放大。精子在男性 20 岁之前要经历大约 150 次生殖系复制，到 40 岁时达到 610 次，年龄每增加 16.5 年，发生新的突变的风险就会翻倍。遗传学家 J．B．S．霍尔丹注意到了这一点，提出精子中的基因突变率是自然选择的驱动因素之一。大龄父亲育儿增加了孩子患精神分裂症、自闭症 [28] 和各种罕见遗传疾病的风险。[29] 这些风险不应该被夸大，年纪较大的男性通常都能生育健康的孩子，但是精子库为潜在捐献者设定了一个谨慎的 40 岁年龄上限。[30]

　　高龄父亲并不是一个新现象。例如，在冰岛，1650—1950 年间，父亲在母亲怀孕时的平均年龄是 35 岁，在战后下降到 28 岁，到了 21 世纪又回到了 30 岁。早期的晚婚模式反映了农村社会的问题，在那里男人直到拥有自己的农场才结婚；由于同样的原因，晚婚在爱尔兰也很普遍。然而，父亲年龄大并不一定是不利因素。端粒是 DNA（脱氧核糖核酸）的保护性序列，它封闭了染色体的末端，并随着细胞复制周期不断缩短；端粒长度变短是衰老的标志。与其他分裂组织不同的是，精子的端粒会随着年龄的增长而变长，这一特征会遗传给后代。菲律宾的一项多代研究证实，年龄较大的父亲所生的孩子端粒更长。在父亲出生时，祖父（而不是外祖父）的年龄进一步强化了这种影响。端粒长度与寿命延长及晚年患动脉疾病的风险降低（但患癌症的风险更高）有关。由于端粒长度的增加与父亲的年龄有关，研究者认为这可能是一种提示，说明孩子出生的环境是否安全稳定。端粒长度的增加，一代一代地传递下去，有可能提供延长寿命的机制。[31]

　　尽管晚育有明显的劣势，但人类表型以及培育它的社会正在发生如此迅速的变化，以至于晚育的好处可能会超过母亲年龄在生物学上的劣势。例如，有人认为，1980 年一名 20 岁的瑞典女性所生的孩子，其健康状况不如 2000 年同一名女性在 40 岁时所生的孩子。根据这个论点，生物学上晚育的不利影响将被身高、健康、智力和寿命增加的社会趋势所抵消，更不用说更多的受教育机会了。这种假想的比较有其局限性，因为横断面分析显示，那些由非常年轻或非常年老的母亲所生育的子女，其健康状况通常会很糟糕，而在 30 多岁生孩子的母亲受益最大：她们的女儿比其他年龄段的人个子更高，学业成绩也更好。研究得出的结论是，从宏观层面看，生育时机的优势已经消除了产妇年龄上升的潜在不利因素，尽管对年龄最大的母亲来说并非如此。[32]

▶▷　更年期

在前现代时期，女性在 20 岁左右达到生育高峰，那时大约 60% 的已婚女性已经生育。在其他条件相同的情况下，她们在 30 岁出头的时候每隔 2 年就生育一个孩子，而在 40 岁以后，每 3 人中就只有 1 人生孩子，到 50 岁的时候就没有女性生孩子了。为什么会这样呢？

一个女人生来就有她所有的卵泡（卵巢滤泡）。产生我的那个卵子是大约 200 万个卵子中的一个，那是 105 年前我母亲在我外祖母子宫里时形成的。卵泡很快就会消失，所以当我的母亲开始来月经的时候，她的卵泡数量下降到了大约 30 万—40 万个。生育力随着月经排卵而停止，在绝经前数年会出现无排卵周期、雌激素水平下降和不规则出血为特征的低生育能力期。更年期的进化益处似乎很

明显，因为（从生物学角度来说）20 年的生育期足以让女性生育她
所需要的孩子，而她剩下的时间最好花在帮助她的孩子们抚育自己
的孩子上。

　　现代女性三分之一的生活是在绝经之后。过早绝经与营养不
良或健康不良有关，较贫穷国家的女性比富裕国家的女性更早进
入更年期。吸烟者绝经期提前 1—2 年，而且过早绝经和社会经济
地位低下之间有很强的联系。富裕地区女性的更年期年龄在持续
升高，这可能与社会经济环境的改善相关。在欧洲，更年期女性
的平均年龄是 54 岁。[33] 更年期推迟与社会优势、身体健康、寿命
增加、心血管疾病风险降低、骨质疏松的风险降低和智力功能下
降延迟相关。反之，它会增加患乳腺癌、子宫癌和卵巢癌的风险。

▶▷ 社会棘轮

　　表型转变的第一个阶段是 1870—1950 年左右，其影响主要是
社会弱势群体日益繁荣的追赶效应。胎儿的大小随着母亲的身体
转变，骨盆和胎儿都逐渐变大。在经济繁荣时期，女儿比母亲发
育得更成熟，更早具备生育能力，生出更大的婴儿，从而使女性
的骨盆更宽，个子更高。这种棘轮也可以起到相反的作用，因为
正如联合国儿童基金会在 1998 年指出的那样，"生长发育不良的
年轻女孩会成为发育不良的女性，更有可能生下出生体重不足的

婴儿"。如果这些婴儿是女孩，她们很可能会继续这个循环，在成年后发育迟缓。"母亲的体重也要考虑在内，母亲体重每增加 100 克，孩子的体重就会增加 10—20 克。"结果，肥胖的流行导致了这一特殊的灾难一代代传递下去。

这就完成了女性生殖过程的简单循环。有几件事很重要：一件是，我们熟悉的里程碑如此依赖于复杂事件的正确顺序，以至于你只能猜想它们是如何发生的；另一件是，怀孕是一个动态的过程，母亲和婴儿都有很强的适应能力。女性的生殖可能受到母亲传递的代际信号、与胎儿交换的信号以及她自己的健康和营养状况的影响。社会优势或劣势会一代代延续下去，事实证明，这种遗传即使在最平等的社会也很难消除。与之相叠加的是社会因素的影响，比如结婚年龄和避孕药引起的药物假性怀孕。在促进性别平等方面，女性生育能力的调节比历史上任何其他措施都要重要，而我们也从未如此直接地干预生育，以平衡我们对自然选择的逃避。母体会影响表型，它的影响会持续一生。

第七章
生命在出生之前

我们出生时，人类生命中最激动人心的时期已经结束。我们诞生之初的单细胞大约分裂了 42 次之后形成人的雏形。在理论上，再经过 5 个分裂周期就足以产生成人体内的所有细胞。所有生物在快速生长时期都很脆弱，维多利亚时代的人们很清楚，母亲的健康和行为会影响到她的孩子。他们也熟悉贫穷的连锁反应，贫穷的母亲生出发育不良的后代，这些后代成为社会的最底层。他们被称为"社会渣滓"，这些居民被认为是科学、宗教或慈善机构无法触及的。奇怪的是，在 20 世纪的大部分时间里，在子宫内部的形成期的重要性都被忽视了。

在 18 世纪的伦敦，廉价的杜松子酒引起了酒精成瘾的爆发，威廉·霍加斯在《杜松子酒巷》（图 20）中有关于此事的令人印象深刻的记录。酒精成瘾的爆发引起了广泛的关注。1735 年，米德尔塞克斯的地方法官任命了一个委员会，该委员会评论说："不幸的母亲们习惯于喝这些蒸馏酒，她们的孩子一出生就虚弱多病，而且常常看起来干瘪衰老，好像孩子们已经是老人一样。"[1] 酒精被视为代际退化的主要原因，医师 W. C. 沙利文在 1899 年说：

"我们熟悉这个事实……父母一方或双方的长期酗酒经常是一个家庭堕落的第一步；它代表有机体的一种人为退化的状态，能够以增强的力量传递到后代身上，有些甚至会传递四代。"[2]

图 20：来自威廉·霍加斯的《杜松子酒巷》的细节图。

当时的权威人士约翰·威廉·巴兰坦在 1904 年出版了两卷书，总结了当时有关胎儿生长和健康的知识状况。他列举了酒精、烟草、鸦片、铅、汞和氯仿等物质的有害影响，以及大量可以由母亲传染给孩子的感染病例。[3]

实验证据证实了这些观察结果，许多生物教科书都提到了酒精对下一代的危害。奥尔德斯·赫胥黎在 1932 年出版的《美丽新世界》一书中就运用了这一知识。在此书对未来的设想中，自然分娩早已被取消。自愿捐献卵子的女性会得到很好的回报，她们的卵子会在实验室受精，胚胎会在实验室成长，胎儿会被保存在营养培养基中。社会的下层是通过神秘的波坎诺夫斯基过程以克隆方式批量产生的，分级剂量的酒精被用来削弱大量生产的"伽玛""德尔塔"和"爱普塞隆"的智力。奇怪的是，酒精对胎儿的危害在很大程度上被遗忘了，直到 20 世纪 70 年代，胎儿酒精综合征被重新发现！

胎儿本身实际上被忽视了。施洛克 1936 年出版的权威著作《现代医学的发展》中，列举了公共卫生在降低产妇和新生儿死亡率方面取得的成就，但没有提到母亲的生活和健康状况可能影响未出生的孩子。他似乎认同一种普遍的观点，即胎儿是一种"完美的寄生虫"，通过胎盘与外界安全隔离，胎盘可以将传染病或毒素过滤。

这一切都将改变。20 世纪 70 年代，医学界被事实强烈提醒：感染、酗酒、吸烟、毒素、吸毒和核辐射都可能影响发育中的胎儿。为什么过了这么久，这些风险才被发现或重新发现呢？一个原因是专业，因为产科现在是一个外科专业，它的注意力集中在分娩技术而不是结果上面。越来越多的婴儿离开了接生室，但谁来照顾他们呢？产科医生的责任随着分娩而结束，儿科医生很少冒险进入妇产科医院，新生儿的护理一般由助产士负责。我的妻子——双胞胎中较小的一个——在 20 世纪 50 年代怀孕 28 周左右出生，体重 900 克。一位医生把她的父母叫到一边，告诉他们，如果他们把她带回家自己照顾，她活下来的可能性会更大。这个建议是非常幸运的，因为医院给早产儿注射了大剂量的氧气，这可能会导致失明。她的父母（都是化学家）把孩子带走，建造了自己的

"孵化器"，用移液管喂养她们。新生儿医学本身还没有被认为是一门专业，我们只能推测，有多少新生儿为长达50年的医学界的集体自满付出了代价。

▶▷ **觉醒**

中世纪僧侣罗杰·培根曾说过，无知有四个理由："相信不适当的权威、习俗的力量、缺乏经验的大众的意见，以及用肤浅的智慧来掩盖自己的无知。"现代科学也不例外，又增加了两个因素：一是接受错误的专业训练，二是没能读懂前人的著作。这一点再没有比关于"坚不可摧的胎儿"的古怪故事更引人注目的了。

一系列事件动摇了这种自满情绪。第一次是1940年在澳大利亚爆发的风疹（"德国麻疹"）。由于隔离，澳大利亚自1925年以来就没有接触过这种病毒，漫长的海上航行产生了与隔离同样的效果。它此刻席卷了一个正在准备打仗的国家，年轻人都挤在兵营的营房里。大约一年之后，眼科医生诺曼·葛雷格意识到，患有一种不常见的先天性白内障变体病的婴儿在他的门诊室排队候诊。这种病的患者中，体弱多病、发育迟缓、智力低下是很常见的。两位母亲在他的候诊室讨论她们的怀孕情况时，认为风疹和婴儿白内障可能有关联。葛雷格认为一种"无害的"病毒可能导致先天畸形，这在当时是需要勇气的。当时的医学界普遍认为，母体传染病是无法通过胎盘的。[4]

另一个关于胎儿脆弱的例子是 1944 年发生在荷兰的事件。在当时，解放荷兰西北部（包括阿姆斯特丹）似乎迫在眉睫，但英国军队未能如期占领阿纳姆大桥，沦陷期又延长了 6 个多月。荷兰人发动了一场铁路罢工以支持盟军，占领军则切断了食物供应作为回应。1944 年 11 月，禁运被解除，但异常恶劣的冬季条件使得运河和水路无法为该地区提供物资。1944 年 12 月至 1945 年 4 月期间，士兵每日的食物热量从 1800 卡路里降至 1000 卡路里，最后降至 400—800 卡路里。

1947 年发表的一项研究指出，在饥荒时期出生的婴儿，出生时体重会比正常情况下轻约 200 克，但出生后体重不足的情况会很快恢复过来；长期后果的可能性似乎没有被研究过。[5]许多年以后，美国科研人员开始研究饥荒期间胎儿营养不良对大脑发育的影响。他们的发现于 1975 年出版，得出的结论是，他们称之为"精神能力"的大脑能力在 19 岁时没有受到影响，[6]但是在 50 岁后他们的"精神能力"可能会受到影响。随后的研究表明，在怀孕后期遭受饥荒的母亲生下的婴儿体型偏小，但在适当的饮食下体重会反弹，而且在以后的生活中比对照组患肥胖症的可能性更小。相反，在怀孕早期（而不是晚期）面临饥饿的母亲，其婴儿体重正常，但成年后容易肥胖。其他的延迟性后果包括糖尿病、心脏病和精神分裂症。

1956 年圣诞节，一个没有耳朵的女婴在德国斯托尔堡出生。女婴的父亲是一名公司雇员，他给妻子提供了一种治疗晨吐的新药样品。沙利度胺被认为是足够安全的，可以在柜台上销售。在沙利度胺退出市场之前，有 3049 名德国儿童出生时就有先天缺陷，这些缺陷往往很可怕。该药物造成了多种缺陷，特别是在四肢发育中，全世界有 1 万名儿童受到影响；另有 8000 人可能在出生前就已经死亡。正如经常发生的那样，该公司否认畸形与该药有关，提供了不完整的信息（沙利度胺在德国被召回后，在日本作为安全的安眠药销售了一年），监管机构犹豫不决，他们在采取行动之前需要进行新闻宣传活动。[7]

与此同时，1735 年米德尔塞克斯地方法官所描述的胎儿酒精综合征在 1971 年被重新发现。1973 年，《英国医学杂志》评论道，对于怀孕期间吸烟的有害影响"现在仍然没有合理证据"。危害包括发育迟缓、早产、围产期死亡和可能的智力损伤。没有人记得巴兰坦在 70 年前就提醒过："毫无疑问，在烟草行业工作的女工的胎儿死亡率很高。"关于胎儿脆弱性的累积证据最终让我们得知，在出生前的经历可能对此后成人表型有持久影响。

▶▷　我的终点就是我的起点

安德斯·福斯达尔出生在挪威最北部的一个郡——芬马克的

一个医生家庭，他在 1963—1974 年是一名医生。在 20 世纪初，极北地区的生活十分艰苦，14% 的儿童在出生后第一年死亡，而挪威其他地区的这一比例为 7%。尽管当福斯达尔拿起听诊器时，儿童死亡率已经没这么高了，但芬马克心血管疾病的死亡率比挪威其他地区高出 25%。福斯达尔开始怀疑，是否出身贫寒的孩子在以后的生活中更容易患心脏病，他继续展示了两者之间令人印象深刻的统计相关性。他指出，挪威北部过去的情况已经"糟糕到可以称之为灾难性的程度"。此外，如他所述，邻国芬兰也受到同样严重的打击，正在经历冠心病的大规模流行。冠心病的风险是童年贫困的后遗症吗？如果是这样的话，他认为心脏病将在世界上新兴富裕地区激增，而在已经达到富裕的国家将会下降。这两个预测都得到了充分的证实。即便如此，他的观点在当时还是异端邪说，当时的医学教条认为，冠心病是中产阶级病，是由于高压力和高胆固醇摄入造成的。[8]

　　大卫·巴克（1938—2013）是一名英国儿科医生，后来成为流行病学家，他也加入了这场辩论。根据传统观念，英国的心脏病应该集中在富裕的中产阶级地区。恰恰相反，长期存在社会贫困的地区，如南威尔士、兰开夏郡和英国北部的工业区却广泛流行心脏病。更重要的是，这一分布几乎可以叠加在 1907—2010 年英格兰和威尔士的新生儿死亡率地图上。所有这些都表明了母爱剥夺与心脏病之间的联系，但他如何证明这一点呢？为此，他需要幸存者。由于婴儿出生时体重过低是母亲忍饥挨饿的标志，巴克决定寻找出生时体重过低的成年人。但是，他到哪里去找 50 年前或更早的出生记录呢？他的团队查遍了全国各地尘封的档案。

20 世纪初，英国人出生率下降和身体素质下降的史实帮助了他，因为布尔战争中有三分之二的志愿兵无法携带步枪行进超过 100 码（约 90 米）。赫特福德郡的卫生医疗官员因这句话而广受赞许——"每一个婴儿的生命都应该得到有力的保护，这对国家至关重要"。因此，1911 年，该官员任命埃塞尔·玛格丽特·伯恩赛德监督赫特福德郡的卫生和助产服务，这并非巧合。她身材高挑，"仪态威严，声音犀利，个性强势"，不容小觑。在她任期内，助产士和卫生访视员对该县每个孩子的出生体重和早期发育情况进行了细致的记录，直到 1948 年她退休。

当巴克得知这座"金矿"的时候，他赶忙拜访了赫特福德郡的档案总管。不料却被告知，档案中记载着个人详细资料，50 年之内不能查阅。在第二次世界大战期间，由于一个非同寻常的偶然机会，巴克的家人被疏散到了赫特福德郡的哈德姆村。他的妹妹 1943 年出生在那里，也在登记簿上。这个细节软化了档案总管的心，他同意了公开这些记录，条件是必须有安全的场所来保存这些档案。巴克的南安普顿大学确实有一个安全的密室（用来存放惠灵顿公爵的文件），"宝藏"也被及时地转移到了这里。巴克在接下来几年的研究中得出了这样的结论：孕育时期的匮乏（母爱剥夺）确实会对表型产生持久的影响。

> "从群体层面看，出生时或婴儿期身形小的人一生中在生
> 物学上都是不同的。他们的血压更高，更容易患Ⅱ型糖尿病。
> 他们的血脂模式不同，骨密度低，应激反应改变，左心室壁
> 增厚，动脉弹性减少，激素水平也不同，而且衰老得更快。"[9]

为什么会这样呢？福斯达尔和巴克关注的是母亲的贫穷问题，
但低出生体重的其他原因还包括营养不良、贫血和生活在高海拔
地区。婴儿也可能因为胎盘供血不足而变小。但不管潜在的原因
是什么，体重过轻的婴儿都有许多相同的特征。彼得·格鲁克曼
和马克·汉森在对此类研究进行了广泛回顾后得出结论："尽管所
研究的各种模型不尽相同，但成年期出现的表型具有显著的一致
性。"其共同特征包括胰岛素抵抗倾向、血压升高、血管内皮功能
障碍、脂质和碳水化合物代谢改变、肥胖倾向和小肌肉群。我们
称之为生存表型。[10]

格鲁克曼和汉森认为，生存表型为胎儿在一个艰难的世界中
生存做好了准备，并将这种表型视为一种预测性的适应性反应。
这一系列反应有利于胎儿的立即存活——当然是其首要优先事
项——而胎儿的未来则很难得知。由于显而易见的原因，这一理
论很难被验证，但对1751—1877年期间芬兰人口的回顾性分析表
明，出生在丰年的婴儿更有可能度过艰难时期，但42%的儿童会
在15岁前死亡。[11]一窝中最强壮的猪比最矮小的猪表现更好，而

"含着金汤匙出生的人"通常过得更好。

我们有权怀疑生存表型是否会给那些出生在贫苦环境中的人带来持久的优势，但毫无疑问的是，早期贫困能够并且确实会影响整个人生轨迹，甚至出生后的生活条件也会产生持久的影响。例如，在荷兰冬季饥荒的幸存者中，怀孕早期的饥荒容易导致晚年的肥胖，但在圣彼得堡围城的幸存者中则不然。可能的原因是荷兰的孩子在出生后都吃得很好，而后者孩子的口粮仍然很短缺。[12]正如福斯达尔和其他人所说的那样，早期的匮乏和晚年的相对富足是一种特别危险的组合。

▶▷　基因的策略

20 世纪生物学的胜利行进经过了许多重要的里程碑。一个是20 世纪初基因理论的发展，随后证明自然选择可以从基因变异的角度来理解。在沃森和克里克于 20 世纪 50 年代赋予它一个结构之前，基因本身一直是一个假想的实体。随后发生的分子生物学革命表明，生命本身可以用大分子之间的相互作用来解释，而事实也的确如此。然而，正如这本书将论证的那样，对单个基因的分析不能解释复杂特征的发展，就像对单个神经元的分析不能解释大脑的工作一样。

然而，当时的情况并不是这样的，因为分子生物学家们认为他们已经到达了基岩，没有进一步的发展空间了。当对整个基因组的分析在 20 世纪 90 年代出现时，它的解释能力似乎是无穷的。詹姆斯·沃森说，他"想知道作为人类意味着什么"。我还清楚地记得一位杰出的遗传学家的演讲，他告诉一群医生，他们病人的基因组很快就会像条形码一样被读取，使疾病在发生之前就能被诊断和治疗。电影《千钧一发》（英文为"Gattaca"，一个由 DNA 中四个核苷酸碱基的首字母组合而成的电影名字）也遵循了类似的基因决定论，主人公在出生时接受了基因组测序，从而预测了他死于心脏病的确切日期。

随着基因组测序的普及，人们对它的信心也在下降。它们可以告诉你很多与特定基因相关的简单性状，但当涉及构成表型更重要元素的复杂特征时，它们就没那么有用了。基因分析可以告诉你多因素疾病的基线概率，但这些概率的实现程度将取决于你的生活方式。例如，你可能非常容易患肺癌，但你得肺癌的概率很大程度上取决于你是否吸烟。你患心脏病或糖尿病的风险与环境和生活方式的联系，要比与你的基因的联系紧密得多。事实证明，人寿保险公司还在没有卖给你保单之前先要求你做一个基因组扫描。我们确实是基因的表达，但这些基因表达的方式反映了它们所处的环境。

尽管如此，基因决定论在 21 世纪初占据了学术的高地，那些对健康和疾病的发展起源（DOHaD 是它那令人讨厌的首字母缩写）

感兴趣的人发现自己处于主流科学的边缘。更糟糕的是，它的倡导者都来自流行病学、临床医学和动物生理学等名声不高的专业。尽管如此，他们还是提供了大量的证据，以证明生命的前 1000 天（出生前后都包含在内）对表型有持久的影响。

我们表型变化的一个显著特征是，在同一环境中长大的人彼此之间有很强的相似性，比如我提到过的，旧石器时代和农业表型。越来越明显的是，基因是协同工作以应对环境的，但基因几乎是无限多样的。那么，为什么它们要选择以几乎相同的方式塑造我们呢？

同样的基因可以形成不同的表型的观点，是由理查德·沃尔特里克在 20 世纪早期提出的，他是与约翰森同时代的人。沃尔特里克研究了一种叫做水蚤的单细胞淡水生物，他指出，当它们和捕食者共同生活在一个环境中时，会进化出一个小小的头盔，这是一种全物种的反应，显然与个体的遗传变异无关。沃尔特里克总结说，特定的变异模式存在于一个物种的所有成员中，他称之为反应准则。[13]

大约在 20 世纪中叶，遗传学家康拉德·沃丁顿也提出了类似的观点。他所关心的是一个困扰查尔斯·达尔文的明显悖论。悖论是这样的：自然选择偏爱在给定环境中能够提高存活率的任何变异，因此会选择最有效的基因变异。然而，选择一种变体应该具有抛弃备选项的效果，从而消除未来变异的可能性。这意味着，至少在理论上，自然选择应该排除未来进化的可能性。沃丁顿在1957年出版的《基因策略》一书中对这个悖论提出了解决办法。

沃丁顿提出，自然选择在两个层面上起作用，而基因突变的传统进化机制是由一系列对环境挑战的总体反应所补充的。例如，刺猬对每一种威胁的反应都是把自己蜷成一个球。他认为，自然选择让我们具备了类似的反射反应。这些类似于沃尔特里克的反应准则（尽管沃丁顿并没有引用沃尔特里克的观点），并且可以解释为什么营养不良的胎儿在面对各种威胁时采取相同的"生存表型"。原因在于这种内在的反应并不依赖于个体基因，一个物种可以在保持遗传变异的同时对环境做出反应，从而解决了达尔文的困境。在我看来，这就是沃丁顿的"基因策略"。

沃丁顿把这种补充覆盖系统称为表观遗传学，在此过程中重新使用了一个过时的生物学术语。调整表型最有效的方法是改变其早期生长环境，他推测胎儿的生长可以被调整为对来自母亲世界的信号作出反应的标准途径，这将带来持久的后果。从那时起，表观遗传学就有了更精确的内涵，但我们不应忽视沃丁顿创立表观遗传学的初衷，即定义"导致表型形成的基因与其环境之间的相互作用"。[14]

总而言之，胚胎学在20世纪上半叶是一门相对被忽视的学科，"胎儿坚不可摧"的概念几乎是被医学思想默认的。不过，人们认识到了病毒、毒品、酒精、烟草、孕产妇饥饿和物质匮乏都可能产生持久影响，粗暴地打破了这种自满情绪。最初的"胎儿起源"假说后来被一个更广泛的概念所取代，这个概念认为，对发育的连续影响会塑造我们的成人表型，人们开始理解参与发育的基因与环境相互作用的方式。现在，是时候看看这种相互作用的一些后果了。

第八章

越长越高

可怜可怜 18 世纪的士兵吧。他们排成一列，行进到 20 米左右的地方，一排同样惊恐的人在刺鼻的黑烟中若隐若现地望着你，用不准确的重炮轰击着你，你得花上很长时间才能重新让炮弹上膛。双脚被泥泞堵塞，你前进、开火、撤退、重新装填，由于盲目的操练和一种确信身后的人比前面的人更可怕的信念，你被锁定在一个超级恐怖的地方。没有人愿意这样做，军队只能被迫到社会上最贫穷、最绝望的阶层中去征兵。在永无休止的训练和纪律的威慑下，这些不情愿的新兵像自动装置一样走进炮弹留下的空隙中。当恐惧压倒纪律时，秩序井然的队伍便会溃不成军，像兔子一样溃逃，令将军们非常沮丧。有一次，腓特烈大帝咆哮道："无赖们！你们会永远活着吗？"当时的将军们对他们所使用的炮灰几乎从不尊重，这些士兵更是被威灵顿公爵描述为"世上的渣滓——纯粹的渣滓。我们还能从他们身上得到这么多好处，这真奇妙"。[1]

上了发条的士兵们必须携带沉重的毛瑟枪，需要足够长的手臂来操作推杆，还必须能够步调一致地行进，这是普鲁士在 1700 年左右发明的。训练成为军事的重要组成部分，有标准身材的人才能参加训练。这就是为什么最初有系统的身高记录是由征兵军官做出的；而女性身高很少被测量。以现代标准衡量，18 世纪的士兵身材矮小得惊人，精锐部队因其身高而备受推崇。弗雷德里克·威廉，是腓特烈大帝的父亲，以对高大卫队士兵的偏爱而闻名。卫队中有的士兵是别人给他送的"礼物"，有的甚至还是被绑架来的。传说，有一次他在街上看到一个个子特别高的年轻女子。确定她是单身后，他把她送到兵营，并通知她要嫁给他的一个士兵。女子给在路上遇到的一个相貌平平的老妇人递了便条求救。拿破仑的帝国卫队身高约 183 厘米，他经常在卫队旁边摆姿势，这也许更增添了他矮小身材的传奇色彩。英国出于战争宣传的目的，造谣他的身高只有 157 厘米。这也引发了有关拿破仑或"矮个子"情结的心理研究。不幸的是，英国人测量他的棺材时记录到他有 171 厘米高，而给他做尸检的法国医生测量他的身高为 169 厘米。拿破仑当时已经 51 岁了，更不用说他已经去世了，作为一个年轻人，他的身高还可能再增加几厘米。

18 世纪士兵的生活已经够残酷的了，但海员的生活更糟糕，这促使塞缪尔·约翰逊博士想知道为什么可以选择坐牢的人还会去航海。身高并不重要，因为重心低在船上反倒更有利，尼尔森将军的水手们就是在街上被拉壮丁抓来的。①英国海军协会成立于18 世纪中期，旨在招募 12 岁以上的伦敦男孩参加海军服役。该协会的目标是"流浪汉，他们中的大部分人衣衫褴褛，面临着被寒冷、饥饿、衣不蔽体或疾病折磨致死的危险"。这些男孩 14 岁时的身高相当于现代的 9 岁儿童。[2]

发育引发青春期，而青春期又引发青春期发育的突增。贵族

---

① 怀特（1993）引用了一封 1767 年 5 月 31 日水手詹姆斯·理查德森写给国王乔治三世的信。身高 180 厘米的理查德森在梅梅尔海岸散步时被绑架，并应征加入了普鲁士军队。乔治国王为他争取到了释放。

阶层的孩子在他们十几岁的时候就比其他孩子发育快了很多，而且通常都比较高。19 世纪上半叶，就读于桑德赫斯特军事学院的贵族新兵 19 岁时的平均身高为 174.4 厘米，仅比 20 世纪末英国的平均身高低 3 厘米。将海军协会招募的新兵与桑德赫斯特军事学院的贵族新兵做比较，我们发现，他们在 16 岁时身高竟然相差 22 厘米。[3] 英国的上层人士甚至比美国人还要高，只有德国贵族才能与之媲美，这能极好地说明特权对表型的影响。在这一时期，没有关于女性身高的记录，但如果我们假设劳动阶级女性比男性矮 5—7 厘米，那么她们的平均身高应该在 152 厘米左右。

身高已被证明是对表型进行历史调查的捷径，想要测量经济变化的生物学影响的经济学家们急切地抓住了这一点。本章将探讨我们所学到的一些教训。

▶ ▷ 测量人类

路易·雷尼·维勒梅（1782—1863）出生于巴黎附近一个小村庄的富裕家庭中，在被征召入拿破仑的军队做外科助手时，他的医学学习中断了。他在西班牙期间经历了许多可怕的事情，他的论文《饥荒对战区居民健康的影响》生动地描述了埃斯特雷马杜拉战役期间饥饿对平民的影响。这场残酷的战役通过战乱和饥荒侵蚀了西班牙人民的人性，弗朗西斯科·戈雅的蚀刻作品《她们就像野兽》描绘了女性为了保护家人而进行野蛮的战斗。这段经历对维勒梅产生了持久的影响，他在民间医疗机构短暂工作了一段时间后，致力于研究那些处于社会底层的人——纺织工、棉纺工、织丝工和罪犯。他发现大城市是死亡陷阱，巴黎人的死亡率是富裕乡村地区的 2 倍。至于贫穷的城市居民，他们的死亡率更高，"在某种程度上我们无从知晓"。[4] 维勒梅并不是激进的社会改革的倡导者——法国已经为此自讨苦吃了——但他认为富人有充分的理由对穷人表示同情，而富人并不普遍赞同这种观点。

维勒梅分析了 10 万名拿破仑时期新兵的身高（平均身高 162 厘米），结果发现，法国不同地区的男性身高存在显著差异。例如，在富裕的布赫斯 - 德 - 拉 - 穆兹（Bouchs-de-la-meuse）地区，只有 6.6% 的新兵被拒绝入伍，2.4% 是因为太矮，4.2% 是因为健康状况不佳；他们的平均身高为 168 厘米。相比之下，在亚平宁省贫穷多山的地区，应征者平均身高为 156 厘米，其中 30% 的人因身材矮小被拒，9.6% 的人因健康状况不佳被拒。无论如何分析，他都得出类似结论：高个子的人，疾病率低。他的总体结论是"人类变高大了；在其他条件相同的情况下，随着国家富裕，人民生活更舒适，房子、衣服和营养更好，劳动、疲劳和贫困在幼年和青年期减少"。此外，"所有的优势都属于高个子"。[5]

根据维勒梅的估计，在贫穷环境中长大的人腿较短，完成成长所需的时间较长，可达 23 岁。维勒梅似乎忽略了一个细节：新兵在上午比下午高，这是由于椎骨之间的空间伴随时间推移而受到挤压。18 世纪时，北安普敦郡艾恩霍的沃斯牧师发现自己在办公桌前坐上 5 个小时或更长时间后身高下降了 2 厘米，这足以在征兵过程中被拒。维勒梅将身高差异完全归因于营养，但也有人对此提出质疑。以关于大脑区域的理论而闻名的保罗·布洛卡（1824—1880）写道："法国人的身高，一般来说，并不取决于海拔、纬度，也不取决于贫穷或富裕，或者土壤的性质和营养，或任何可以改变的环境条件。在这一切相继被否定之后，我只考虑了一个普遍的影响，那就是种族遗传。"[6] 这是一场漫长的辩论的开端。

维勒梅的观察证实了法国农村居民的发育迟缓令人遗憾，城市穷人的境况甚至更糟。在农村社会中，每个人都有自己的位置——即使只是在底层——而且存在着某种集体责任的观念。城市里的情况则不同。就像弗洛伊德对于人格的三种分割一样：超我代表的是社区的社会和宗教愿望；自我是中产阶层强大的自我发展机制崛起后产生的，特点是自我肯定和排斥他人；本我存在于意识的边界，充斥着地狱般的危险，放弃了希望，有不被接受的欲望。毫无疑问，礼貌的关切、宗教的突袭、社会的改革、性爱的旅程或惩罚性的镇压会接踵而至，但最重要的是，对于外乡人而言：你可能会来这里，但你从未属于这里。从法国革命到俄国革命，城市暴民的形象一直萦绕在欧洲统治阶级的想象中。

19 世纪初，欧洲是一个语言重叠的稠密的马赛克式地区，但这片大陆开始分解成民族国家，每个国家都有自己的创始人神话和种族起源，人们现在由他们的国籍来定义的情况是前所未有的。现代国家需要被管理，这就需要公民信息的不断流动。新的财富从何而来？国家是怎么征税的？军队首脑关心公民新兵招募，商人们想要最有效地利用他们的劳动力，统治阶级想要知道如何控制他们沸腾的群众。他们都开始关注关于表型的问题。

1831—1882 年间，阿道夫·奎特莱特成为一名比利时人，他的国家从荷兰分离出来时，他成为这个新秩序的首批、最能干的探险家之一。他指出："科学发展得越先进，越倾向于进入数学领域，数学是它们趋同的中心。"他还补充道："在我看来，概率理论应该成为研究所有科学，特别是观察科学的基础。"奎特莱特是个博学多才的人，精通从天文学到社会统计这门新学科的各种科学。他将概率论应用到一切领域中。例如，在精确科学中，科学家试图确定一颗行星的轨道受到其位置测量精度的限制。他认为，测量误差不是随机的，因为估计值排列成一条钟形曲线，顶端有一个顶点，这比任何单一的测量都更接近真相。类似的钟形曲线出现在混乱的生物学测量中，并被主要用于描述统计，如比利时男子的身高、出生时体重或死亡时年龄。[7]

奎特莱特和他同时代的人正在寻找一种无法测量的东西：这是一种生物原始型，一种个体可能会偏离，但整个群体都渴望实现的理想。平均值不仅仅是一个群体的中间部分；它展示了群体试图实现的目标。带着这根新魔杖，奎特莱特发现，无论他往哪里看，都能从混乱中发现意想不到的秩序。例如，成年人的身高是出生时的 20 倍，他对人类生长的开创性研究使他得出结论："体重随着身高的平方数增长而增长。"[8] 由此产生了一种被称为奎特莱特指数的测量方法，直到 1972 年由安塞尔·凯斯将其重新命名为身体质量指数（BMI）。

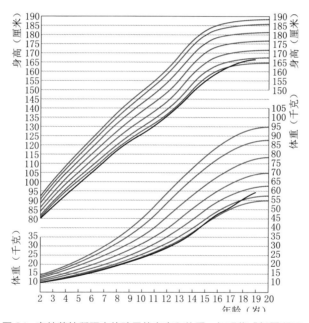

图 21：奎特莱特所研究的孩子的身高和体重，如现代成长图所示。

▶▷ 越来越高

20 世纪初，美国人是世界上最高的人，但后来被西欧人超越，这可能是由于大量矮小的移民涌入美国的缘故。英国人在第二次世界大战后不久就达到了身高顶峰，结果被斯堪的纳维亚人和荷兰人甩在了后面。身高的加速的增长在20世纪下半叶到达了远东。日本人在战后每10年身高增加约2厘米，在60年代出生的儿童身高达到高峰，而韩国的高峰出现在80年代出生的儿童中。中国人的身高已经超过了日本人，但日本人仍然比印度和孟加拉国人高5厘米，撒哈拉以南非洲部分地区的人比50年前更矮了。[9] 如图21所示，身高是经济状况的一个敏感指标。

头部占新生儿高度的四分之一，但却只占成人高度的七分之一。增长是分阶段的：头部先生长且长得最快，躯干和内脏在这之后增长，臂和腿的长骨最后增长。青春期的快速成长主要影响腿部，而腿部对身高有很大的影响。你可以在网上订购一套男士西装来验证一下，身高低于175厘米的男性标准裤腿长度占身高的42%—43%，而身高190厘米的男性裤腿长度占总身高的45%—47%。对1800—1970年死亡的美国人的长骨分析表明，在这段时间里，他们的胳膊和腿都变长了；腿比胳膊长得快，相对增长最大的部位在膝盖以下。[10] 除此之外，还有种族差异：相同身高下，西非人的腿比欧洲人的更长。

当我们说话时，身高歧视是我们语言的内在特征，身高是地位的代表。我们会因此尊敬一些人而轻视另一些人。就像光滑的羽毛一样，身高是健康的标志，还与领导力、权威、性取向和薪水有关。

身高和腿长是社会地位根深蒂固的标志，几乎在潜意识中都会被人感知。当占统治地位的人在营养方面占优势时，这类身体上的差异就显而易见了；贵族的身高、优雅和精致的特征与农民的矮胖、粗壮形成了对比。贵族并不总是身材高大，但他们依然坚持严格的着装要求，以区别于底层。米歇尔·德·蒙田是一个矮个子，从他塔楼里 150 厘米高的门道可以判断出来，他非常苦于这个事实。他说：

> "这里住着一个矮小的人，他没有宽广圆润的额头，没有清晰、柔和的眼睛，没有标准鼻子，没有小耳朵和小嘴，没有规则洁白的牙齿，没有光滑的棕色厚络腮胡，没有卷发，没有恰到好处的圆头，也没有新鲜的色彩，没有令人愉快的面部表情，没有无臭的身体，也没有合适的四肢比例，没有任何一点可以使这个男人显得英俊。"

蒙田也并非没有虚荣心，正如这段可爱的描述所暗示的那样。当他在随从的拥护下出席宫廷时，一名朝臣问他，他的主人在哪里时，蒙田受到了伤害。[11]

伊莎贝拉·利奇，20 世纪生长和营养研究的先驱，在诺贝尔奖获得者奥古斯特·克罗位于哥本哈根的实验室接受了一流的研究训练。尽管她获得了博士学位，回到苏格兰后却找不到工作——这无疑是出于性别的原因。她在阿伯丁的博伊德·奥尔研究所担任助理图书馆员，在那里她的才华很快就得到了认可。她对一个由来已久的说法很感兴趣——穷人的腿特别短。艺术家和时装设计师早就知道这一点，利奇在 1951 年评论道："高级时尚杂志描绘的女性四肢都很长，装饰艺术对男性和女性都有同样的作用……当艺术家想要描绘下层阶级时，他就夸张地把人画得腿短且胖。""在浪漫主义文学中，"她指出，"男女主人公总是四肢修长。如果女主角是矮小的……作品总是明确地声明，她拥有'完美的比例'。"[12] 她指出，"腿长与总身高之比的微小增长会对人的外貌产生惊人的影响"，后来的研究表明她的观点是多么正确。1937 年，她在卡内基信托基金的支持下进行了一项营养调查，其中包括了腿部长度的测量，并表明坐着与站着的身高比例清楚地反映了社会劣势。营养良好的孩子个子更高，因为他们的腿更长，这意味着他们成年后的比例不同。谢丽尔·科尔可能只有 155 厘米的身高，但她肯定不是发育不良（图 22）。

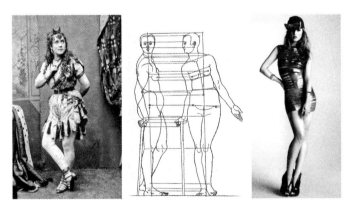

图 22：杜勒描绘的人体比例类似于 19 世纪 60 年代声名狼藉的美国女性埃达·门肯。当代流行偶像谢丽尔·科尔身高 155 厘米，但腿要长得多。

　　时尚反映了这一点。身高 163 厘米的女性，其腿部长度一般为 74 厘米，占其身高的 45%。如果看女性的轮廓，无论男女都偏爱腿长 78 厘米、占总身高 48% 的女性。[13]

　　列奥纳多著名的《维特鲁威人》是按照罗马建筑师维特鲁威的建议画的，他的身体是头部的 8 倍长。画图手册还指导新手将直立的身体分成 8 个部分，头部长度为八分之一，中间点设置在胯部。阿尔布雷希特·杜勒通常遵循"八头规则"来刻画英雄人物，但却把农民画得只有七头那么高，让他们看起来又矮又壮。

图 23：杜勒所绘的人体比例随着社会阶层的不同而不同。左边的雕刻是一对受到死亡威胁的年轻夫妇（约 1498 年）；右边是一对正在跳舞农民夫妇（1514 年）。

　　安德鲁·卢米斯在 1943 年出版的一本备受喜爱的经典绘画手册中（图 24）展示了不同身体比例的效果。卢米斯指出，在"学术比例"中头部与身体的比例是 1∶7.5，这让人看起来矮胖而不刻板，胯部在中点以下。这就是我们大多数人的样子。将头部比例降低到 1∶8，将身体宽度从 2 头增加到 2.3 头，再延长腿……最终你会见到一个自己的梦中情人。突出这些特征，你就进入了幻想世界。

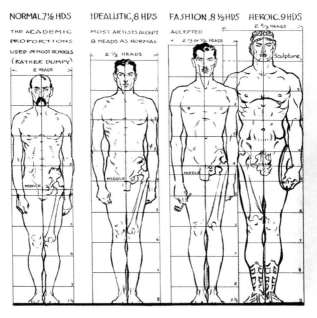

图24：人类身体比例，真实的和增强的。来自安德鲁·卢米斯《人体素描》（1943 年）。

　　虽然在青春期长骨快速生长，但最终的身高是由婴儿早期的发育决定的。对维多利亚时代一个墓地的骨头进行检查后显示，与今天的儿童相比，这个墓地为来自贫困地区的儿童提供了最后的安息之地。他们的长骨生长明显滞后，在 2—4 个月大的时候，这种缺陷就已经很明显了，如此一来，穷人的腿短也就不足为奇了。[14]

▶ ▷ 追求平均

在 19 世纪，美国人在世界其他地方的人看来是很高大的。但以今天的标准看，他们中的高个子也不算高。1888 年，阿默斯特学院男生的平均身高是 172.5 厘米，体重 61.2 千克，体重指数 20.6。体重 91.2 千克的纪录是由一个名叫哈洛的学生创造的。[15] 1869 年，哈佛大学派出四名最优秀的桨手在泰晤士河赛艇场与牛津大学进行比赛。牛津大学的队伍在一场竞争激烈的比赛中以微弱优势获胜。他们的平均体重是 78 千克，而美国队是 71 千克。2009 年，牛津大学的桨手平均体重为 99.5 千克。

在东海岸的许多大学里，美国学生都被例行测量身高和体重：男性测量始于 19 世纪 60 年代，女性测量始于 19 世纪 80 年代。动机尚不清楚，但有优生的意味；常春藤盟校的学生几乎都是北欧血统的白人。对一些人来说，这些数据将成为优生学家麦迪逊·格兰特的伟大种族的最高表达。

这名后来被称为哈佛维纳斯的女性，以她那时髦的蜂腰而著称；测量结果表明，这些年轻的女士可能在测量时大口地吸气。哈佛男生的平均身高在 1856—1865 年间为 173 厘米，1906—1915

年间为 178 厘米。他们比自己的父亲高 3.5 厘米，重 4.5 千克，肩膀更宽，臀部更窄。女孩比她们的母亲重 1.8 千克，高 2.9 厘米；腰部较厚，臀部较窄。[16]

图 25：雕塑直接展现了 19 世纪 90 年代美国白人男女学生的综合数据，基于达德利·A. 萨金特收集的数据，波士顿皮博迪博物馆。此外，雕塑通过下巴来突出面部的性别标识。

1916 年，韦尔斯利学女子院的女学生们高兴地发现，她们的综合测量值与米洛的维纳斯的测量值很接近，尽管没有一个是完美的匹配。这是很平常的，萨金特说："在成千上万于体育馆测量的人中，没有一个人能够满足所有的要求。"在报纸的怂恿下，对完美维纳斯的寻找在 1922 年麦迪逊广场花园举行的美国维纳斯大赛中达到了高潮。五名决赛选手都被带进一间侧厅，并被邀请脱光衣服接受五位男评委的检查。当一名选手提出抗议时，主审坚持认为裸体更美。"当然是这样，"另外四个人齐声说，无疑让人有点喘不过气来，"不错，的确是这样。"[17]然而，时尚已经在改变了，希腊人理想的臀部和大腿部位被认为太胖了。1923 年，《纽约时报》宣称，"真正的美国现代维纳斯"应该身高 170 厘米，体重不超过 50 千克，BMI 值应为 17.2。2018 年 6月 5 日，《纽约时报》报道称，美国小姐大赛决定取消泳装比赛。"我们不会根据外表来评判你。"女主席说出这话多少显得有些不可思议。

对测量的狂热传播得非常广泛。1941 年，美国农业部开始测定美国女性的体型。这是为了帮助服装的大规模生产，因为，正如报道所指出的，日常观察证明，女性展示了"几乎令人眼花缭乱的各种身形和尺寸"。[18]研究人员用 55 种方法对一万多名年龄在 18—80 岁之间的白人女性进行了测量，结果发现她们的身体在水平方向上比垂直方向变化更大。她们的平均身高为 160 厘米，分布呈整齐的钟形，约为 38 厘米，但体重分布（平均为 60.5 千克，BMI 值为 23.6）很广，分布范围在 36—91 千克之间。

1945 年，艺术家艾伯拉姆·贝尔斯基和妇科专家罗伯特·迪金森对 1.5 万名 21—25 岁的男女进行了测量（都是白人），以建造两座雪花石膏雕像，很快它就被称为诺玛和诺曼（图 26）。

这些人比哈佛大学的前辈们更高，腿更长，明显更强壮，而且他们与纳粹的宣传有令人不安的相似之处。诺玛仍然没有阴毛，更有趣的是，任何能与她体型匹配的女性都可以获得 100 美元的奖券。在提交的 3863 份作品中，只有 1% 的作品符合要求；该奖项被一位 24 岁的剧院出纳员获得。[19]

这些调查都指向同一个结论：平均数是虚构的。自相矛盾的是，任何接近统计平均值的人都是统计怪人。《平均的终结》一书的作者托德·罗斯回忆道，在 20 世纪 40 年代末，美国空军遭遇了一系列突发的不明原因坠机事件。喷气式飞机刚刚被研发出来，飞行员们被要求挑战飞行极限。驾驶舱是在 4000 名选定飞行员的 140 项身体测量指标的基础上精心设计的。问题是，"平均的"飞行员并不存在；为其设计的驾驶舱实际上对他们而言根本不合适。[20]

图 26：诺曼和诺玛（1943）。艾伯拉姆·贝尔斯基和罗伯特·迪金森所创作的美国白人青年合成雕塑。

对新生进行身体评估仍然是许多顶尖大学的入门仪式。这时，照片取代了测量，男女学生都被要求裸体或半裸摆姿势拍照。这种做法最终在 20 世纪 60 年代被终止，那时大学档案里已经堆满了从约翰·F. 肯尼迪到希拉里·罗德姆·克林顿等美国名人的裸体或半裸照片。当这条新闻登上头条时，相关机构根本不知道他们为什么要给学生拍照。对美国表型的探索已经结束。

▶▷ 戴上面具，去迎接你即将遇到的面孔

在营养良好的儿童和青少年时期，我们的胳膊和腿的骨头生长得很快，我们的头骨也是如此，在最近几代人当中，头骨的穹隆已经长得更高了。[21] 我们的下颌变得更轻了，因为它们的活动变少了。颌是头部唯一能进行机械工作的部分，而且颌是强有力的。试着咬紧你的门牙，然后咬紧后牙，作用于颌部的两大肌肉是咬肌和颞肌。当你紧咬后牙时，咬肌就会鼓起，当电影中的角色承受压力时，就会表现出决心。颞肌穿过颧骨到达太阳穴，当你用后牙时也能感觉到。下颌就像一把紧靠铰链的钳子，这就意味着我们咬东西时在力学层面处于不利的地位。即便如此，我们的牙齿也能承受相当大的力，一个普通成年人的臼齿能承受 77 千克的力，最大可达 125 千克。[22]

颌执行机械工作，它的形状反映了这一点。旧石器时代的猎

人用他们的牙齿来切割和撕裂，把前牙像快刀一样合在一起。相比之下，以谷物为生的人会用后牙碾碎谷物，有明显的覆咬合。益格鲁-撒克逊人的头骨有磨碎的臼齿，这是因为原始研磨技术生产的粗面粉中含有小种子和磨石沙砾，而且中世纪瘟疫坑中人们的牙拱比现代人更短更宽。阿瑟·基思爵士在 1925 年提出，更柔和的现代饮食改变了我们的容貌。用他的话来说："当咬肌（咬肌和内翼肌）发育得很好时，颧骨就会高而突出，然后就会缩小凹陷，从而形成狭窄的斧头形脸，椭圆形的脸。"[23] 最近的分析证实了较软的食物对颅骨构造的影响。[24]

　　牙科是现代生活中的福祉之一，而现代生活也为牙医带来了更多的工作。远古的狩猎-采集者通常有很好的牙齿，几乎没有龋齿的迹象；因为牙齿细菌以碳水化合物为食，释放乳酸，腐蚀牙釉质。虽然柔软的食物使得我们的下巴更轻，也使我们的牙齿挤在一起，但高糖饮食使我们的牙齿暴露在腐蚀之中。第一颗臼齿在我们 6 岁左右长出来，第二颗在 12 岁左右长出来，第三颗臼齿（也称智齿）在 17—25 岁之间长出来。这些都是退化的器官：我们没有空间容纳它们，它们经常因为挤压而引起问题。在传统的农业社区，只有不到 5% 的人会受到牙齿挤压的影响，[25] 而我们现在产生的智齿中有 85% 需要拔掉。我们家养的一些动物失去了它们的第三颗臼齿，已经指明了它们的进化方向。现在，三分之一的人类不会长出智齿，我们的进化方向可能与这些动物相同。[26]

我们下颌的大小和形状也会影响牙齿的排列，错颌（牙齿未能在有效地咬合在一起）已经变得越来越普遍。通过对 19 世纪 80 年代奥地利应征士兵和现代新兵的牙齿模型的比较，我们可以发现现代人的颌骨更窄更长，更有可能覆咬合或咬合不正。[27]

　　下颌会随着使用被塑造，这似乎并不奇怪。但解释为什么使用和不使用会影响我们的眼睛就不那么容易了。我经常想，在眼镜出现之前，近视的人是怎么生活的，答案是——在很大程度上——近视的人是不存在的。近视是指对远处的物体看不清焦点，而近处的物体却能看清楚。在欧洲，有 20% 的学龄儿童患有近视。现在，近视已经成为东南亚的流行病。中国儿童标准视力检查显示，1985 年视力下降（近视是最常见的原因）的患病率为 28.5%，1995 年为 41%，2005 年为 49.5%，2010 年为 56.8%。城市儿童受影响最大：在新加坡，儿童近视率为 81%，中国台湾为 86%，首尔为 96%，上海为 95%。[28] 传统上，近视与眼睛离书本太近有关，需要在青年时代学习犹太法典的犹太男孩患近视的风险比他们的姐妹高 4—5 倍。竞争激烈的学校教育会增加近视风险，而经常接触户外活动则能提供一些保护。无论如何，越来越多的年轻人不再拥有自然视力，而这本来是可以避免的。

　　我们将在后面的章节中，再看一看我们不断变化的面部。

第九章 性能

更高，更远，更快

在19世纪以前，几乎没有体育教育，那时军官们开始担心城市职员是否能被训练成战士，于是德国人对体操的狂热开始流行起来。体操并没有得到普遍的认可，哈佛的学生在1826年抱怨说："他们感到疲劳，感觉在体操馆里并不精力充沛，而是在克服困难，并且在之后的几个小时里难以学习。"1848年不成功的政治动乱之后，大批德国移民涌入美国，体操协会在许多美国城市兴起。到19世纪80年代，体操馆已成为美国教育的标配和特色，医生达德利·A. 萨金特（1849—1924）发明了一种主要由重物和滑轮操纵的机器来增强肌肉的方法。他还监督了顶尖教育机构对于人体测量数据的收集。[1]

萨金特在耶鲁大学获得了博士学位，并于1879年到哈佛大学工作。第一批向他寻求建议的学生中有一个叫西奥多·罗斯福的年轻人，他患有哮喘，体重61千克，被当时的人描述为"胸部瘦小，戴眼镜，神经紧张，身体虚弱"。他没有退缩，在健身房努力训练，增重了5.4千克，并在哈佛轻量级拳击锦标赛中获得亚军——尽管也被暴打了一顿。①1880年，他请萨金特医生做医学检查，结果被严肃地告知他的心脏过度劳累，必须避免任何形式的体力消耗。毫无疑问，罗斯福想起了年轻的阿喀琉斯，他说："医生，我会做所有你告诉我不要做的事情。如果必须过你所描述的

---

① "轻"指体重不超过140磅（63.5千克）；目前轻的体重定义是135磅（61.2千克），是在1886年开始使用的。

那种生活，我还不如很快就死去。"[2]

19 世纪，体育成为英国顶尖学校教育的核心内容。一方面是为了转移学生们的性欲，另一方面是为了培养必要的军官素质。据说，惠灵顿公爵曾说过，滑铁卢战役的胜利，建立在伊顿公学的体育场上。但直到 18 世纪晚期，有组织的团体运动才出现。乔治·奥威尔更加现实，他更想知道英国在那时输了多少场战争。然而，英国公立学校的确帮助塑造了许多现代团体竞技运动项目，这些项目是为那些被要求不应该过于赤裸裸地追求成功的绅士们设计的。在 20 世纪，人们长得更高更壮，这种表型的变化反映在他们的运动能力上。

▶▷　更高，更远，更快

现代奥运会始于 1896 年。它的宗旨是希望能像古希腊时期一样，用和平的比赛将竞争的国家团结在一起。这反映了欧洲人认为自身人具有种族优越性的普遍假设。当英国在 1908 年伦敦奥运会上获得 56 枚金牌时，这种假设显然得到了"证实"。奥运会曾绅士般地坚持只允许业余选手参加比赛，这给特权阶级带来了明显的优势。即便如此，这扇门还是半开着，有天赋者最终会把它推开。这种对于业余的坚持于 1986 年结束，实际上，在此之前几十年专业运动员已经参赛了。

到 1952 年，奥运会最初的精神早已被遗忘。冷战把奥运会变成了对立集团之间充满睾酮的正面交锋，此时睾酮被广泛注射。1964 年的东京奥运会经全球电视转播之后，奥运会成为媒体关注的焦点。"50 年前，"诺顿和奥兹在 2001 年说："体育在很大程度上是重在参与的、区域性的、大众化的和半职业化的。如今，它在很大程度上是引人注目的、全球化的、专业化的和高薪的。"此外，他们还指出："当代体育离不开媒体，媒体也离不开体育。"[3]

运动纪录是人类表型的最高表现，而纪录簿显示了人类在过去的一个世纪里惊人的进步。其中一些原因是技术性的——电影《烈火战车》中，短跑运动员使用的是在跑道上打洞的标记方法，而不是现代起跑装置，他们的速度被煤渣跑道拖慢。训练技术的改进也起到了很大的作用，人们认识到，人体的极限是可以被超越的。埃米尔·扎托贝克是 20 世纪中叶的体育明星，1938 年纳粹吞并捷克边境时，他只有 16 岁。7 年后，苏联红军受到了热烈欢迎，扎托贝克加入了捷克军队，专心于他的跑步事业。他的风格在今天看来似乎很滑稽：手臂疯狂摆动着，脑袋奄拉在肩膀上，脸上的表情像个受折磨的魔鬼。但正如一名美国选手所说："在扎托贝克之前，没有人意识到可以如此辛苦地训练。"[4] 在 1952 年赫尔辛基奥运会上，他获得了马拉松、5000 米和 10000 米赛跑的冠军。电影展示了他的奔跑在观众中引起的原始的兴奋：这是对普通人的神化。扎托贝克退役时已经打破了 18 项世界纪录和 3 项奥运会纪录，但他的水平还不足以参加 2016 年的奥运会 10000 米比赛。如果他参加了决赛，会落后获胜者三分钟。不幸的是，他的一生在默默无闻中结束：他因为支持 1968 年的政治运动而被执政党排挤，而他之前对该党的支持又使他丧失了捷克独立英雄的资格。

扎托贝克并不是唯一一个与后来的竞争者相比黯然失色的伟大运动员。那么，我们如何解释运动员成绩，例如男子短跑纪录成绩的稳步提高呢？

一种特殊的表型可能不能保证运动员在体育运动中取得成功，但它肯定会有所帮助。20 世纪初，人们最青睐的是那种身材高挑、瘦削、肌肉发达的全能型身材；蛮力被认为是平民的特征。今天的精英运动员往往具有经过苛刻挑选的身体特征，因为当你努力追求极限时，微小的身体优势都显得非常重要。我们可以从运动员身体尺寸的变化中看出这一点，对 1928 年和 1960 年奥运会运动员的比较表明：长跑运动员身高没有变化，而 400 米运动员和跳高运动员比之前高出 8—10 厘米，重了 10 千克；差异最大的是投掷运动员，他们的身高增加了 8—12 厘米，体重增加了 25 千克。[5] 合成代谢类固醇可能是导致体重增加的原因之一。

体育赛事可以分为"开放式"项目（肌肉量越大越好）和非开放式项目。投掷项目是开放式的，选手的平均体重迅速增加；这同样适用于接触性运动。1994 年，印第安纳波利斯小马队（美式职业橄榄球队）经理比尔·托宾说：

男子100米短跑纪录

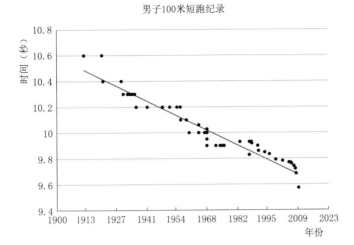

图 27：20 世纪初的世界 100 米纪录保持者很难打败今天的学生男子冠军。

　　"20 年前，我们从未想过会有这么多身材高大、跑得这么快的人。在不久前 250 磅（113 千克）的边锋已经是大块头了，但在今天这个身材都没有资格打比赛了。随着营养、体重、运动机能和成长早期身体发育技术的进步，我们可能会看到有一天运动员的最低体重为 300 磅（136 千克），标准体重为 350 磅（159 千克）。"

1998 年，美国职业橄榄球运动员的平均体重超过了 136 千克。英式橄榄球也走上了同样的道路：在 2015 年世界杯上，威尔士队后卫平均体重 99.5 千克，比 1987 年新西兰队前锋的平均体重还大。[6] 肌肉量和速度在美式橄榄球中都很重要，但英式橄榄球运动员需要持续运动 80 分钟，需要同时具备耐力、块头和机动性，这意味着他们永远不会像那么美式橄榄球运动员那么重。

重量增加和移动速度加快会让受伤的可能性更高。如果我的车与重量是其 2 倍的车相撞，那么我受伤的可能性会增加 4 倍。这也适用于人体。无论能力如何，身材矮小的人都更容易受伤，而受伤对所有职业运动员来说都是一个日益严峻的问题。英国橄榄球联盟自 2002 年以来开始记录伤病，该联盟 2013—2014 年报告表明（虽然很隐晦），重伤数量在过去的 10 年间增加了约三分之一，每 1000 小时的比赛中就有 12.5 名运动员可能脑震荡，23 名职业球员因伤被迫退役。联赛级别越高，风险越大，有 24 名球员在 2015 年英式橄榄球世界杯揭幕战中因伤退赛，这使得伤病成为体育赛事中越来越重要的影响因素。公众想要看的是角斗士的比赛，一旦镜头对准球员们痛苦的表情，伤员就会迅速从球场上消失。对大块头运动员不断增长的需求，意味着可能的候选者越来越少，如果不借助药物就很难有这么多合格的运动员。

灵活度、肌肉力量和耐力的不同组合将决定你最可能胜出的运动项目。这些变量包括快肌纤维与慢肌纤维的比例、线粒体密度和代谢决定因素（如耗氧量、乳酸积累和恢复时间）。由于这些都是由基因控制的，所以人们一直在热切地寻找运动基因。但是，就像表型的其他方面一样，它并不是由少数几个基因决定的。当报纸宣布一种基因有这样或那样的功能时，他们只是报道了一种统计上的关联。基因的确会决定一个人的不同类型的运动能力，但组合才是关键，因为基因也是"团队作战"的。伟大的运动员需要正确的基因，但他们之所以能成为伟大的运动员，是因为他们有勇气和动力来证明，在70亿人当中他们是最好的。

通过比较顶级运动员（不含男性偏见）与大部分人的身高和体重，能够很好地体现体格与运动成功的关系。例如，职业足球运动员与其他年轻人没有太大的不同，只是他们的自我意识更强，而腿的长度对奥林匹克运动员来说更为重要。1928年和1960年相似，跳高运动员的腿长与身高的比例最高，其次是长跑运动员和中长跑运动员。400米运动员是所有运动员中最高的，但在短跑项目中，身高不是关键，因为肌肉量可以提供更大的加速度，在某种程度上可以弥补步幅较短的问题。[7]

在跑的时候，你应该向前冲，就像短跑运动员在比赛开始时从起点向前冲一样。我们身体的重心位于骨盆，在身体中点上方，跑步者沿着跑道追逐他自己的重心。更长的腿和更高的重心意味着更长的步幅，如果腿以同样的速度移动，步幅更长的人就会胜出。尤塞恩·博尔特是目前世界上跑得最快的人，他身高195厘米，体重94千克（BMI值24.7）。在全速比赛中，他以每小时45千米的速度行进——他的脚在100米短跑中触地41次。

不同种族的人代表着相似但有差异的人类基因库样本，在运动的努力达到极限时，表型差异就会显现出来。在20世纪的头几十年间，欧洲人有身高优势，再加上他们可以随时使用体育设施，这使他们能够主宰体育赛事。非裔美国运动员随后展现出在短跑项目的优势。非裔美国人埃迪·托兰在 1932 年奥运会上夺得了100 米项目金牌，他是获得该项目金牌的首位非裔人士。1936 年，杰西·欧文斯（他获得了另外三枚金牌）在柏林也做到了。非裔美国人一般都是西非裔，自 1932 年以来的 19 个奥运短跑冠军中有 14 个是西非裔，过去的世界纪录保持者中，有 25 个都是西非裔。在 2007 年之前的 500 次最快速度记录中，有 494 次是由拥有西非血统的运动员创造的。[8] 但奇怪的是，实际上没有一个在西非出生和长大的人获得过奥运会冠军。

　　平均看来，非洲人后裔的腿较长，骨盆较窄，重心比欧洲人后裔高 3%。如果你想让人跑得更快，就要这么重新设计人体。据估计，这样的身体结构可以转化出 1.5% 的速度优势。与此相反，奥运会 100 米自由泳项目一直是由有欧洲血统的人主导的。约翰尼·魏斯穆勒（因在电影中扮演泰山而闻名）在 1922 年创造了一项新的世界纪录，打破了之前由夏威夷游泳和冲浪先驱杜克·卡哈纳莫库保持的纪录。从那以后，所有纪录保持者都是欧洲白人后裔。社会歧视可能起了一定作用，但对人类因素的分析表明，这其中的原因远不止于此。游泳运动员和跑步运动员一样，都是通过向前冲来获得动力的，而游泳运动员中，欧洲血统的重心稍微高一点，这是一个很小但至关重要的优势。[9] 如果你站在获得 22 枚奥运游泳奖牌的迈克尔·菲尔普斯旁边，另一边是尤塞恩·博尔特（图 28），你会发现他们的身高和 BMI 值都差不多（身高分别为 1.93 米和 1.95 米，BMI 纪分别为 23.7 和 24.7）。然而，跑步者的腿长，而游泳者的躯干和手臂长。菲尔普斯的手臂像桨；他的臂展（通常和身高差不多）是 208 厘米，他 14 码（约相当于 47 号鞋）的脚就像鱼鳍，他长长的鼻子有助于减少阻力。

图 28：短跑选手和游泳选手，尤塞恩·博尔特和迈克尔·菲尔普斯，请注意躯干长度的差异。

　　不论任何种族，身高对游泳运动员和跑步运动员的成功都是一个关键的先决条件。自 1981 年以来，还没有一个身高在 190 厘米以下的人创造过 100 米自由泳的纪录。类似的情况也发生在短跑项目上，只有两位世界纪录保持者——莫里斯·格林（1999 年，身高 175 厘米）和蒂姆·蒙哥马利（2002 年，身高 179 厘米）——身高不到 180 厘米。[10]

长跑则是另一回事。自 1968 年以来，肯尼亚已经获得了 63 枚奥运长距离田径奖牌，其中 21 枚是金牌。这些运动员大多来自卡伦津，他们的部落位于海拔 7000 英尺（约海拔 2100 米）左右的高地之上，其中来自纳迪山的卡伦津人表现更为突出。他们获得金牌已经成为常态，如果他们没有得到奥运金牌，反倒会引起非洲大陆的无数人关注。当出生于上海、身高 1.89 米（体重 85 千克，BMI 值 23.8）的刘翔在 2004 年雅典奥运会的跨栏比赛中轻松获胜时，他成为首位赢得奥运会田径项目冠军的亚洲人。这种情况将会改变，因为亚洲人的表型正在迅速改变。

运动记录在不断被刷新，但人体在运动型和久坐型之间的两极分化越来越严重。久坐的人运动更少，肌肉量相对于脂肪而言更少。从专业的角度来看，表型决定了你的潜力，生理学和药理学之间的鸿沟正在迅速缩小。

第十章

设计师表型

露丝·汉德勒在 20 世纪 50 年代晚期注意到自己的女儿喜欢让洋娃娃扮演成人角色。据称，这款玩具的灵感来自一款德国性玩具，销量已超过 10 亿只。芭比娃娃的成功与它对女性身体的准确刻画没有什么关系。玩具不需要和它们所代表的事物一模一样，但它扭曲的形状表征了我们原始的欲望和爱好。芭比娃娃有两个倍受消费者青睐的特征：增加的身高和增长的腿，以及另一个备受追捧的特征——极端的瘦。她太瘦了，恐怕来不了月经（虽说洋娃娃并不需要），她的腿比胳膊长 50%，而成年女性的这一比例只有 20%。[1]

图 29：这是可以做到的！坎迪斯·斯瓦内普尔挑战芭比娃娃。

芭比娃娃的成功仍然是个谜。她显然利用了成长中的女孩所期待的一些重要的东西，这是那些体型庞大的超级英雄在男孩身上从来没有实现过的。这可能与她的姿态有关，因为芭比是安详的、微笑的、自主的、能掌控一切的（尽管是成年人），而且几乎完全没有性：她是一个很少从橱柜里拿出来的时尚配饰。时尚公司当然不需要知道，长腿与富裕有关，早在青少年的长腿在我们的城市街道上激增之前，T 台上就已经充满了大长腿。走秀的模特腿长得不可思议，却通常不够性感。将本土模特、国际模特和超模与 18—34 岁美国女性的身高和体重做对比分析显示，模特显然更高更瘦，11 个在 1999 年年底平均年收入超过 500 万美元的超模都是很高很瘦的。在美国，每 200 名女性中只有 1 人具备模特的身材条件——更不用说长相了。[2]

肥胖是炫耀性消费的典型标志。当食物短缺时，超重是身份地位的标志。相反，当每个人都吃得太多而很少锻炼的时候，时尚要求女性看起来像半饥饿的样子，而男性则需要肌肉爆满。几十年来，对《花花公子》封面的分析显示，模特们变得骨瘦如骨，身材比例保持不变，但失去了早年被青睐的丰满曲线。与此同时，男人的身体却丰满起来。克莱夫·詹姆斯曾将阿诺德·施瓦辛格比作塞满核桃的安全套，这种比喻令人印象深刻。以上不同时期不同情况下，人类所期望的表型都逐渐地显著偏离群体标准。身材苗条的女性和肌肉发达的男性能吸引异性，但是这种吸引只在一定的范围内；极端瘦的女性和极端壮的男性获得的性红利都会减少，甚至会令人反感并被排斥。尽管如此，无论男女，都有一些人愿意追求幻想的自我形象，直到自我毁灭的地步。

▶▷ 重新设计表型

20 世纪 80 年代，一个又高又瘦又忸怩不安的年轻人考上了剑桥大学。令他又惊又喜的是，他的身体已经强壮到足以代表所在大学划赛艇的地步了。他转学到牛津大学学习后半段的医学课程，而强壮的体格也使他获得了进入大学赛艇俱乐部的资格。他刚进剑桥时的身高是 185 厘米，现在是 196 厘米，体重增加了 14 千克。用他自己的话说："我已经从一个相当高但骨瘦如柴的大学生，变成了一个远远超过其他学生的男生。我有粗壮宽阔的肩膀、粗壮的胳膊、粗壮的腿、粗壮的手和脚。女孩们，剩下的你可以自己去发掘。"作为精英赛艇队的一员，他发现身边不乏女性同伴，尽管他并没有实现进入布鲁斯赛艇队的雄心壮志。

几年后，当他在手术室做准备时发现超大的手术手套已经不再适合他的手时，他的报应来了。他惊恐地和高级外科医生交换了一下眼色。第二天早上，他自己也躺在手术台上，接受脑下垂体肿瘤的手术，脑下垂体肿瘤向他的血液中注入了生长激素。他是幸运的，如果生长激素的激增早一点发生的话，他就会变成一个 7 英尺（约 2.1 米）高的瘦子。如果这是在生长完成之后发生的，他除了因为缓慢生长的脑下垂体瘤而感到悲伤也没有什么别的。回首往事，后来在牛津大学成为一名整形外科医生的鲍勃·夏普一点也不后悔。

他写道：

"如果你想在运动中变得强壮，生长激素是一种极好的药物。

"我的生活，我的事业，我的伙伴和我的人生观都在生命的这段时间里完全形成了，我很喜欢这额外的激素给我带来的机会，尽管我以后可能要为此付出代价。如果我是一个15岁的学业一般但运动很好的学生，我的未来就是吃牛肉饼和服用生长激素，并拥有一个作为国际运动员短暂却闪闪发光的职业生涯……我一眨眼的工夫就能做这件事。"[3]

表型属于我们自己，我们会带着从自满到绝望的各种情绪来思考它。很少有人对自己的身材完全满意，有人甚至会不愿意看自己的身体。大多数人都希望自己更年轻、更苗条或更健康，所以我们偶尔会努力吃得更少或去健身房锻炼。如果一切顺利，我们会自豪地看着自己的肌肉变得更结实，腰部变得更苗条。但假设一颗药丸可以做到这一点呢？看着你的脂肪在肌肉膨胀时溶解不是很好吗？这是设计师表型的塞壬之歌。基因工程可能成为新闻的焦点，但表型工程已经出现了。

我们身体的生长和维持是由一个复杂的信号分子网络监控的，

其中包括激素、生长因子和各种其他化学信号。他们编织的信号的微小变异，使同一基因型表达出不同的表型成为可能。早期发育的变化会产生更持久的影响，但我们的身体会随着我们的成长不断自我重塑，化学物质会对其产生巨大影响。

　　长期以来，美国一直在给肉用动物使用合成类固醇，以增强其肌肉体积，自 20 世纪 50 年代以来，运动员就一直在使用这种药物。减肥或增肌是时尚模特和运动员的职业需要，也已经成为许多其他人群痴迷的活动。由于这些人往往是极端的表型异常者或受到药物操作的影响，因此，传统的饮食和锻炼方法不能满足他们。尽管运动员们不断含糊地否认，但在某些运动项目中使用兴奋剂几乎是必需的，最近有关奥运会的爆料证明了这一点。在我写这篇文章时，对伦敦"脂肪块"（堵塞下水道的巨大脂肪块）的化学分析显示，更多的伦敦人正在使用非法药物重塑自己的身体。[4] 更值得关注的是，一系列化学污染物具有类似激素的作用，并有可能引起人类表型的持久变化。这些物质正在重塑我们的身体，本章将探讨它们可能以何种方式重塑我们的身体。

▶ ▷ 　重塑身体

　　那些在你浴室柜子里的药物——受体阻滞剂、他汀类药物和血管紧张素转化酶抑制剂等等——都是抑制剂或拮抗剂，它们的作用机制是关闭某项功能。就像特效药一样（效果各不相同），它们只针对需要的地方。与之相反，激素是激动剂。它们启动基因，让身体改变，产生的影响像池塘里的涟漪一样向外扩散。激素通过与目标组织上的受体对接产生作用。胰岛素受体的带宽非常窄，只有一把钥匙能开启它们发挥作用的锁；类固醇激素的受体则处于另一个极端，类固醇是脂溶性分子，能通过细胞的外膜到达位于细胞核周围膜的受体。可以说，这些感受器的"脚"就在影响我们身体组成的基因上。类固醇受体对各种各样的信号开放，用行话来说，是高度混乱的。正如一本旧教科书所描述的那样："这些化合物的突出特征之一是微小的结构差异能产生生理活动的显著差异。"这种特性使得科学家对类固醇分子进行了广泛的化学工程改造。

我们对性激素的了解始于阉割，因为雄性动物的性腺需要保持凉爽，常暴露在我们视野中。公元前 4 世纪，亚里士多德就已经对睾丸的影响有了深刻认识。他说："如果你在童年时期就被毁伤（男性的睾丸），以后就不会长出胡子，声音也永远不会改变，仍然是高音……太监是不会秃顶的……所有的动物，如果在年轻时被阉割，就会比那些未受残害的动物更大、更漂亮。"

从中东到东南亚，皇家宫廷都雇佣宦官。不育之症使他们成为后宫的合适监护人，而缺乏称王的野心则确保了他们的忠诚，有些宦官在宫廷中获得了很高的地位。伊斯坦布尔的托普卡匹宫在 20 世纪 20 年代初期还有大约 200 名太监。中国宫廷里有大约 2000 名太监，他们最终在 1923 年被末代皇帝溥仪驱逐。中国太监的阴茎和睾丸都会被割除，并以其弥漫的尿液气味而闻名。他们被割去的部分被保存在玻璃罐中，并与他们一起埋葬，希望二者在未来的生活中能够重聚。更奇怪的是，18 世纪俄国的一个教派，什科普齐派，从《圣经》中得到启示——"有宦官，他们为了天国的缘故而使自己成为宦官"（马太福音 19：12）。该教派的创始人康德拉蒂·塞利瓦诺夫在自己身上实施了这个手术，他的追随者们认为，直到第 144000 人效仿他，天国才会到来。没有人知道他们离这个目标有多近，但估计有一两千人最终幸存下来，看到了 20 世纪的苏联。

对智力受损的人进行的医学阉割的做法是更为险恶的，这么做是为了优生并使得他们更容易接受管束。在美国、澳大利亚和韩国等地，性犯罪者仍然可以选择通过化学阉割以换取较轻的惩罚。[5] 一项研究调查了在 1890—1931 年之间出生和生活在美国的 297 名去势者、735 名正常的男性和 883 名女性的情况。该研究发现去势者的寿命明显长于未阉割者（分别为 69.3 岁和 55.7 岁），青春期前被阉割的去势者往往寿命更长。一项对朝鲜王朝（1392—1910）81 名太监的研究显示，他们的平均寿命为 70 岁，而对照组的平均寿命为 51—56 岁。有 3 名太监寿命长达一个世纪，对于如此小的样本来说，这一数量简直太惊人了。

绝育的猫比完好的动物活得更长，没有性腺的鲑鱼也能活得
更长。[6]

　　那些在青春期之前被阉割的人腿更长，因为他们骨骼的生长
板没有收到预期激素的"停止"信号。由于缺乏雄性激素调节，
他们身上脂肪相对多而肌肉相对少。据描述，年长的太监往往有
腿长、头小、脸光滑无毛的外貌特点。他们的骨头随着年龄的增
长而变薄，导致典型的骨质疏松症和脊柱弯曲。他们中的许多
人都很肥胖，脸颊下垂，胸部下垂，骨盆增大，看起来就像老妇
人——他们特有的高声调使这一相似性更加明显。

　　阉割后的动物长得更大，更容易驯养，这一步骤是向驯养迈
出的重要一步。它们长出了更多的脂肪，这样他们的肉就能提供
更多能量，我们之前的几代人曾对此津津乐道。被阉割的牛可以
耕作，也可以食用。在世界上的许多地方，猪往往都被阉割，因
为完整的公猪肉有一种"公猪味"，让有些人觉得不舒服。摘除卵
巢则更为大胆，因为需要打开腹部。令人惊讶的是，这种操作在
亚里士多德时代就已经在母猪身上进行了，并且一直延续到今天。
在 17 世纪的伦敦，母猪的一项重要功能是吃街道上的垃圾。由于
阉割过的母猪在冬天会变得更肥，专业的阉割母猪师傅经常在这
座城市的街道上活动（图 30）。

A Sow Gelder
Le Chatreur de Chiens
Castrae Porchetti.

图 30：一位阉割母猪师傅从伦敦的喧嚣中汲取生活乐趣（1688）。

1730 年 8 月 22 日，在布里奇沃特举行的巡回法庭审判中，一个男人被指控企图阉割他的妻子。

"那个农夫和其他几个已婚男人一起喝着啤酒，抱怨他们的妻子太容易怀孕。其他人问他说，他能像阉割动物那样阉割他的妻子吗？他说可以。农夫发了个大誓，冲回家，堵住妻子的嘴，把她绑在桌子上，剖开她的腹部。

"但是，经过对那个可怜的女人的一番折腾以后，农夫发现理性动物和非理性动物的各个器官的位置有些不同。因此，在缝合伤口后，他被迫放弃了实验。妻子在最初的痛苦中竭力反抗他，但到了审判的时候，她已经恢复了健康，于是宽厚地原谅了他，并请求他的原谅。"[7]

▶▷ 设计师表型

在食品工业中，影响肌肉和脂肪相对比例的药物被称为分割剂，想要改变自己身体的人很快就发现了它们的潜力。男性类固醇被统称为合成代谢类固醇，他们可以帮助维持第二性征和促进肌肉生长。睾酮最早于 20 世纪 30 年代在德国被分离和鉴定出来。传说，希特勒想用它来让他的士兵更具有攻击性——双方的部队都是在安非他明的刺激下投入战斗的，这种药品在现代社会中常常给战斗用犬服用，包括纽约警察局的成员和伊拉克的私人安全承包商都这么干。

用化学工程方法改造类固醇分子很快就变成了有用的技术。现代消费者对瘦肉有强烈的偏好，因此，能够提高食物转化为蛋白质的效率的药物对农业有很大益处。1938 年首次生产的合成雌激素雌二醇与高蛋白饲料结合使用，促进了瘦肉的生产。含有这种激素的颗粒被植入牛的耳朵里，宰杀时切掉耳朵以避免污染尸体。尽管雌二醇在欧洲被禁止使用，但它在美国已经被使用了几十年。据估计，在 1974 年，这种药物帮助家畜增产了 1.35 亿千克动物蛋白。

苏联举重运动员从 1954 年开始服用合成代谢类固醇，直到 20 世纪 60 年代才被禁止。近年，美国奥委会进行了非处罚性的突击血液检测，结果发现 50% 的运动员服用了合成代谢类固醇；事实上，如果不使用药物，他们就不可能在需要力量和体重的运动中取得好成绩。举个例子，女子铅球的运动纪录是从 20 世纪 80 年代开始的，那时还不可能做有效的类固醇筛查。但从那以后，女子铅球运动员的成绩就在稳步下降。在 2008 年北京奥运会上赢得铅球金牌的选手甚至没有资格在 20 世纪 80 年代进入决赛。[8]

毫无疑问，许多顶级运动员目前都依赖于他们对表型药理学的熟练操控——这对于他们来说回报太大了，而其他选择对他们来说太暗淡了。近年来，俄罗斯运动员受到了严厉的惩罚，但这反映出的可能是他们缺乏药物专业知识，而不是缺乏体育道德感的问题。有效的监管是不可能的，专业机构也只是敷衍了事。他们非常清楚真实的情况，那就是只有虚伪（"邪恶向美德致敬"）才能阻止体育运动中使用药品的行为得到正式承认和接受。

除了运动之外，合成代谢类固醇也是个大生意。它们至少被 100 万美国人使用过，全球市场规模达到数十亿美元。它们很容易在网上获得。几年前，我查询过 "Buysteroidsuk.com" 这个网站，它提供每 1 毫升含有 250 毫克戊酸睾酮的药物，售价 8 欧元。使用建议是每周注射一次，但该网站也指出，有些用户每天注射

500—1000 毫克，每个月的成本高达 1000 欧元，剂量远远超过了自然的预期。该网站还提到了一些副作用，如严重的痤疮和骨骼生长点的过早封闭——希望加速成年的青少年服用类固醇可能会导致永久性发育不良。

该网站提到类固醇是有效的男性避孕剂（它们抑制睾酮的产生），但没有提到可能产生心脏问题、攻击性或犯罪行为、谋杀以及自杀，而这些副作用都在文献中有详细的记载。在一些运动项目中，过度使用类固醇是很常见的问题。在 2014 年的休赛期，28名 NFL（美国国家橄榄球联盟）球员受到刑事指控，包括一宗谋杀、一宗谋杀未遂和六宗暴力袭击，他们的女友处于极度的危险之中。[9]虽然美国 1990 年的合成代谢控制法将合成代谢类固醇重新定义为Ⅲ管制物质（英国为 C 类），但它们可以被合法购买。追捕罪犯明显费力不讨好，有利可图的轻罪与政治上的接受之间的距离越来越小。

花费昂贵的代价增肥，又用昂贵的代价减肥，这就是消费者的诅咒。健美运动员面临着双重挑战——既要获得肌肉（这迫使他们吃东西），又要避免皮下脂肪生长，因为脂肪会掩盖他们的肌肉。因此，制药研究的终极目标就是开发出一种能融化脂肪的制剂。自然的方法是释放肾上腺激素，它能够调动脂肪从而释放能量，与肾上腺素结构相似的化学物质也有类似的效果。由于激活脂肪细胞会产生足够的能量来提高局部温度，因此能够做到这一点的药物被称为脂肪燃烧剂。长期用于中药的麻黄素有较弱的燃脂效果，咖啡因也是如此：这两种物质都是合法的燃脂药物，你可以在网上买到。而具有更强燃脂效果的肾上腺素类化合物包括安非他命（1947 年被 FDA［美国食品药品监督管理局］，批准用于减肥，但后来被禁止）和一系列相关化合物。然而，总的来说，尽管有巨大的医药利益，减肥药的历史始终是灾难性的。起作用的药物有毒，没有毒性的药物是无效的。

非法的燃烧脂肪的化学物质效果好得多，但也危险得多。其中最臭名昭著的是 DNP（二硝基酚），这是一种解偶联剂，它对脂肪细胞的影响就像给静止的汽车踩油门一样。由于脂肪分解产生热量，发烧是过量摄入 DNP 的典型症状，尽管有各种降温措施，受害者仍可能死于高热。

图 31：健美运动员服用 DNP 来改善肌肉的轮廓。

这一点在第一次世界大战期间引起了军需品工业的注意，当时没有太多大量生产炸药的安全措施。正如我们之前说到的，炸药中含有硝酸盐。英国人使用 TNT（三硝基甲苯）炸药，在英国军火厂操作这种炸药的女性被称为金丝雀，因为她们的皮肤会变成亮黄色。法国人用含硝酸盐的苦味酸制造炸药，并雇佣殖民地的人（主要来自塞内加尔）来处理。他们很快就发现，这些工人的死亡率很高，尽管没有人知道有多高，因为人们只知道这些移民工人的号码，而不知道他们的名字，当有人死亡时，号码会传给另一个人。[10] 1933 年，DNP 在美国被推荐为安全的减肥药，可以在柜台上买到，直到 1938 年 FDA 宣布它"不适合人类食用"。在 20 世纪后期，对健美的狂热又造成了一大批人死亡。DNP 仍然可以在互联网上获得，悲剧仍然在发生。

▶ ▷　多高才够？

激素在青春期前促进生长，并告诉身体生长应该在什么时候结束。健康人群的身高呈钟形分布，这意味着 95% 的人身高在相差 25 厘米的区间内徘徊；超出这个范围的则要接受调查，以确定是否存在内分泌或基因异常。非常矮的儿童主要分为两类：基因异常的健康人，以及缺乏生长激素的儿童。生长激素注射可以克服这一缺陷，几十年来这一直是一种常规治疗方法。但是，那些身材矮小但其他方面都正常的儿童，是否也应该注射生长激素呢？欧洲监管机构不允许这么做，但在美国，每100个孩子中就有1个接受这种治疗。

给健康但身材矮小的儿童使用激素治疗的争论涉及许多伦理领域。儿童不能给予知情同意，因此治疗是针对父母的。一些人认为身材矮小是一种严重的缺陷，另一些人则无条件地接受他们孩子的一切。这可能会困扰儿科医生，他们不喜欢充当"化妆品药理学家"。孩子在未来社会可能受歧视，但这是否应该有必要被当作一种疾病来对待？如果有，风险和好处是什么？一项调查的结果显示，一个健康的矮个子儿童通过2500次注射可长高3—5厘米，每厘米的费用为18000美元（1999年的价格）。很少或没有证据表明这种治疗对心理有好处。我们所能说的是，一些孩子对于自己的矮小很不高兴，而另一些孩子则不太在意；有些孩子可能会受益，有些则不会，治疗应尽可能关注在孩子身上，而不是父母身上。

身材矮小被认为对男孩更不利，且以前人们认为个子很高的女孩很难嫁出去。生长发育会随着青春期的激素信号做出反应，而乙烯雌酚会模仿这些"停止"信号，它于20世纪60年代在澳大利亚和其他地方被用来限制高个女孩的生长。这其中包含了许多不确定性，因为预测自然青春期的结束并不容易，所以平均身高下降仅3.8厘米左右。一个可怜的女孩发现这个事实，药物毁掉了她当模特的机会。然后，在 1971 年，晴天霹雳落了下来：阴道腺癌——一种非常罕见的癌症——出现在那些其母亲在怀孕期间服用了己烯雌酚的女性身上。为了防止自然流产，已有多达 500 万孕妇服用了这种药物，因此，人们认识到对一代人的用药可能会导致下一代人患癌症，这引起了极大的关注。儿童表型改造的历史并非愉快的，苏珊·科恩和克里斯汀·科斯格罗夫在《不惜代价保持正常》（2009）中进行了全面而富有同情心的讨论。

　　改造表型的药物将会继续存在，而社会接受度的极限将继续受到挑战。自 20 世纪 50 年代以来，合成类固醇已经被用于大多数对抗性或需要功率重量比的运动中，并且将继续使用，而健身爱好者们则羡慕夸张的身材，竞技运动仍然是娱乐产业的延伸。运动员和健美运动员接受了其中的风险，有些人已经成为专业的药理学家，能够做出知情的选择。超重的人则不那么乐观，他们是在绝望的驱使下铤而走险寻求补救之法的。改良激素被广泛用于治疗肥胖，甚至更有效（但可能致命）的替代品可以从互联网上获得。医学上批准的药物和非法药物之间不再有那么大的区别；强效增肌药物是非法的，而同样危险的药物被开给肥胖症患者，因为肥胖被认为是一种疾病。与此同时，黑色制药产业（一个完全不受监管的行业）在互联网上销售其产品而不受惩罚，这一产业还将继续增长和繁荣。据估计，用于健身或所谓抗衰老的生长激素的非法市场每年有大约 20 亿美元的市值。[11]

▶▷　我们会灭绝吗？

2017 年 7 月 25 日，BBC 的一则标题警告称，"精子数量下降可能会导致人类灭绝"。宣告世界末日在媒体上司空见惯，而这一事件只引起了转瞬即逝的关注。这一报道参考的是一个全面的数据分析研究，该研究表明，1973—2011 年间，欧洲、大洋洲和北美洲男性的精子数量平均下降了 52%。而在非洲、亚洲和南美洲却没有发现这种下降。[12] 正如作者所指出的那样，这种趋势与其他男性生殖发育障碍因素的增加有关。

在进行进一步的研究之前，我必须指出，我们正在进入一个学术雷区。精子数量以百万计，正常值的范围是巨大的（900 万个 / 毫升到 1.92 亿个 / 毫升不等），计数技术已经改变，参与调查的男性可能不能代表一般人群。精子数量根据捐献者的年龄、禁欲时间以及样本的不同而变化。[13] 尽管有这些条件，但人们普遍认为，许多群体的精子数量正在下降。

这意味着什么？在这一点上，我们必须再次小心行事。首先，虽然在最近的几项研究中，20%—30% 的健康年轻男性的精子浓度低于 4000 万个 / 毫升，但不能从精子数量方面准确估计生育能力。[14] 精子质量也很重要，并且精子数量越少，不活动精子和畸形精子的比例就越高。无论如何，怀孕是对生育能力的最终检验，而精子质量只是众多相关因素之一。我们看到，第二次世界大战后总生育率飙升，但到20世纪末，许多富裕国家的总生育率又回落到更低水平以下。尽管产妇年龄提高也会降低生育率，但避孕是其中的主要原因。在这种背景下，很难确定男性的生育能力是否真的在下降。对想要孩子的夫妇进行的前瞻性研究报告称，大约12%—18%的夫妇在至少一年的时间里都经历过不孕问题。在向其他50个国家出口人类精子的丹麦，有8%的女性需要通过辅助生殖技术怀孕。

这就把我们带到了最无形的、技术上最具挑战性的、情感上最敏感的、最终最可怕的问题：化学物质是否会在不知不觉的情况下排放到环境中，对人类生殖系统产生持久的影响？首先，可以肯定的是，大量的杀虫剂、塑料和其他化学副产品存在于我们的体内，或许这些有可能造成伤害。毫无疑问，它们中许多具有模仿或阻止激素信号的可能，而且具有对男性生殖健康的潜在影响。这些物质威胁着人类的表型，男性这时候就像是"煤矿中的金丝雀"。

从胚胎的角度来看，男性是被改造过的女性，而这种转变需要一系列复杂的化学反应。改造发生在胎儿生命的7—15周之间，因此这是对男性威胁最大的时期。约30年前发布的一份权威专家声明详细描述了化学污染的影响，比如"鸟类、鱼类、贝类和哺乳动物的生育能力下降；孵化成功率降低……鸟类、鱼类和海龟的严重先天畸形……雌性鱼类和鸟类的非雌性化与雄性化以及鸟类和哺乳动物的免疫系统破坏"。[15] 2015 年，美国内分泌学会认可了类似的发现。在此期间，大量实验研究表明，所谓的内分泌干扰物对动物的繁殖和生长具有毁灭性的影响，包括可能导致我们基因的永久改变，并遗传给后代。[16]

因此，我们目前所缺乏的只是这些物质直接影响人口数量的确凿证据。尽管有许多迹象，但证据仍是零零碎碎、前后不一的。原因不难找到，因为激素活性物质可以在几乎无法察觉的浓度下产生影响，潜在的有害影响将根据剂量、发育阶段和是否存在其他激素活性物质而有所不同。然而，流行病学或毒理学研究的标准方法根本不是用来评估多种药剂之间复杂的相互作用可能产生的影响的。尽管不能直接得到证明，但内分泌干扰物能够对动物起作用，那么它们应该也会对人类起作用。对环保人士来说，由此导致的僵局是他们所熟悉的，因为对于无形的威胁难以找到决定性证据。待找到时，可能为时已晚，已经无法采取任何行动。然而，这种威胁是不可否认的。

第十一章

肥沃的土地

▶ ▷　第一个维纳斯

肥胖女性的形象经常出现在欧洲的雕像上，这些雕像可以追溯到 2 万—3 万年前的旧石器时代猎人的黄金时代。那些从未见过严重肥胖的人几乎很难想象肥胖的形象，而雕刻这些图像的人显然对这种形象很熟悉（图 32）。这些雕像的意义尚不清楚，但可能与食物和生育有关。曾经盛行的年轻女性婚前增肥的习俗可能是一条重要线索。例如，在 20 世纪上半叶，尼日利亚的阿南人把适婚的女孩送到育肥室，为结婚做准备。育肥室"只是为了把女孩养肥——让一个女孩变得又胖又漂亮，让她成为理想的妻子，向所有村民展示她的家庭有多富裕，能生出这么好的胖女孩"。女孩在这里过着隐居生活，吃得饱饱的，还接受有关女性奥秘的教育。几个月后，她戴上珠子、羽毛和铃铛，全身赤裸地在村子里游行。[1] 马拉维和太平洋瑙鲁岛也有类似的习俗。超重的新娘是

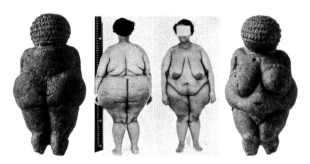

图 32：雕刻"威伦道夫的维纳斯"的艺术家知道肥胖是什么样子，尽管他的模特明显比教科书上的例子年轻。

在存储能量，因为怀孕所消耗的能量大约相当于 10 千克的脂肪，而一年的纯母乳喂养则需要 2 倍于此的能量。从育肥室出来的女孩们很可能不会长时间保持肥胖。

长期肥胖在狩猎-采集者中一定很少见，但短期的脂肪积累在季节性条件下非常有用。欧洲农民在冬天杀死他们无法喂养的动物，在圣诞节暴饮暴食以及进行传统的狂欢之后，在大斋节期间就必须禁食。食物不足时，身体中脂肪多一些显然更好，农民在前现代时期就知道丰满的未来妻子更容易度过冬天，丰满既是生育能力的标志，也表明她没有肺结核。最近，肥胖意味着撒哈拉以南非洲部分地区摆脱了艾滋病。

体重是炫耀性消费的典型标志。英国亨利八世的腰围是 137 厘米，他的食欲是传奇性的，晚年的他需要绳索和滑具才能将自己吊上楼；他的肥胖还引起了慢性腿溃疡。在 18 世纪，哲学家大卫·休谟和历史学家爱德华·吉本都明显超重，许多患有痛风症的贵族也是如此。他们的痛风症是由铅中毒引起的，这是因为他们喜欢把葡萄酒储存在内衬铅的容器里，这样储存的酒尝起来很甜。1806 年，18 岁的拜伦勋爵在剑桥大学读本科时体重为 88 千克。他高达 29 的 BMI 值与大部分浪漫主义诗人那时髦的、类似肺结核病人的外表极不相称，因此他成为第一个节食的名人。他把食物浸泡在醋里，5 年内他的体重降到了 57 千克。我们之所以知道这一点，是因为超重的贵族们总是用伦敦时尚酒商"贝瑞兄弟和陆克文"的体重秤来称量自己。政治家们不太在意自己的外表。但 1883 年，即使是脾气急躁的奥托·冯·俾斯麦体重 111 千克，BMI 值为 30.9，也觉得有必要节食，并在此过程中瘦了 27 千克。1909 年，美国第 27 任总统威廉·霍华德·塔夫斯上任时体重达到了 161 千克，据说他的身体还卡在了白宫的浴室里。19 世纪的法国资产阶级用"Embonpoint"（丰腴）这个词来表示女性胸部或男性腹部的突出。

在富裕阶层之外，慢性肥胖相对罕见。[2] 猎人和采食者在 20 多岁的时候体重会接近最高值，一直保持这个稳定水平，直到五十多岁的时候体重才会减轻。阿道夫·奎特莱特在 19 世纪上半叶的比利时人身上发现了这种模式，在 20 世纪上半叶的日本人身上也发现了这种模式，[3] 表明了这可能是前现代社会的一种常态。

背离这种传统模式的是过去的特权表型和如今的消费者表型。寿险业提供了这种现代趋势（消费者表型）的第一个证据。1912 年公布的《医疗精算死亡率调查》是基于对 1885—1900 年期间发给美国男性的 221819 份保险和女性的 136504 份保险的分析得出的。[4] 当时投保的美国人几乎都是白人，收入高于平均水平，身高也较高。图 33 比较了 19 世纪 30 年代比利时男性的年龄和体重与《医疗精算死亡率调查》中记录的 20 世纪初美国男性的身高和体重。

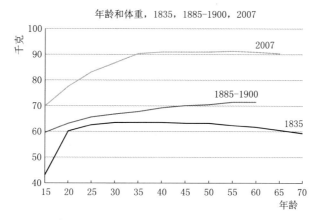

图 33：比利时男性（1835 年）、美国参保男性（1885—1900 年）和参加 NHANES（美国健康与营养调查）的男性（2007—2010 年）的年龄和体重变化轨迹。数据来自奎特莱特（1835）的《医疗精算死亡率调查》（1912）和 NHANES。

数据显示，比利时的男性在 15 岁时比 21 世纪的美国人轻 27 千克，部分原因是他们还没有经历青春期的快速增长；另外，而且他们在 30 岁后体重也没有进一步增加。19 世纪末美国的年轻投保人以现在的标准来看是非常苗条的（男性和女性的 BMI 值分别为 23.2 和 22.7），但他们将在中年时增重 6 千克，在 30 年中平均每天增重 0.65 克。

研究肥胖问题的社会历史学家希勒尔·施瓦茨指出，医生们早在 20 世纪早期就为了帮助患者在生病后增加体重制定了食谱。[5] 然而，到了 20 世纪 20 年代，超重成为女性杂志的一个始终不变的话题，出现在今天的每一期杂志上。即便如此，这种情况直到 21 世纪后期才真正变得普遍起来。

图 34 比较了过去一个世纪 20 多岁和 50 多岁美国女性在不同时间点的 BMI 值。最显著的变化是 1980 年以来 20—29 岁年龄组 BMI 值的快速增长。尽管 20 多岁和 50 多岁的女性之间的 BMI 值差异可能看起来没有变化，但不要被欺骗了：1976—1978 年 20 多岁抽样的女性与 2007—2010 年 50 多岁抽样的女性来自同一群抽样对象。这意味着她们在 20 多岁到 50 多岁之间体重增加了 16.7 千克（而男性体重增加了 15.2 千克），平均每天大约增加 1.5 克。

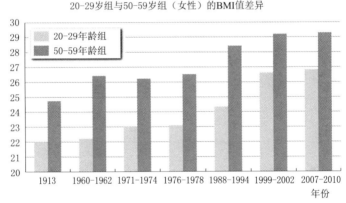

图 34：1913—2010 年美国 20 多岁和 50 多岁女性的 BMI 值比较。请记住，1976—1978 年的年轻人与 2007—2010 年的中年女性来自同一群抽样对象。

年轻人体重的增加是肥胖症即将成为流行病的重要信号。20 世纪 30 年代，针对美国儿童的三项长期前瞻性研究启动，部分原因是人们担心大萧条会对后代产生影响。在俄亥俄州开展的菲尔思研究一直持续到今天，该研究显示 1960 年以后出生的孩子在

BMI 值上呈稳步上升趋势。在女孩中，这几乎完全是由于脂肪量增加带来的，而男孩则表现出因缺乏运动而产生的肌肉减少。[6] 菲尔斯研究涉及的孩子几乎都是欧洲血统，但黑人和西班牙裔的孩子体重似乎增加得更快。

　　儿童肥胖率的增加是由对于廉价卡路里的疯狂消费引起的，因为美国人的人均食物消费量在 1980—2000 年间增加了 20%（图 35）。这与大量摄入高能量密度的加工食品和较少运动的生活方式有关。年轻人越来越胖了，肥胖在全世界蔓延。

图 35：本图显示了根据腐败和浪费情况调整后的美国人均食物热量消耗。从 1980—2000 年，每人每天食物热量的消耗增加了 500 卡路里。资料来源：美国农业部。

▶ ▷ **肥胖的全球化**

　　肥胖的流行是战后美国空前繁荣的产物。化石能源被投入到粮食生产中，农民投入的卡路里比他们从食物中获得的卡路里还要多。[7] 尽管化石能源、机械、化肥、杂交作物和杀虫剂带来了种种负面影响，但到 20 世纪末，它们仍然能够养活 30 亿人口，而且全球粮食生产与人口增长同步。跨国公司取代了美国作为原始农产品供应商的角色，外国直接投资使跨国公司成为全球食品生产和加工企业的利益相关者。这是由巨大的财富作支持的，有时可以与投资国家的财富相匹敌，并具有跨越关税壁垒的能力。激进的自由贸易政策是"可口可乐殖民化"的标志。[8]

　　某些形式的食物加工方法几乎除去了卡路里之外的所有东西，产生了高能量的食物和饮料，这些食物和饮料被血液和脂肪细胞毫不费力地吸收了。它们的产品包装吸引人，输送和储存都很方便，美味和便宜得令人上瘾。成人的"婴儿食品"已经在很大程度上取代了传统的、营养更均衡的饮食，其结果是全球 BMI 值的上升。对 127 个国家的分析表明，平均体重指数从 1980 年的 23 增加到 2008 年的 25[9]——这意味着 170 厘米高的人体重增加了 6 千克。

　　191 个国家的肥胖（定义为 BMI 值 >30）的地理分布在美国中央情报局的概况书中都有标注。太平洋岛屿位居榜首，大国之中埃及和美国排名在前，肥胖率均为 33%。一些欧洲国家（包括英国、西班牙和俄罗斯）的肥胖率达到了 26%—33% 之间。而意大利、荷兰、瑞典、法国、丹麦和瑞士等国低于 20%。其他富裕社会，比如韩国、新加坡和日本，肥胖率低于 10%。这个排行榜显示，肥胖绝不是与财富直接相关的。即便如此，它通常也会影响到富裕国家的穷人和贫穷国家的富人。世卫组织发现，受教育程度越高，BMI 值越低，对女性来说尤其如此。并且，随着收入的增加，当人均 GDP（国内生产总值）达到 2500 美元左右的临界点时，肥胖率会向社会下层移动。[10] 在较富裕的社会，超重已成为一种耻辱：这是社会地位低下、婚姻前景不佳、就业机会减少和收入能力较弱的有力标志。[11] 社会排斥已经和肥胖联系在一起：富人变得更富，穷人变得更胖。

▶ ▷ 消费者表型的兴起

正如笔名为"Saki"的作家曾经说过的那样，有时一盎司的不精确就能抵得上一吨事实。下面的论证也是本着同样的精神提出的：我们都超重了。这一点需要强调，因为我们经常被告知肥胖是别人的问题，因为过度消费只会伤害那些过度消费的人。然而，事实不是这样的。身体的内部事务是由一个复杂的自我调节网络系统控制的，这个系统只有在出现问题时才会被注意到。体重、血压、血糖和循环的血脂是这个网络的组成部分，在传统社会中，它们在整个人类生命周期中都保持着稳定的平衡。当人们成年后，体重开始增加时，这种平衡受到大规模干扰的第一个迹象就出现了。体内调节指标如血压和血糖开始上升，随着人们体重的增加和寿命的延长，这种上升趋势也会更加明显。在压力下，体内调节的缺失是处于压力之下的表型的信号，而一个努力调节内部事务的表型显然并不处于良好状态。

肥胖，尤其是在腹部附近的肥胖，与高血压、糖尿病和高脂血症密切相关，由此产生的表型（形状、大小和定义各不相同）被称为代谢综合征。我们中大约一半的人会在人生的某个阶段患有代谢综合征。代谢综合征增加了患血管疾病的风险，也增加了患上与体重有关的癌症的机会。它的每一种特征都与过量摄入食物有关，每一种特征都与减少食物摄入量有关，而每一种相关风险都可以通过少吃来降低。因此，它代表了消费者表型的一种极端形式（图 36）。

图 36：过度消费与以下疾病的各种组合具有相关性——向心性肥胖、高血压、高胆固醇、高血糖、动脉疾病，以及与体重相关的癌症。

当每个人都过度消费时，责备那些比其他人消费更多的人似乎是不公平的，因为过度消费的后果会影响到我们所有人。当整个人类都必须限制食物的摄入量时，这一点就表现得最为明显。例如，德国曾在第一次世界大战期间发生饥荒，而柏林记录在案的糖尿病死亡率——卡路里摄入量的敏感指标——下降了50%。在第二次世界大战期间，因糖尿病和心脏病导致的死亡人数也同样大幅下降。[12] 英国人口在战时强制节食：糖尿病死亡率减少了一半，并且在战争结束后的10年里一直保持在较低水平。[13]

古巴最近发生了一次示威。在卡斯特罗统治时期，古巴通过从苏联用糖换汽油，挺过了美国长期的贸易禁运。当1990年苏联经济崩溃时，古巴也遭受了打击：食物热量从每天2900卡路里降至1860卡路里，成年人的体重平均下降了4—5千克（5%—6%）。而在1997—2002年间，古巴总死亡率下降了18%，糖尿病死亡率下降了51%，冠心病死亡率下降了35%，中风死亡率下降了20%。[14] 从图中可以看出，限制卡路里可以改善全民健康，虽然在很少有人真正肥胖的情况下也是如此。

长期过度消费是一种新现象，其特征是成年后体重逐渐增加。并且，有越来越多的证据表明，在压力下会出现肥胖的表型。我们将肥胖及其并发症定义为疾病——从而与其他人群建立一定的心理距离——但问题在于生活方式，而不是我们对它的反应。既然如此，为什么我们不换一种生活方式呢？

▶▷ 从进化角度看肥胖

在我们的进化史上，还没有一种食物充足到可以让我们放开吃的地步，这或许可以解释为什么我们对食物的反应如此多样。数百个基因都与肥胖有关，但我们应该避免把它们称为"肥胖基因"，因为它们是由极少肥胖的祖先遗传给我们的，而这些基因的存在是有充分合理性的，使我们变胖并不在其中。一项引人注目的观察（证实了每个人都知道的事情）是，有些人比其他人更容易发胖。举个例子，在 20 世纪末，一位身高 162.6 厘米，BMI 值排名前 10% 的非裔美国女性，预计会在 25—50 岁之间体重增加5 千克；在相同的时间内，身高类似但 BMI 值排名在 90% 以后的非裔美国女性会增重 58 千克。[15] 我们在发胖的倾向上有很大的不同。

这就引出了一个相关的问题：我们的身体是如何知道自己想要多重的？我们大多数人都能不受限制地获得食物，但我们总是以惊人的准确性来匹配我们的摄入量以满足我们的需求。一个典型的 36 岁美国白人男子体重 86 千克，在一年的时间里要消耗 10 倍于他体重的食物——907 千克。他每天摄入的热量约为 2700 卡路里，每年不到 100 万卡路里。[16] 只需要很少的努力，或者不需要有意识地努力，他就能平衡自己的年度能量库存（卡路里摄入 / 卡路里消耗），使其在一年中不超过起始点的 0.63%。如果向肥胖专家咨询如何做到这一点，除了答案之外，你还会学到很多其他东西。

要注意的关键一点是，专家将保持小幅度的积极的重量平衡。"平均先生"不同于能将室温恢复到相同起点的自动恒温器，他会按程序将体重调整到稍高的水平。每年增加 550 克左右，或者到 54 岁时增加 10 千克。他的体重规律是增加进食，年复一年地增加。这是异态平衡的一个例子，这是表型转变的一个典型特征。

基因会影响你的体重，但食物是最重要的因素。超重的狗，其主人通常也超重，这并没有基因上的解释。

▶▷　节俭基因

1962 年，遗传学家詹姆斯·V. 尼尔（1915—2000）提出，肥胖是由应对饥饿而进化的基因所驱动的。遗传学家当时认为存在一种"糖尿病基因"，拥有一份这种基因的拷贝会导致晚发型糖尿病，拥有两份拷贝会导致早发型糖尿病。因为在胰岛素被发明之前，后者总是致命的，所以理论上说，尽管糖尿病非常普遍，但"糖尿病基因"应该随着时间的推移而消除。这让尼尔想起了镰状细胞病，在这种疾病中，一份异常基因的拷贝提供了对疟疾的抵抗性，但是两份则会导致致命的疾病。如果没有人携带这种基因，疟疾将肆无忌惮地传播，但如果每个人都拥有这种基因，那么四分之一的儿童将死于镰状细胞病。因此，最理想的结果是携带者和非携带者之间的平衡，遗传学家称之为平衡多态性。尼尔推测，假定一份的糖尿病基因拷贝可能会帮助你在饥饿中生存下来，而对于挣扎在生存边缘的人来说，患糖尿病的风险几乎可以忽略不计。然而，在食物充足的时候情况就完全不同了，因为在饥饿时帮助你的基因，现在会让你患上糖尿病；它将是一个"节俭"的基因型，会被"进步"破坏。[17]

生物学家 T. H. 赫胥黎认为，科学的伟大悲剧是"美丽的假设被丑陋的事实所扼杀"，而尼尔的美丽假设很快就被证伪了。没有单一的糖尿病基因，其作用机制也不可信。然而，当重点从糖尿病转移到肥胖时，这一观点作为"遗传流行病学最具影响力的假说之一"继续存在。尼尔本人对节俭基因的研究也只是一时兴起，在他的长篇自传中只花了不到一段的篇幅来阐述这个让人印象深刻的观点。[18]

"节俭基因"如何帮助你度过饥饿？主要有两种可能性。一种是，该基因会使你的能量代谢更高效，从而使你能够以更少的能量生存。另一种是，它会鼓励你吃得更多，储存脂肪。有些人的新陈代谢比其他人更有效率，这一假设可以通过在实验条件下让他们挨饿来验证。

让我们想象一下。你刚刚停止进食，在接下来的两个月里，除了水什么都不会流过你的嘴唇。一开始你不会注意到很多，只会注意到下一顿饭即将到来时熟悉的痛苦，这些都是条件反射。

喝点水，上床睡觉，你的不适可能就会减轻。24 小时后，疼痛变得更加持续；你会明显感到不舒服，并开始感到虚弱和疲倦。你身高 170 厘米，断食开始时体重 75 千克，此时你的体重已经下降了将近 1 千克，主要是因为水在分解碳水化合物的时候流失了。你的大脑重约 1.5 千克，占体重的 2%，却消耗了近四分之一的能量。你身体的其他部分已经切换到节能模式，而你的肝脏正在加速产生饥饿的大脑所需要的葡萄糖。与此同时，其他组织燃烧脂肪以节省葡萄糖的消耗，而酮（脂肪代谢的分解产物）则在循环中积累。大约 48 小时后，你的大脑就会转化为由酮类物质供能，你的呼吸就会产生一种独特的气味，类似于储存很久的苹果。女性转向酮供能的速度比男性快，瘦人的转化速度比超重的人更快。你越来越不愿意做不必要的努力，如果你尝试的话，会感到头晕。你对性的兴趣已经消退了，对食物以外的实际问题感到超然。你可能会体验到伴随宗教式禁食而来的轻度欣快感，这可能与酮类物质的激增或内源性阿片类物质的释放有关。

　　你已经绝食一周了。体重下降得更多了。不过，体重下降主要是由于水分流失，如果你开始进食，很快就会恢复。三周后，你会瘦下 18 千克，之后减重速度会降低到每天三分之一千克。你的肠道不再通过制造消化液来浪费能量。你的肌肉正在萎缩，身体也越来越虚弱。你仍然很清醒，但是你休息时的脉搏已经降到每分钟 40 次以下，当你站立时血压会下降，这迫使一些志愿者因此停止了长时间的禁食。你的核心体温下降了，这促使你的身体消耗更少的氧气。情况很严重，但还没有到绝望的地步，因为在你开始禁食的时候，你的营养状况很好，拥有大约15千克的储备脂肪和6千克的储备蛋白质。它们当中含有16万卡路里的能量，足够让你坚持两个多月。但是，时间不多了。

在实验室里，人们对饥饿进行了深入研究。事实上，我们对饥饿的反应都差不多。这意味着，自然选择将高效基因植入我们所有人的体内，我们在代谢效率方面几乎没有变化。因此，我们必须从其他地方寻找肥胖的根源。

1849年，爱尔兰大饥荒的一位观察者指出："还没有人……能够解释为什么男人和男孩在饥荒中比其他性别更容易死去；不过，事实就是如此，无论你走到哪里，每个军官都会这样告诉你。"[19] 原因很简单：女性的脂肪比例更高，每千克含有的能量足以维持几天的生活。这也许可以解释为什么（不论性别）重要的肥胖相关基因会在我们的大脑中表达。其中之一就是FTO（脂肪与肥胖相关基因），之所以这样命名，是因为它最初与近亲繁殖小鼠的脚趾融合有关，当时还不知道其他的影响。后来，我们在寻找与糖尿病相关的基因位点的过程中发现了它。FTO通过鼓励人们储存脂肪间接促成了肥胖，而增加的脂肪容易导致糖尿病。携带一份风险相关基因变体的人（全世界约有10亿人）比没有携带的人重1.5千克，携带两份风险相关基因变体的人比没有携带的人重 3 千克。在盲法实验中，携带这种基因的人吃得更多，他们选择热量更高的食物，而且不会像携带中性基因的人那样有饱腹感。该基因存在于大约 50% 的欧洲人体内，这表明它可能在季节性饥饿的情况下特别有用。[20] 它的影响相对温和，但却比其他任何与肥胖有关的基因的影响大 3—6 倍。与其他复杂的特征一样，肥胖是由许多具有微小作用的基因共同作用所决定的表型。

▶▷　节俭表型

我们之前提到过安德斯·福斯达尔和大卫·巴克。巴克指出，出生时体重过轻的孩子更容易在以后患有高血压、糖尿病和高血脂等疾病——特别是一个体重不足的孩子在以后的生活中体重增加过多的情况下。巴克与生化学家尼克·黑尔斯（Nick Hales）合作，研究了胰岛素的关键作用，因为它与其他类似胰岛素的分子一样，是胎儿发育的关键因素。胎儿生命中对这些信号的调节可以对婴儿的身体组成产生持久的影响，黑尔斯和巴克认为，食物不足会使其他器官对胰岛素的敏感性降低，从而使能量流向重要器官（如大脑）。结果，营养不良的婴儿在一个富裕的环境中可能会出现功能失调。出于对尼尔的尊重，他们称之为节俭表型假说。[21]顾名思义，这代表了一种对经常遇到的环境挑战的共同反应模式，在很大程度上与个体基因的变异无关。

如果营养不良容易使婴儿变小，那么营养过剩就容易使婴儿变大。如果母亲患有糖尿病，就会发生这种情况。她的葡萄糖可以自由地穿过胎盘，但她的胰岛素（或她注射的胰岛素）则不能。胎儿可利用的葡萄糖过量了，这会使其自身的胰岛素生产细胞过度运转。结果，这个婴儿出生时面色红润，体重比预期多出1千克，看起来就像一个吃得太好了的迷你版胖市议员。与没有患糖尿病的母亲的后代相比，患糖尿病的母亲的后代在以后的生活中更有可能变胖。糖尿病在亚利桑那州的皮马印第安人中异常普遍，在母亲患糖尿病之前出生的婴儿比那些在母亲患糖尿病之后出生的婴儿要小，这表明，这种差异是由母亲增加的葡萄糖供应所造成的，而不是她的基因造成的。超重的母亲（包括那些在怀孕期间体重过度增加的母亲）生下的大体型孩子在以后的生活中也更容易增重。既然婴儿可以在出生之前被编程为善于增加体重的，那么这样的逻辑假设也可以逆转。在爱丁堡进行的一项临床试验中，超重的母亲被邀请以双盲的方式服用二甲双胍（已知在妊娠期治疗糖尿病是安全的）或安慰剂。人们希望这种活性药片能够调节向胎儿输送的营养，从而使胎儿变得更瘦。在实验中，婴儿出生时的体重没有受到是否服用二甲双胍影响，但该试验在试图改变未出生的一代的表型方面是值得注意的。[22]

那么，我们如何将节俭基因与节俭的表型联系起来呢？基因变异解释了人群内部（而不是群体之间）约65%的肥胖变异，但迄今发现的容易导致肥胖的个体基因实际上只解释了 7% 以上的变异。为什么这么小呢？一种可能性是，这些基因之间的相互作用具有不可预测的后果（通常被称为"涌现特性"），远远超出了它们的个体效应。

▶ ▷ 肥胖: 疾病还是表型?

大约在 20 世纪中叶，美国当局第一次开始关注肥胖对健康的影响，他们最初对肥胖风险的估计是基于保险公司提供的身高体重比例表。在 1935—1954 年间购买人寿保险的人群中，"理想体重"的死亡率最低。BMI 是一种较粗糙的测量方法，但更容易使用，并逐渐成为标准。1985 年，美国国立卫生研究院的一个共识小组受命确定多少体重是"过量"的。他们将男性的体重指数限制在27.3 以内，女性为 27.8 以内，这相当于他们最新调查中 20—29 岁年龄组前 85% 的水平。他们几乎没有意识到，一场风暴正在向他们袭来，因为在不到 10 年的时间里，有 33.3% 的男性和 36.4% 的女性已经超过了这一门槛。[23]

回顾过去，虽然这似乎是不可避免的，但 20 世纪晚期的肥胖流行甚至让专家们都感到惊讶。[24] 坦率地说，他们没能预测到大量增加食物摄入量会使人变胖。衣服变大了，飞机座位变宽了，但人口学家和流行病学家却没有及时发现这一趋势。直到 20 世纪

90年代，肥胖症流行的思想才真正渗透到公众意识中，随之而来的是各种悲观预言。流行病学家保罗·齐默在2008年曾说过，肥胖是21世纪最大的公共卫生挑战，"其威胁不亚于全球变暖或禽流感"——这是一个有趣的对比。英国卫生大臣艾伦·约翰逊借用了气候变化的比喻。那些未能预测肥胖流行的专家们又接着夸大了肥胖的后果，并以不可靠的事实来修饰他们的说法。我们被告知：美国是胖子最多的国家（这不是真的）；每年有40万美国人死于肥胖（有待商榷）；肥胖会引起心脏病的二次流行（心脏病发病率正在迅速下降）。肥胖将使人类的预期寿命下降（直到最近仍在上升）；暴饮暴食对全球健康的威胁比饥饿更大。（你更喜欢哪一种？）肥胖流行的末日预言者自信地预测，心脏病发病率将大幅上升，预期寿命将缩短。正如麦考利曾经说的那样，没有什么比公共卫生游说团的大声疾呼更荒谬的了。

　　几年前，一个国际专家小组讨论了肥胖是否应该被归为一种疾病。经过认真的讨论（哲学层面的），他们得出了肥胖是疾病的结论。他们的结论基于一个简单的三段论：疾病使你生病，肥胖使你生病，因此肥胖也是一种疾病。没有人能否认，过度肥胖是一种可怕的折磨，受影响的人应该得到我们的理解和支持。尽管如此，把它定义为一种疾病是不合适的。疾病（从定义上讲）意味着身体不正常，把这个名字用在肥胖上意味着每个体重超过任意一个分界点的人都是有病的，需要特定的治疗。从另一个角度看，它意味着体重低于界限的人是健康的，这是将生病的责任完全推到受害者的头上。这种情况是不会改变的，由于消费社会是建立在不断增加消费的前提之上的，我们不需要期待会什么有意义的政治运动来消除这种歧视。我们也不应该向那些给我们提供烟和酒的人寻求帮助，他们通过扫描大脑来研究人们对广告的反应。他们知道过多的卡路里摄入会刺激减肥的需求，但营销人员的梦想就是永远无法被满足的需求。减肥书籍和减肥药给人们带来了希望，但仅此而已。肥胖在文化上的烙印是如此强烈，以至于那些受影响的人只能顺从地面对他们的困境。将肥胖视为一种医学疾病会导致否认肥胖，因为"医学问题"被假定为有医学原因和医学解决方案。肥胖手术无疑给严重超重的人带来了好处，但在被誉为成功范例的同时，它也是对减肥失败的最终承认。

肥胖是一种表型，而这种表型是我们的生活方式塑造的，就连我们的猫和狗都开始肥胖。[25] 不断增加的消费驱动了不断增长的生产，我们每个人都或多或少地参与了这个过程。每当我们看电视的时候，或者在超市里往车里塞满包装食品的时候，这个过程就会得到强化。你可以治疗疾病，但不能治疗表型。

有人认为肥胖是一种疾病而不是一种表型，这是无可救药的简单化思维。肥胖有许多表型，BMI 是一个非常不合适的定义它们的指标。2001 年，27 岁的杰曼·梅伯里的 BMI 值为 39.6，仅略低于"极端"肥胖水平。他应该接受外科治疗吗？梅伯里身高

193 厘米，体重 148 千克，曾为费城老鹰队效力，[26] 他并不胖。

我们使用 BMI 来评估健康风险，然而拥有相同 BMI 值的女性比男性有更多的脂肪组织，但健康风险只有男性的一半。女性脂肪集中在臀部和大腿，男性则集中在腰部。女性的脂肪生长模式是由雌激素控制的，这就是女性在绝经后脂肪会迁移到腹部的原因。种族之间也有很大的差异。在相同的 BMI 水平上，印度人都比欧洲人携带更多的脂肪（图 37），而欧洲人比非洲人或波利尼西亚人携带更多的脂肪。

图 37：作者的两个朋友，约翰·尤德金和兰扬·亚伊尼克有着相同的 BMI 值，但是约翰（前马拉松选手）有 9.1% 的脂肪，而兰扬（其"主要运动是跑去赶电梯"）有 21.2% 的脂肪。

什么时候脂肪会成为健康的危害？流行病学方法是测量人群中的风险因素，然后监测其对长期健康情况的影响。这使得流行病学家发现，高血压可能导致中风，血糖水平与糖尿病性眼病相关。然而，对于肥胖来说这并不容易，主要是因为肥胖有多种标准。面对这种限制，世卫组织在 1997 年选择了一种操作标准。正常体重的 BMI 值上限为 25，超重为 30，I 类肥胖为 35，Ⅱ类（"非常严重"）为 40，Ⅲ类"极端"肥胖为 >40。这标准很武断，但很容易记住。正如一位专家所评论的那样："在美国，过去三、四十年间我们在体重标准和定义方面几乎兜了一圈。"[27]

撇开性别和种族的影响，你体内的脂肪量也会随着年龄和运动而变化。如果我们努力训练，肌肉会取代脂肪，这就是经常去健身房的人减重效果不如他们期望的那样好的原因。相反，随着年龄的增长，脂肪会逐渐取代肌肉。从健康的角度来看，脂肪的总量并不重要，重要的是脂肪分布在哪里、存在了多长时间以及在做什么。

肥胖对健康的影响分为器质性和代谢性两类。极度肥胖会导致关节磨损、呼吸困难和行动不便等器质性问题，这些疾病统称为"脂肪堆积病"。较低程度的肥胖——现在是西方社会的常态——有潜在的危害，因为它与糖尿病、高血压、高水平的循环脂肪和心脏病有关。相关风险包括肝脏和肌肉的脂肪浸润，以及患一些常见癌症的风险增加。然而，肥胖与其代谢并发症之间并没有简单的联系，因为许多有这些并发症的人并没有明显超重。相反，那些所谓的"代谢良性"肥胖的人（可能占总肥胖人数的 10%—30%）患冠心病的风险更低，从减肥中获益更少。[28] 当我们把超重视为一种定义非常模糊的简单疾病时，所有这些微妙的复杂性就消失了，而只是把健康风险和社会困扰混为一谈。

　　疾病是一种结果，但表型是一个过程，一个既灵活又相互作用的过程，因为我们的表型是不断变化的。受肥胖影响的人越来越年轻，他们的腹部脂肪越来越多。过早的脂肪沉积意味着人们暴露在潜在有害影响中的时间更长。尽管如此，超重人群的预期寿命仍在增加，这主要是因为肥胖流行与冠心病死亡人数同时惊人地大幅下降。在美国，1973—2008 年，男性和女性的死亡率分别下降了 73% 和 75%。由于心脏病是与肥胖和糖尿病相关的主要死亡原因，它们也显得更加安全了（图 38）。

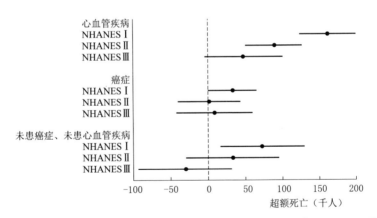

图 38：来自美国三项全国性调查：NHANES Ⅰ（1971—1975）、NHANES Ⅱ（1976—1980）和 NHANES Ⅲ（1988—1994）。这与心血管疾病死亡率的大幅下降、癌症死亡率的小幅下降以及其他死因的总体下降有关。[29]

　　世卫组织在 38 个国家进行的一项调查发现：和预期相反，与

BMI 值增加相关的冠状动脉健康风险正在下降。[30] 与此同时，对美国 40 年来的全国调查分析表明，患高胆固醇高血压的人更少了，吸烟者也更少了（分别减少 12%、18% 和 12%）。冠状动脉健康风险下降在多大程度上是由于医疗干预还不确定，研究人员评论说："矛盾的是，这些现象的最终结果可能是，更多的人会与肥胖、糖尿病、关节炎、残疾和药物治疗'结缘'，但总体的心血管疾病风险却降低了。"[31]

40 年前，脂肪被认为是储存卡路里的惰性储藏柜。现在，脂肪细胞被描绘成一个充满新陈代谢活动的嗡嗡作响的蜂巢。在人类进化史上，过度肥胖首次成为一个主要的健康问题，尽管其程度并不像一些人所说的那么严重。制造脂肪是一种繁荣且有利可图的生意，同样繁荣生意的是用昂贵的手段消除脂肪。昂贵的瘦身是炫耀性消费的新形式，而超重只是一张复杂的残缺之网中的一环，这张残缺之网延伸到社会否定、破坏性行为、抑郁和贫困带来的所有痛苦。超重不能也不应该被孤立地加以考虑。自然选择并没有使我们具备应对慢性过度消费的能力，而我们处理这种情况的能力也各不相同。其他的影响——产前的、家庭的、社会的和文化的——都在重塑我们的生活。肥胖也许不是命中注定，但它很容易成为我们的命运。

不断增加的肥胖是一种表型文化，但这种表型是相互作用的。结果就是，我们似乎变得比过去更适应肥胖。人们常说，就年龄而言，"60 岁就是新的 50 岁"；而就体重而言，80 千克似乎已经成为"新的 70 千克"。这也许可以解释，为什么肥胖的流行没有引起预期的健康大灾难。否则，我们如何解释动脉疾病的惊人减少，肥胖负担的不断变化，以及老年生活领域的不断扩大呢？我们习惯性地把健康前景的任何好转都归功于更好的医疗保健，但却没有意识到我们自己的身体可能正在改变。而且，我们确实正在改变。

第三部分　生命的旅程

第十二章
在多元宇宙的家中

我们身体的大小、外形和内部结构在表型转变的过程中发生了变化，与此同时，我们与共享我们身体的众多生命形式之间的关系，也发生了变化。我们能在免疫系统形成反应时感觉到它们的存在，这种相互作用构成了我们的免疫表型。

这些地球真正的主人个头太小或太不显眼而不易被发现。它们有些从阳光中获得能量，有些从无机物质中提取关键矿物质，所有其他生命都寄生在它们之上。第一个猜测这个看不见的多元宇宙存在的人是安东尼·范·列文虎克（1632—1723），他是一位业余科学家，在荷兰开了一家干货商店。他利用业余时间用玻璃珠制作了显微镜镜头，这种镜头非常棒，使他能够看到以前没人见过的东西。他从牙缝中刮出一些白质，然后观察到了神奇的事情——"让我非常惊讶的是，上面的物质里有很多小动物，它们移动得非常快……它们的动作有力而敏捷，像甘仔鱼或梭子鱼在水中穿梭或跳跃一样"。[1]

当列文虎克用醋漱口时，他发现自己可以杀死牙齿之间白质表面的小动物，但不能杀死牙齿深处的小动物。细菌学家西奥多·罗斯伯里觉得，第一眼看到这个肉眼看不见的世界会让人感到不安。他习惯在给医学生上课时，重复列文虎克关于牙齿间生命的演示，为了达到最佳效果，他通常会挑附近最不健康的嘴。有一次，他找来一位路过的清洁女工，请她看看显微镜。她被看到的景象震惊了，于是找到一位牙医，把她所有的牙齿都拔掉了。[2]

我们对身体的理解是通过许多学术专业构建的，每个专业都重视它自己的领域。然而，进化是不那么有区别的，是跨学科边界的。例如，我们的大脑、肠道、激素和免疫细胞在生长过程中精密地相互作用，在无菌环境中饲养的动物不会发育出正常的大脑、肠道或免疫反应。[3] 大肠的细菌定植是我们进入这个世界的一个核心特征，我们的其他部分都在它周围进行调整适应定植。长期以来，某些形式的生命一直是我们身体里的常客，以至于我们的免疫系统已经学会了预测它们的存在。它们不在的时候，身体甚至可能会出问题。微生物学家格雷厄姆·鲁克因此称它们为"老朋友"。[4] 然而，由于它们并不总是友好的，我就把它们当作我们的"同行者"。

我们进化出与其他生命形式共存的能力，它们也进化出与我们共存的能力。多元宇宙中的每一种生物都和我们一样使用相同的核酸，拥有相似的基因，用相同的氨基酸制造蛋白质：我们之间没有明确的界限。这种不明确的界限是由我们的免疫系统调节的，这一章是关于免疫系统如何适应不断变化的环境的。

▶▷　免疫的三个时代

对生死之间不断变化的平衡，流行病学家阿卜杜勒·奥姆兰进行了著名的阐释。他指出，我们的出生率受到育龄女性数量的限制，在前现代这一数字接近了峰值；而死亡率——没有限制——取决于死亡人口的规模。我们的人口随着瘟疫或饥荒的爆发而波动，奥姆兰把这个时代称为瘟疫和饥荒的时代。近代早期是大流行病逐渐消退的时代，随后是退行性疾病和人为疾病的时代。这三个"时代"共同构成了他所说的流行病学转变。[5]

尽管奥姆兰的描述很有用，但他忽略了一个事实，即人类在地球上生存的 95% 时间里都是分散的狩猎–采集群体，瘟疫和饥荒时代的描述只适用于农耕时代。在这段时间里，我们的身体内部和体内生物的关系发生了相当大的变化，我们不断变化的免疫模式更适合用旧石器时代、农业和消费表型。我们将通过跟踪一些知名的"同行者"的职业生涯来跟踪这一进程。

在农耕时代之前，我们的祖先通常生活在每平方千米一人的密度下。在这种情况下，流行病是不可能传播的，而一代一代垂直传播的传染病或寄生虫更有可能存活下来，这种模式在其他广泛分布的物种中也可以看到。考虑到这种关系的长期性，以及对宿主造成严重伤害的同行者将与宿主一起死亡的事实，一种暂时的解决办法出现了。同行者和宿主之间的平衡状态具有旧石器时代免疫表型的特征，只有当我们开始生活在定居社区，生活在我们自己的废物、害虫和家畜之中时，这种状态才会被改变。分子年代测定技术表明，在这个时期，许多新的传染病进入了人类群体，这些传染病通常来自其他物种。由于这些新的传染病很容易从一个人传染给另一个人，因此它们不受宿主存活时间的影响。致命病毒迅速传播，出现了第一次重大流行病。

奥姆兰似乎认为，那个瘟疫肆虐的时代代表了人类的自然状况，但农业时代对我们来说只是一段相对短暂的插曲，不过一万多年而已。人造环境的变化为人类带来了新的传染病，进一步的变化足以将它们赶走——这就是为什么在抗生素问世之前，许多传染病就已经完全消失了。矛盾的是，一些最古老的同行者竟然对变化的环境具有惊人的抵抗力，蠕虫、疟疾和肺结核今天仍然是全球性的灾难。其他同行者从免疫系统的雷达上消失，带来了意想不到的后果。例如，根除寄生虫的运动因为哮喘和过敏的爆发而变得复杂，而寄生虫的消失可能会导致现代生活中的一些免疫介导疾病。因此，我们消费者表型阶段的免疫表型有这些特征：横向感染逐渐消退，一些古老的同行者持续存在，以及一些与我们共同进化的同行者消失，进而引起疾病。

▶▷　免疫前史

"寄生虫"（Parasite，字面意思是"食物旁边的东西"）这个词曾经是一个希腊讽刺词，用来形容那些靠奉承主人来付饭钱的穷客人——"我吃谁的面包，就唱谁的赞美诗"。在医学上，寄生虫是一种生活在其他生物体内或其上，并伤害其宿主的有机体。

由于有害生物和无害生物之间的区别有一定的弹性，两位专家最近得出结论："唯一明确的定义是，寄生虫是那些自称为寄生虫学家的人研究的生物。"[6] 按照这样的定义，寄生虫学家通常关注更大的多细胞生物，包括蠕虫和咬人的昆虫。这样的生物有很多，正如一本教科书所指出的那样，"很少有人意识到，世界上寄生生物的种类远多于非寄生生物"，而且"一百多种鞭毛虫、变形虫、纤毛虫、蠕虫、虱子、跳蚤、扁虱和螨虫已经进化到以我们为食的地步"。[7] 最近的一份人类寄生虫目录列出了 437 种寄生虫。非人灵长类动物通常携带不到 8 种野生寄生虫，不过有些会携带超过 40 种；携带更多寄生虫的人往往体型更大，寿命更长，并且生活在更密集的种群中。[8]

　　许多读者并不熟悉蠕虫，但在过去它们无处不在。现代狩猎者并不能完全反映我们的原始状态，但回顾 15 组森林狩猎-采集者之后，我们发现，他们中有 74% 的人身上有钩虫，有 57% 身上有蛔虫（虽然组间有巨大差异）。[9] 寄生虫学家诺曼·斯托尔估计，在 1947 年，31% 的北美人和 36% 的欧洲人感染了蠕虫，并声称，很少有人能在人生的某个阶段逃脱与蠕虫的接触。[10] 欧洲和北美约有 40%—60% 的儿童感染过蛲虫，甚至这一数字也可能被低估了。50 年后，有 10 亿人携带寄生虫，而据说全世界受寄生虫感染的人口比例没有改变。[11]

　　蛲虫是无害的，因为它们以肠道细菌为食，但血液也为他们提供营养。钩虫是一种粗壮的逗号形生物，身长约 1 厘米，有 2 个品种在历史上扮演了重要角色。两者都起源于旧世界，而美洲钩虫被认为是在非洲奴隶的体内穿越大西洋来到美国的。这种寄生虫偏爱干湿交替的闷热气候，在赤道附近最容易生存。它的姐妹品种十二指肠钩虫主要集中在从南欧和北非经中东到印度和中国的狭长地带。钩虫在小肠中成熟和交配，在小肠壁挖洞并以我们的血液为食。雌性每年产卵 40 亿—100 亿枚，这些卵孵化成微小的幼虫，以受污染的土壤为食。如果条件有利，它们会迁移到地表。如果它们遇到一只光着的脚，会在皮肤角质之间滑行，钻到血管或淋巴管中，通过血液进入肺的毛细血管。一旦进入气管，它们就会被一股"墨西哥式"热情的呼吸道纤毛带进食道，再从那里下来，在肠道里庆祝它们的婚礼。

尽管钩虫具有高度的侵略性，但它们通常不会被注意到。如果你身上的钩虫数量少于 25 只，你不会有什么感觉；25—100 只会引起轻微症状；100—500 只会让你不舒服；超过 500 只就很麻烦了；当他们接近 1000 只的时候，你就完了。每只十二指肠钩虫每天吸 0.26 毫升的血，100 只钩虫每 19 天可以吸掉半升的血。即使是健康的成年人很快也会患上缺铁性贫血，更不用说那些营养不良或患有疟疾的人了。钩虫寄生是当今世界上缺铁性贫血的最常见病因，慢性贫血导致骨骼特有的变化，这是首次在定居社区中出现的。

那些有在非洲医院工作经验的人会知道，人即使失去血液中90%的铁也能活下来；而且他们不会忘记那些贫血者的眼神。哈克贝利·费恩光着脚，毫无疑问，他染上了寄生虫，就像20世纪初南方各州几乎所有的穷人一样。马克·吐温自己评论说："钩虫……从未被怀疑与疾病相关，染上它的人只被认为是懒惰的。因此，当应该被同情的时候，他们被轻视和嘲笑。"[12]染上大剂量钩虫的最好方法是赤脚在被粪便污染的土壤上行走，今天，仍有超过5亿人患有这种可以通过穿鞋来预防的疾病。

很少有寄生虫的进化压力能与疟疾相比，有4种寄生虫与我们共同进化。结合分子年代测定技术对野生物种的研究表明，这四个物种都起源于非洲。其中，疟原虫似乎最适合在小规模的流浪人群中生活，因为它能在人体内存活数年，而且相对无害；它的主要特点是发烧，每隔72小时复发一次，因此它被称为"四天一来的疟疾"。它曾经在欧洲西北部广泛传播，被称为疟疾或冷颤。英国的沼泽农民曾以迎娶来自高地的年轻新娘闻名，这些新娘会在新环境中生病和死亡。另一种变异是间日疟原虫，尽管这种寄生虫起源于非洲，但撒哈拉以南非洲的几乎所有人现在都免疫了，因为这种寄生虫只能侵入具有达菲血型的血细胞，而自然选择似乎已经在非洲消灭了这种血细胞。恶性疟原虫与一种猿类物种密切相关，直到新石器时代才在人类体内稳定寄生。它从此将成为人类历史上最大的杀手。[13]

　　其他寄生虫生活在我们的身体表面。1170 年 12 月 29 日晚上，大主教托马斯·à.贝克特的遗体被放置在坎特伯雷大教堂的灵柩上等待下葬。他在当天早些时候被谋杀了，这位未来圣徒冷却的肉体在住在他身体表面的同行者中引起了恐慌，"虫子像大锅里沸腾的水一样，观礼者们时而哭，时而笑。"[14]

　　新生儿皮肤上的油脂、分泌物和死亡细胞会迅速滋生微生物，死皮是我们地毯里的尘螨的食物。跳蚤、虱子、床虱、扁虱和许多其他动物都喜欢血。阴虱偏爱浓密的毛发，它们最近的亲戚生活在大猩猩身上，奇怪的是，大猩猩除了阴部外都被厚厚的毛覆盖着。虱子在毛发须上繁衍，腹股沟也是它们的自然栖息地，它们的传播是由腹股沟接触的频率所保证的。

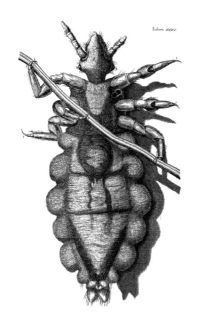

图 39：虱子附着在一缕头发上。来自罗伯特·胡克（1665）《显微图谱》。

　　当我们的祖先褪去体毛时，另一种虱子退到了我们头上的茂密毛发中。根据美国疾病控制中心（CDC）最近的一项研究估计，目前有 600 万—1200 万美国人头上有虱子。头虱像"居住在群岛上的活跃的混合社区"一样在家庭或教室里传播，并在儿童身上茁壮成长；成年人的头发间隔太大（尤其是男性），无法提供最佳的环境。它们将卵附着在头发根部，离头皮几毫米的地方，这为它们提供了最佳的孵化温度。七天后，若虫打开卵壳上的盖子，通过泵入空气将自己喷射出去。空的卵壳变成了白色，这是虱子的标志。亚里士多德曾误以为虱卵永远不会孵化，一代又一代的母亲在空卵壳上浪费了精力；可繁殖的卵颜色更深，更隐蔽。

头虱每天吸食我们的血液五次。"新孵化的虱子是一种苍白、几乎透明、无助的小生物。"一名研究人员说，

> "把一个虱子放在手背上，用一个好的镜头观察它。它只是在温暖中享受了一会儿，然后坚定地低下头。虽然当时没有任何感觉，但它的毒牙已经刺进了皮肤！虱子身体前部开始出现轻微的隆起，这表明积存于胸腔的大量唾液腺已开始将唾液泵入伤口……然后，慢慢地，内脏被填满并开始膨胀，当光线穿过它时，小虱子的腿就像一颗红宝石。"[15]

身体上的虱子直到我们开始穿衣服时才出现。如果以骨针作为参考的话，这发生在 5 万年前。18 世纪的水手们知道当他们"越过赤道线"时身体上的虱子就会消失，而头虱却还活着。[16] 这是因为他们在热带的高温下脱掉了衣服，使得新孵化的小若虫没有食物可吃。医学历史学家 J. W. 蒙德说：

> "'衣虱'是赤贫的虱子。这种虱子在那些只拥有一套衣服的人身上特别常见，而且在寒冷的地区也很流行，在那里，

人们很难把衣服脱下来。它是难民的寄生虫，是穷人的寄生虫，是世界上可怜绝望的人们的寄生虫，是受战争、饥荒和自然灾害影响的人们的寄生虫。"[17]

塞缪尔·约翰逊博士坚持认为"之前没有过解决虱子和跳蚤问题的先例"，分类学家把头虱和体虱混为一谈，称之为人虱。然而两者有一个重要的区别：疾控中心认为头虱是无害的，而体虱杀死的人比历史上任何一场战争都多。

体虱本来是无害的，直到它自己染上疾病，这很可能是在农业转型的过程中发生的。斑疹伤寒是一种虱子传染的疾病，而人体只是方便传播虱子的宿主。当法国细菌学家查尔斯·尼克尔（1866—1936）于1903年成为突尼斯巴斯德研究所所长时，正值斑疹伤寒大爆发，他手下的医生中有三分之一因此丧生。在大爆发期间，医院门前的街道上挤满了等待看病的病人，尼克尔注意到，那些参与入院过程的工作人员经常染上这种疾病，而在病房里负责照顾经过清洗的病人的工作人员却没有染上。他猜测，虱子就是其中缺失的一环。后来的研究表明，虱子也患有斑疹伤寒；垂死的虱子的肠道充满了细菌，未消化的血液会使其变红；受感染的虱子的粪便留在人类皮肤上，然后人类受害者急切地抓挠皮肤，最终被感染。尼克尔还发现，那些存活下来或发展成亚临床症状的人可以将此病传染给其他人，他认为这是他最重要的观察结果。人类是虱子传染病的宿主。

在第一次世界大战的战壕里，虱子随处可见，甚至可以用刀刃把它们从衣服上刮下来。中尉罗伯特·史瑞夫（后来成为剧本《旅程尽头》的作者），在带领士兵发动攻击之前将他们召集起来。"有些人看起来病得很厉害，"他记录道，"黎明时分，他们脸色苍白、面容憔悴，没有刮胡子，而且很脏，因为没有干净的水。他们耸了耸肩——这是我很熟悉的动作。他们已经好几个星期没脱衣服了，衬衫上满是虱子。"[18] 你可以用一支点燃的蜡烛沿着衬衫的接缝处燃烧来消灭虱子，从前线下来的士兵会定期去除虱站洗澡，用蒸汽加热他们的衣服。

图 40：第一次世界大战中士兵们在除虫。

查尔斯·尼科尔在 1928 年的诺贝尔奖颁奖演讲中说，在 1914 年，我们尚且不知道斑疹伤寒的传播方式，如果被感染的虱子被输入欧洲，战争就不会以一场血腥的胜利结束。它将以一场空前的灾难而告终，这将是人类历史上最可怕的灾难。前线的士兵、预备队、囚犯、平民，甚至是中立国，整个人类社会都会崩溃。数以百万计的人会死去，就像发生在俄国的不幸那样。

在东欧，该病的感染人数高达 3000 万人，可能有 300 万人死亡——没有人确切知道到底死了多少人。斑疹伤寒从未到达西线。如果到了的话，当时的医疗体系可能已经崩溃了。然而，西线的虱子确实携带一种较温和的感染，被称为战壕热。1917 年，托尔金中尉因患战壕热而入院治疗。如果没有战壕热，《指环王》可能永远不会问世，这次疾病拯救了一位才华横溢的作家。尼科尔在诺贝尔奖演讲的最后说："人的皮肤上携带着寄生虫——虱子。文明使我们摆脱了它。如果人类退步，如果人类允许自己像一个原始的野兽，虱子就会再次繁殖，并把人当作野兽来对待。"长期以来被认为已经灭绝的流行性斑疹伤寒于 1996 年在布隆迪爆发。战壕热是它较温和的表亲，它是由一种叫做五日热巴尔通体的病菌引起的，这种病菌曾与斑疹伤寒一起侵染拿破仑大军，一战期间西线大约五分之一的士兵感染了这种病菌。最近，对旧金山 138 名无家可归者的健康检查发现，有 33 人（24%）的身上有虱子；三分之一的体虱携带五日热巴尔通体，四分之一的头虱携带五日热巴尔通体。[19] 毫无疑问：虱子就在你附近，它们正在等待时机。

结核病的历史出人意料地长，人们曾一度认为结核病是在新石器时代由牛传染给人类的。分子年代测定技术表明，它可能与原始人类共存了 260 万—280 万年。骨骼证据（尽管存在争议）表明它在 50 万年前就存在于直立人身上。结核分枝杆菌有多种形式，源于非洲。两个古老的变种在西非徘徊，没有表现出传播的倾向；另一个古老的变种是在菲律宾和印度洋边缘发现的。大约 8 万年前，随着人类的迁徙，三个"现代"变种似乎离开了非洲，分别前往印度（在东非立足）、东亚和欧洲。这些疾病具有更强的传染性，并更迅速地发展为明显的疾病，具有强大的侵略性，有利于随后的传播，以致在现代重新席卷非洲。欧洲人把结核病带到了美洲，它使得美洲原住民人口受到重创，尽管那里可能已经存在一种不那么致命的结核病。[20]

结核病史分为两个阶段。最初的感染被称为原发性结核病，发生于某人（通常是儿童）吸入了芽孢杆菌之后。它会迅速被免疫细胞吞噬，并触发警报，将更多的免疫细胞带到该处。然而，当他们到达的时候，结核分枝杆菌已经隐藏在细胞当中了。在免疫细胞的攻击失败后，它们在被感染细胞周围形成了一堵防御墙，产生微小的肿块——结节，这就是这种疾病的名字。对于年幼的儿童来说，感染可能逃逸到血液中，但通常封闭在肺上部的一个主要病灶内。

结核分枝杆菌是一个沉睡者。它把自己藏起来，向免疫系统发出它存在的信号，然后被封闭起来，在里面待上一辈子。它可能会和我们一起死去，但如果宿主的抵抗减弱，沉睡者会从它的坟墓里复活并繁衍。其他的免疫细胞也会蜂拥而至，在吞噬细菌后死亡；干酪样脓液不断积聚并破裂进入肺部。这就产生了带血的痰，使诗人济慈能够诊断出自己的病情，并预见到将发生继发性结核或肺结核。患者能够活到将结核杆菌咳到周围的空气中时，结核杆菌才会被传播给其他人。

　　共同进化的解释是，结核病是从我们遥远的祖先那里遗传来的。这种疾病的攻击性变异杀死了它们的宿主，并与之一起死亡，易感的宿主被更具抵抗性的宿主所取代。携带细菌的人通常能够保持健康。然而，一旦免疫系统崩溃，囚犯就会越狱并繁殖。这有助于消除宿主人群中不健康的人——老年人、营养不良者和因其他疾病而虚弱的人——同时将这种感染传播给健康的年轻人，他们将把这种感染传播到未来。与结核病的密切共存反映了我们的生活状况。贫穷、健康状况不佳、营养不良、酗酒、年老和其他疾病的并存导致了结核病的猖獗，艾滋病毒就是最近的一个例子。贫穷满足了其传播的两个条件——暴露在恶劣环境中和宿主反应减少，而贫困是文明的产物。城市让肺结核进入了一个新的存在阶段，因为水平传播有利于其更具传染性的变种。希波克拉底指出，肺结核会影响瘦人，但这混淆了因果关系，因为消耗肉是它的主要特征。希波克拉底认为这是家族遗传的一种常见的、不可避免的致命疾病。结核病同样在 17 世纪的英国广泛传播，当时约翰·班扬称之为"所有这些死亡之人的首领"。19 世纪，由于贫困、营养不良、过度拥挤、严重暴露在恶劣环境中以及来自农村的易感人群的涌入，结核病开始在新兴工业城市拥挤的贫民窟中疯狂传播。它也影响了中上阶层，他们无法避免与其他人接触。接触与遗传易感性密切相关，这可以解释为什么它往往在家族中传播，并被认为是可遗传的。

结核病是浪漫主义的推手。一个聪明的农民可能会选择一个胖胖的、脸颊红润的新娘，但时髦的女士们却竭力使自己像小说里的女主人公一样，她们总是瘦瘦的、无精打采的，以苍白透明的皮肤而闻名。她们的眼睛异常的炯炯有神，即使在最幸福的时刻也带着几分忧伤，而这种超凡脱俗的美丽总是在最令人伤心的情况下香消玉殒。很多著名的诗人、作家和音乐家也都是结核病患者，以至于有人认为肺结核促进了天才的形成。更现实地说，对即将到来的死亡的意识可能促使他们去表达生命的无常和致命之美。浪漫主义和肺结核总是相伴而行。

在其他行业，结核病就没有那么迷人了。在维多利亚时期的英国，100% 的人口会接触到结核杆菌，至少 80% 的人会受到感染，其中多达 20% 的人会死亡。1851—1901 年，英格兰和威尔士有 400 万人死于结核病，15—34 岁人群中有三分之一死于结核病。然后，形势开始逆转。1830 年，在美国纽约、波士顿和费城，每 10 万人中有 400 人死于肺结核。到了 1950 年，这一数字降到了 26 人，而那时有效的治疗方法还远未问世。[21] 生活条件的改善和营养的改良是主要原因，20 世纪 40 年代末，抗生素链霉素的引入似乎使这种垂死的绝症得以治愈。但这不久被证明是一种幻觉。

第十三章
传染病的消退

在伦敦市中心，就在前邮政总局的对面，有一个被称为邮差公园的小花园。在这里，你会发现一座感人的纪念碑，是纪念普通人的英雄主义的。这座瓦片墙式的纪念碑上，记录了那些跳入冰冷河流中抢救落水儿童的男子，也记录了把失去知觉的受害者从着火的房屋中拖出来的女子们。萨缪尔·拉贝斯医生因试图挽救一个患白喉的孩子而死。白喉杆菌会产生一种毒素，导致咽喉形成一层类似鸡蛋白的膜，从而导致窒息。很少有人能忍受目睹这样的死亡：在绝望的痛苦中，一些人试图用玻璃管把膜吸走。萨缪尔·拉贝斯和契诃夫笔下的一个人物一样，也经历了试图拯救孩子命运的过程。

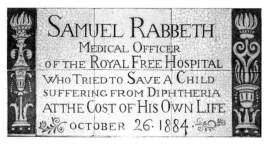

图 41：纪念塞缪尔·拉贝斯博士的牌匾，伦敦邮差公园。

　　19 世纪的医生几乎没有什么有效的治疗方法，但他们愿意把自己的生命置于危险之中。美国外科医生约翰·芬尼是白喉气管切开术的先驱，他经常在闪烁的灯光下为绝望挣扎的孩子进行气管切开术。"很多次，"他回忆道："在开始做手术时，我不知道手术结束时我的病人是否还能活着。"[1] 白喉病不断攻击着儿童，在 20 世纪后期，仅在德国每年就有大约 5 万名儿童死于白喉。所有这些都被遗忘了，就像那些试图与之斗争的医生们一样。

在大多数情况下，医生是无助的。1897 年，一位名叫弗雷德里克·盖茨的浸信会牧师读了奥斯勒于 1892 年出版的权威著作《医学原理与实践》后大为震惊。他了解到，现代医学不能假装可以治疗四、五种以上的疾病："是大自然，而不是医生，而且在大多数情况下，实际上是大自然在没有帮助的情况下，实施了治疗……直到 1897 年，所有的药物所能做的就是护理病人，并在一定程度上减轻病人的痛苦。"[2]1901 年，约翰·D. 洛克菲勒的第一个孙子死于猩红热，他惊恐地得知，他的医生都不知道病因，更不用说如何治疗了。他向他的慈善活动顾问盖茨求助，同年，洛克菲勒医学研究所成立。

这是医学研究的英雄时代。一个接一个致命的传染病例被追踪并在实验室中被隔离。英国传染病死亡人数从 1911 年的 24.6% 降至 1991 年的 0.6%[3]——医学干预又在其中起了多大作用呢？伯明翰大学社会医学教授托马斯·麦考恩（1912—1988）的研究表明，在有效的治疗方法出现之前，结核病、斑疹伤寒、伤寒、白喉、猩红热、肺炎和其他感染疾病都已完全消失。这后来成为著名的社会理论，而托马斯·麦考恩就是其倡导者。[4]

托马斯·麦考恩高兴地指出，结核病的减少在很大程度上与

现代医疗无关（图42）。他接着说，传染病的消失是由于营养和
生活条件的改善，高科技医学的辉煌进步是次要的，人类未来的
健康将取决于对环境的有效控制。他的作品遭到了强烈的不满，
部分原因是因为他基本上是正确的——这并不容易获得原谅——
但也因为他并不总是能够理解埋葬对手和在坟墓上跳上跳下之间
的区别。实际上，他把医学比作伊索寓言中的苍蝇，这只苍蝇坐
在一辆快速移动的战车上，为自己扬起的尘土而沾沾自喜。当然，
"苍蝇们"并不觉得好笑。

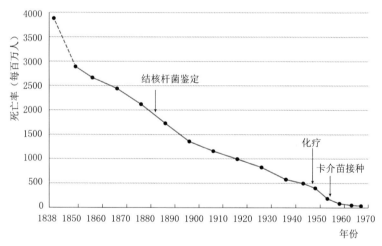

图42：1838—1970年英国肺结核死亡率。来源：托马斯·麦考恩，《医学的作用：
梦，幻想还是惩罚》，布莱克威尔出版社1979年版。

在发现抗生素之前，传染病就已经在消退了——似乎胜利就
在眼前。1962年，伟大的澳大利亚免疫学家麦克法兰·伯内特怀

着某种满足感坐下来，为他的《传染病自然史》第三版写序言。"有时，"他回忆道："人们觉得描写传染病几乎就是描写已成为历史的事情。"1971 年，J. R. 比格纳尔对结核病呈报率的下降印象深刻，他预测到 2010 年，结核病"应该只有医学史家感兴趣"[5]。自满法则占据了主导地位，20 世纪 70 年代，许多研究机构开始停止对肺结核病的研究，尽管停止的时间不长。当艾滋病患者在其他健康成员中传播结核病时，结核病的反弹出现了；在 1980—1990 年期间，临床结核病患者的数量增加了 2 倍，但其中只有 20% 感染了艾滋病毒。

　　为什么接触结核病如此容易，而感染却如此罕见呢？由于没有证据表明芽孢杆菌变得更加良性，答案肯定是营养充足的身体能更有效地控制它。正如约书亚·莱德伯格在谈到新疾病或复发疾病的风险时说的那样，我们是"与 100 年前的我们非常不同的物种"。结核病是生活条件的晴雨表，每当人们被关进监狱、集中营或军营时就会发生大爆发。[6] 在两次世界大战中，由于结核病而被美国军队拒绝的人比其他任何医疗原因都多。在贝尔森集中营的幸存者中，88% 的人患有活性肺结核；两次世界大战都使肺结核的流行率大幅上升。

　　西方世界现在很少关注肺结核，但在它的脚下却有一个裂缝。这是堕落的、精神错乱的、犯罪的、酗酒的、不负责任的或仅仅是不幸的人的第四世界，用罗伯特·马尔萨斯的话来说，这些人

"在生命的盛宴上没有容身之地"。监狱是他们聚集的地方之一。一项对纽约州 9 万名囚犯的调查显示，在没有过任何结核病人接触证据的囚犯中，有 30% 的人在服刑两年内的结核病皮肤测试呈阳性。至少有 23 所监狱的囚犯的肺结核对 7 种标准药物疗法都有耐药性。在伦敦街头露宿的人中，可能有 5% 的人感染着结核病（包括耐多种药物的结核病）。[7] 我们未来的主要希望不是消灭结核病，而是控制它，似乎很少有人意识到，我们正睡在一座火山上。

疟疾和肺结核已经进化出了对我们最有效的化学武器的耐药性，这并非巧合，因为试图用药物来对抗进化很容易就会失败。在这场战争中，遏制比药理学更有效，而这意味着要战胜贫穷和无知。2020 年的冠状病毒疫情对老年人和弱势群体是致命的。如果紧随其后的是广泛的经济混乱（这似乎很有可能），那么先发现我们的疾病很可能会"接管"我们——它们太了解我们了。

▶▷ 进化的幽灵

一些祖先的同行者因为不在它们的"故乡"而引起了疾病。19 世纪的医生对胃溃疡很熟悉，但对十二指肠溃疡却几乎一无所知。这种病最早出现在 20 世纪初的富人中，并向社会下层迁移。与胃溃疡不同，胃溃疡与低酸分泌和高癌症风险有关，而十二指肠溃疡与高酸分泌和低癌症风险有关。除了反复发作的疼痛和痛苦，这两种溃疡都可能导致致命的出血或腹腔穿孔。在20世纪的大部分时间里，这些都是必不可少的外科紧急情况，但在今天已经很少见了。流行病学家指出，1870—1900年出生在英国的人不管何时就医，都容易受到十二指肠溃疡的影响。其他国家也出现了同样的情况，胃溃疡的高峰期往往比十二指肠溃疡早10—20年。调查人员试图解释为什么会这样。例如，他们的研究表明，吸烟和压力会刺激酸的产生，使十二指肠溃疡恶化，其中一些人还写了关于溃疡和性格的冗长论文。

　　真正的答案则来自一个意想不到的方向。20世纪70年代，澳大利亚病理学家罗宾·沃伦在胃活检时发现了细菌。其他病理学家也曾描述过胃黏膜中存在这样的杆菌——最早的报告可追溯到一个多世纪前——但医学教条认为微生物无法在胃酸中生存。沃伦的临床同事出于同样的原因对他的报告不以为然。1981年，沃伦没有气馁，与一名寻求研究项目的临床实习生合作。通过一次又一次的活检检查，他们兴奋地发现，从胃炎（胃粘膜炎症）到溃疡，所有人似乎都被感染了。它们会对抗生素有反应吗？

　　按照英雄主义的医学研究传统，沃伦的实习生巴里·马歇尔通过吞食病人胃里的受感染液体来验证这一假设。7天后他开始恶心呕吐，然后在第10天，他完成了自己的胃镜检查。他的胃黏膜以前是正常的，现在却肿胀发炎，边缘上还有细菌。抗生素最终解决了这个问题。论证几代杰出的医生都搞错了研究方向并不受欢迎，但这些发现在 1987 年神秘的螺旋杆菌更名为幽门螺杆菌之前，被反复证实了。[8]

一个成功的寄生虫的特征是没有人知道它的存在。幽门螺杆菌无疑是人类最成功的慢性感染细菌，目前地球上每 1 秒钟就有一个人感染。它因贫穷而猖獗，在拥挤的住所，通过密切个人接触传播几乎是不可避免的。然而，随着 19 世纪末生活条件的改善，人们开始不再感染，或者在生命晚期的时候感染。早期感染可能会引起胃并发症，而晚期感染易导致十二指肠溃疡。卫生条件的改善可能很好地解释了为什么富裕的人最先患十二指肠溃疡，为什么 1870—1900 年出生的人的发病率增长如此之快，为什么胃溃疡仍然是世界上较贫穷地区的主导疾病。

幽门螺杆菌的故事表明，我们第一次与同行者接触的时间可能很重要。另一个例子是小儿麻痹症。脊髓灰质炎病毒是一种常见的粪便污染物，前几代人在生命早期经常会遇到，但它不会造成伤害。然而，老年人与之接触可能会造成麻痹性神经损伤。基本卫生条件的改善被认为是导致 20 世纪首次出现的麻痹性脊髓灰质炎爆发的原因。

当一个古老的进化伙伴没有按时到达，或者完全消失时，会发生什么呢？中美洲有一个有趣的类比：水果是被设计好要被吃掉的，因为鸟类和动物会传播水果的种子。但是，什么动物能吃到鳄梨呢？鳄梨是一种有着坚硬的外皮、丰富的油脂成分的水果。它的种子很大，阿兹特克人把它比作睾丸。一些已不复存在的动物以它为食，事实上，对于大地懒、箭齿兽、雕齿兽和嵌齿兽这些巨大的哺乳动物来说，鳄梨种子对它们来说并不比苹果核更大。在上一个冰河时代之前，这些巨兽很可能是在人类的"帮助"下从地球上消失了。因此，鳄梨失去了它惯常的传播方式，成为"进化的幽灵"，只有当我们成为它新的共同进化伙伴时，鳄梨才能存活下来。[9]

为什么这个故事与此相关？在 20 世纪上半叶，相信免疫系统会伤害我们自己的身体被认为是异端邪说。然而，到了 20 世纪 50 年代，我们发现确实存在针对自身细胞的抗体，然后这些抗体可能继续排斥自身细胞，就好像自身细胞属于另一个人一样。1 型糖尿病和多发性硬化症都是由免疫细胞入侵引起的，这种现象被称为自身免疫。

在 20 世纪之前，自身免疫性疾病似乎很少见。例如，1 型糖尿病是一种非常独特的疾病，它突然出现，伴有强烈的口渴和体重减轻。受影响的儿童在胰岛素问世前的 2—3 年内死亡。在 20 世纪下半叶之前，这种情况相对少见（图 43）。多发性硬化症在同一时期变得更加常见。例如，在挪威，1 型糖尿病的发病率增加的同时，多发性硬化症的新病例在 1961—2014 年间增加了 4 倍。[10] 多发性硬化症在从世界贫困地区移民到西方国家的移民中很少见，但对那些贫穷国家出生的儿童和当地的居民具有同样的风险。这促使人们在环境中广泛寻找新的触发因素，但基本上没有成功。另一种最近才被考虑的可能性是，免疫系统疾病的增多与先前一直存在的某些东西的丧失有关。

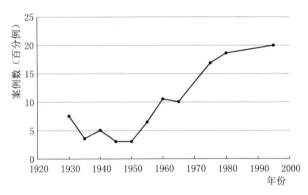

图 43：挪威儿童糖尿病发病率上升。大约在 20 世纪中叶，它的发病率在欧洲血统的人群中开始上升。

格雷厄姆·鲁克令人信服地指出，共同进化的同行者在我们免疫系统发育过程中发挥着重要作用。他提出，一个共同进化的同行者应该满足两个标准：它应该在漫长的人类进化过程中一直存在，而且应该在过去几十年里离开了工业化的世界。幽门螺杆菌是这种进化幽灵如何运作的一个例子，还有其他的可能性需要考虑。如果这一观点是正确的，那么只要对我们正在发育的免疫表型进行安全而简单的操作，就有可能防止免疫功能失调。

总之，我们的免疫系统在人类存在的过程中遇到了三种非常不同的环境，对应于旧石器时代表型、农业时代表型和消费者表型。从长远来看——这比第一批人类要早数百万年——我们的同行者一代一代地传递了下去。奥姆兰的瘟疫和饥荒时代只适用于后来的农耕时代。人为环境的变化使得新的感染类型进入了人群，进一步的变化后，它们也可能远离我们。

我们试图逃脱自然选择，然而，消费者表型的出现在进化中是转瞬即逝的。在一段时间内，通过改善生活条件、采取公共卫生措施、接种疫苗和抗生素，似乎有可能彻底战胜传染病。这个梦想很快就破灭了，因为不消除贫困就无法抑制传染病。疟疾、肺结核和蠕虫仍然主导着全球卫生领域，并继续存在于第四世界的贫困之中，而他们的贫困是西方繁荣的基础。我们已经创造了新的和旧的传染病变种都能肆虐的环境，用药物对抗它们的努力在我们亲手创造的环境面前，显得很是弱小。

第十四章

最后的边疆

阿喀琉斯用他短暂而光荣的一生替换了漫长而平凡的生活，但当奥德修斯去阴间拜访阿喀琉斯时，奥德修斯并没有从第一个死去的人身上得到多少安慰。生命是所有意义的总和。因此，现代人将生命延长到老年具有震撼性的意义。没有人预测到这一点，专家们也错误估计了这一点，将其称为老龄化，而且老龄化对富裕国家的挑战不亚于人口增长对贫穷国家的挑战。尽管如此，它仍然是一份美妙的礼物。想象一下，如果一位科学家发现了一种长生不老药，可以延长人的寿命30年，那么每个城市都会竖起他的雕像。尽管未曾预料到，但这份礼物已经摆在我们面前。

正如狄奥多西·多布赞斯基的一句名言所说："除了进化意义，生物的一切其他都没有意义。"而极长的生命显然对于进化的意义不大。达尔文的竞争对手阿尔弗雷德·拉塞尔·华莱士说："很明显，当一个或多个个体提供了足够数量的后代时，他们自身作为不断增长的营养消耗者，对这些后代是一种伤害。"因此，自然选择淘汰了他们，而且在许多情况下，留下继承人后几乎立即死亡的种族更容易为自然选择所青睐。[1]祖父母可以照顾他们的孙辈，但是当人的寿命长到"没有用了"，进化论的解释就会被动摇。我们的祖先在力所能及的时候会照顾老人，但是从进化的观点来看，这些老人已经不必存在了。只有人类、家养动物和没有天敌的加拉帕戈斯象龟等物种才会出现极度衰老的情况。

19 世纪最后 25 年，人类预期寿命开始大幅度上升，人类长寿潜力的第一个迹象出现了，寿险公司很快就发现了这一点。在 1909 年，经济学家欧文·费雪告诉聚集在一起的美国保险公司总裁们，在 19 世纪的前四分之三的时间里，人类预期寿命以每世纪 9 岁的速度增长。在欧洲部分地区，增长速度加快到每世纪 17 年，在"预防医学之乡"普鲁士，增长速度为每世纪 27 年。正如他所指出的那样，寿命的延长对保险行业来说只能是好消息，各个保险公司应该努力推广这一点。当保险公司拒绝为缺乏足够消防安全预防措施的建筑物提供保险时，工厂火灾就变得不那么常见了，健康方面也不应例外。[2] 正如西奥多·罗斯福所说的那样："我们（不应该）再忽视这样的指责——政府在保护猪和牛的生命上付出的努力比保护人的生命还要多。"费雪主持了一个由一百人组成的委员会，致力于健康改善和健康教育，而 FDA 和美国公共健康运动组织几乎同时开展了类似的工作。

费雪估计，人类可以延长三分之一的生命。1915 年，他把美国 90 种死亡原因的清单寄给医疗权威机构，请他们对每一种疾病的可预防率进行评级。然后，他从每种死因的总体发生率中减去可预防率。在此基础上，他计算出，新生儿的预期寿命可能会从 49.4 岁延长到 62.1 岁，60 岁的人的预期寿命可能会从 74.6 岁延长到 77.9 岁。[3]

虽然疾病导致的死亡是可以避免的，但生物学家认为，自然死亡是不可避免的。遗传学家 J. B. S. 霍尔丹在 1923 年做出了一个假设，他说："消除疾病将使死亡成为一种就像睡眠一样的生理事件。一起生活的一代人将一起死去。"[4] 如果没有疾病，我们的生活就会像时钟一样一起停止运转。确实有一种"成功的"衰老形式，主要器官或多或少地同步衰退。这样的人会慢慢地进入坟墓。他们的肉体融化了，于是在一个安静的地方平静地走了。他们的离去给最繁忙的医院病房带来了短暂的存在感，一种短暂的共同命运感。然后，就会有人在死亡证明上面写上"心力衰竭"（毕竟心脏停止跳动了）或"肺炎"（"老人的朋友"）。我填了很多这样的表格，所以知道大多数死亡证明都包含着虚构的成分：成功的老去，就是医生不知道在你的死亡证明上该写些什么。

1928 年，大都会人寿保险公司的首席统计学家路易·都柏林估算了人类的自然寿命——男性和女性都是 64.75 岁，而当时美国人的平均寿命为 57 岁。[5] 他估计的前提是："根据目前的知识，没有激进的创新的干预，或神奇的生理结构的进化改变。"1980 年，老年病学家詹姆斯·弗莱斯在一篇富有思想性和影响力的评论文章中认可了人类生命有固定界限的假设。他指出，在 80 年的时间里，美国人的寿命从 47 岁增加到 73 岁，其速度相当于出生后的每一年都多活 4 个月。然而，65 岁时的增长速度似乎在放缓，而且他没有看到最长寿命增加的证据。在此基础上，他得出结论：

到 2045 年，生物学和统计学将趋同于平均寿命为 85 岁。他认为，这最后的悬崖与我们的器官在年轻时所拥有的功能储备的逐渐消耗是一致的。

为此，他指出，战胜急性非意外性疾病的斗争已基本取得胜利，慢性病防治工作正在稳步推进。他说："显然，消除过早死亡的医疗和社会任务已经基本完成。人的寿命的期限可能是固定不变的，但健康的寿命可以延长，导致晚年的发病率'压缩'。"因此，医疗的任务就是把疾病和残疾转移到生命的最后几年，并在不可避免的情况出现时加以缓冲——尽管"在人的自然生命结束时应用高水平的医疗技术是荒谬的"。[6]

他希望在生命的尽头，残疾和疾病可以被压缩在一个短暂的痛苦时期中，但这一希望还没有完全实现。对 2013—2015 年期间的一项估计显示，英格兰 65 岁的男性和女性的预期寿命分别增加了 18.7 岁和 21.1 岁，但其中 43% 和 47% 的寿命将在（自我评估的）健康状况不佳的状态中度过。此外，生命中不健康的年数在快速增加，增加速度显然快于健康的年数。[7]弗莱斯曾认为，增长率预期寿命的增长在较大年龄的人群中会放缓，但表 3 表明，预期寿命实际上像一块弹簧一样在所有年龄组中延长，老人甚至比年轻人延长更多，他预设的 85 岁"最后边疆"似乎将被打破。直到 1998 年，才有人敢说可能不存在这样的限制。[8]

表 3：1891—2012 年英格兰和威尔士的平均寿命

平均预期寿命（年）					总体增长（％）
基本年龄	1891—1900	1950—1952	1970—1972	1990—1992	2012	
男性						
E^0	44.1	66.4	69.0	73.2	78.9	（79）
E^{65}	10.3	11.7	12.2	14.2	18.4	（79）
E^{80}	4.2	4.7	5.7	6.4	8.2	（95）
女性						
E^0	47.8	71.5	75.2	78.7	82.7	（73）
E^{65}	11.3	14.3	16.1	17.9	20.9	（85）
E^{80}	4.6	5.0	7.3	8.4	9.5	（107）

E0、E65、E80：出生、65 岁、80 岁时的预期寿命。

表格来自塔利期，主编，1998，第 2 页；增添的数据来源于 OPCS（英国人口普查局）的 2012 年数据。

生物学家假设了一个固定的寿命，统计学家只是从数据中进行推断——正如英国国家统计局在 2010 年发布的预测（图 44）。

这些预测没有对自然寿命做任何假设，并指出 2010 年出生的三分之一的女孩和四分之一的男孩可以活到 100 岁。不幸的是，英国和美国的预期寿命增长很快就开始放缓。由于日本人的预期寿命持续增长（日本人的平均寿命比对其预测寿命长 5 年），最后归咎于社会福利制度的缺失。因此，关键问题仍未得到解答：我们能在最佳条件下活多久？

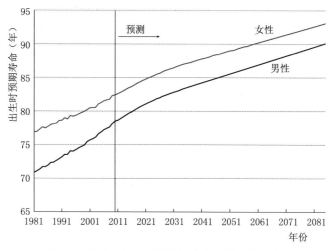

图 44：2010 年估计的英国实际和预测的预期寿命。

▶▷ 老年常见病

　　两项进步结合在一起，将寿命的终点线向后推迟。第一个是实际上消除了可避免的儿童死亡。1901 年，英国 37% 的死亡年龄在 4 岁以下，12% 的死亡年龄在 75 岁以上。到 1994 年，这一比例分别为 1% 和 58%。目前英国只有 10% 左右的人在 50 岁之前死亡，如果所有这些死亡都消失，平均预期寿命将增加大约 3.5 年。[9]由于主要由传染病造成的过早死亡到 20 世纪中叶已经很低，因此 20 世纪下半世纪的人的死亡主要集中在晚年。钟形分布图显示，我们死亡时的年龄已经向右偏移了（图 45）。

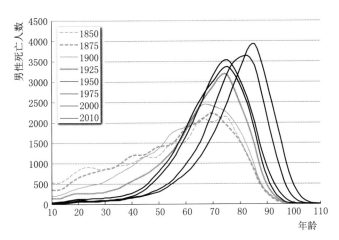

图 45：1850—2010 年，英国男性的死亡年龄（国家统计局数据）。请注意图中出现的老年死亡钟形曲线。

如果我们忽略那些早逝的人所产生的向左偏态，那么剩下的人的死亡年龄将类似于一个正态分布，其上下限分别在 65 岁和 105 岁左右。另外，正如人们通常认为的那样，如今大多数人死于与年龄相关的疾病，这些疾病是由他们自己的身体引起的。这到底是"疾病"还是潜在的衰老过程的表现呢？这是下一章要讨论的问题。然而，就目前而言，我们必须考虑到，人类有一种死亡模式。

▶ ▷ **年龄的箭雨**

当一支中世纪军队向另一支军队进攻时，它会遭遇猛烈的箭矢攻击。一开始，这些箭并没有造成什么伤害，只是会射伤少数不幸的受害者，但当袭击者进入军事历史学家所称的"杀戮区"时，屠杀就开始了。如果军队继续向毁灭点前进，在杀戮区阵亡的人数会上升到一个峰值，但随着幸存者越来越少，又会再次下降，从而形成一条钟形曲线。

相反，如果你是其中一名士兵，当接近弓箭手时，你被射中的可能性会增加。这是本杰明·冈珀茨给出的统计表达式。他是一位在保险公司工作的自学成才的数学家。冈珀茨在1825年指出，30岁以上的人的死亡率呈对数增长，每8.5年翻一番（图46）。这幅图可能会给人一种令人震惊的印象，即我们正在加速走向死亡，但它所显示的并非如此。当你拔掉浴缸的塞子时，浴缸里的

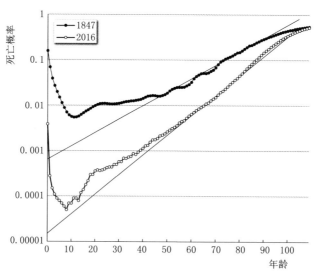

图46：1847年和2016年英格兰和威尔士特定年龄死亡的死亡率对比。曲线之间的差异来自于1847年的高过早死亡率。来源：www.mortality.org。

水量减半的速度呈对数增长，但水本身并没有减少得更快。钟形曲线和冈珀茨函数只是用不同的方式表达了同一件事，它们告诉我们，无论死亡的原因是什么，死亡都是有规律的。

统计数字可以描述问题，但不能解释问题。总的来说，我们希望能给之前提出的问题一个答案：如果所有过早死亡的原因都可以消除，我们能活多久？作为个体，我们对自己在钟形曲线上的位置，以及为什么我们以不同的速度衰老更感兴趣。

▶ ▷ 我们的衰老延缓了吗？

日常观察告诉我们，有些人比其他人衰老得快。如果老龄化的速度反映了我们的生活条件，那就可以解释为什么我们大多数人活得更长，为什么有些人群老龄化的速度比其他人群快。[10]

1998 年 10 月，一位名叫约翰·格伦（1921—2016）的即将退休的美国参议员乘坐"发现号"航天飞机被送入太空执行了为期 9 天的任务，他当时 77 岁。格伦是一位全美国的英雄，他在第二次世界大战和朝鲜战争中作为战斗机飞行员执行了 149 次战斗任务，并在 1962 年成为第一个绕地球飞行的美国人。许多人认为，把一个老人送入太空只是一个噱头，但他在严酷的太空飞行中生存了下来，有力反驳了这个说法。记者适时地注意到，老年人似乎变得越来越年轻。伯克利大学的物理学和生理学教授哈丁·B.

琼斯（1914—1978）认为，老年人进行太空飞行并不奇怪。他在1955 年预测，到 1999 年，一个 75 岁的人的生理年龄将是 60 岁。约翰·格伦的职业生涯证明，琼斯并没有大错特错。

琼斯指出，生活在婴儿死亡率高的地区的成年人会比那些生活在婴儿死亡率低的地区的成年人更早死亡。当时美国人在任何特定年龄死亡的可能性都高于生活在瑞典、挪威或荷兰等长寿国家的人。从统计学上讲，他们要普遍长寿 5 岁。琼斯由此推断，我们的衰老速度是不同的，而这在生命早期就已经决定了。他通过一个简单的比喻表达了这一点：我们生命开始时拥有一定数量的重要资本，而寿命长短取决于我们使用这些资本的速度。假设我们的生命开始时有 100 万的贷款。每年花费 1 万英镑，就可以活一个世纪，而如果每年花费 1.5 万英镑，[11] 就会在 67 岁时到期。这无疑是一种简单化的说法，但对于开启这个问题的思考却很有价值。

图 47：约翰·格伦登上"发现号"航天飞机（1998 年）。

　　琼斯的核心论点是，你的生理衰老速度不能从你的出生日期来估计，而保险公司通过押注这两者之间的差异来赚钱。例如，血压、胆固醇和血糖可以作为衰老过程的标志，你的医生在进行例行健康检查时就在评估你的生理年龄。研究人员用更精密的老龄化指标来为这些历史悠久的指标做补充，其中包括了炎症标志物法，这是一种很著名的方法，原理却并不广为人知——将细胞置于一种低级但有毒的化学物质中。炎症标志物法是监测衰老的有效手段，因为炎症标志物会随着晚年许多退行性疾病的发生而增加。与年龄相关的标志物越多，你的生理年龄就越大，用累积的标志物预测你的预期寿命远比实际年龄更准确。[12]

　　新西兰达尼丁的一项研究分析了 1000 人从出生到 38 岁的年龄标志物，并据此估计了他们所谓的"衰老速度"。研究人员发现，人的生理年龄符合钟形分布，38 岁的人的生理年龄与实际年龄最大相差 7 岁。得分越高的人感觉自己的健康状况越差，在平衡测试中的表现也越差，智商也越低，而且将来患中风或痴呆的风险也越大。是的，他们看起来也变老了。[13] 达尼丁的研究支持了琼斯的观点，即衰老是一个终生的过程，它影响着多种生物表现，并以不同的速度发展。

　　其他研究也证实了这一点。美国分别在 1988—1994 年和 2007—2010 年进行了两次 NHANES（NHANES Ⅲ 和 NHANES Ⅳ），包括血压、胆固醇、血糖状态、肾功能和肝功能、强力呼气能

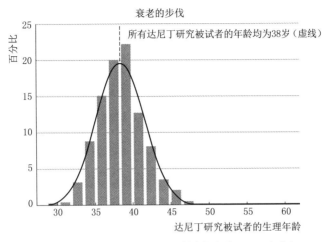

图 48：人们在 38 岁时的生理年龄变化很大，呈正态分布。

力和 c 反应蛋白（广谱性炎症的标志物）等指标。对标志物的分析证实了女性在生理层面上比男性年轻，但在这两项研究中，男性的生理年龄下降得更快。在生理层面，第二次调查中 20—39 岁、40—59 岁和 60—79 岁的男性分别比第一次调查中的男性生理年龄年轻 1 岁、2.5 岁和 4 岁。[14] 与其他研究一样，受教育程度越高，生理年龄越低。第一次调查的另一项研究表明，美国黑人在生理上比实际的年龄要大 3 岁。[15]

然而，应该注意的是，当生理年龄减小时，美国人的健康行为正在迅速改变：美国人吸烟减少了，但体重却增加了，服用治疗血压或胆固醇药物的人数迅速增加。所有这些无疑导致了（但不一定是必然原因）生理年龄的下降。基于 DNA 甲基化的速率，科学家们还发现了更新、更准确的"生物钟"：甲基化会在我们的遗传物质上产生标记——相当于事后标记的分子，这些标记是与环境直接或间接相互作用的标记。随着时间的推移，这些标记会不断增加，并提供一个非常准确的指数，显示你的表型所受的磨损程度。[16]

随着年龄增长，人类越来越虚弱：肌肉量减少、动脉弹性降低，肾脏过滤能力降低、胰岛素分泌减少、认知能力下降、组织修复能力的降低等等都会随之而来。这不是一个多么好的状况，但正如莫里斯·谢瓦利埃所说，它胜过另一种选择。老龄化的"多重冲击"假说与此非常吻合，并有助于解释为什么社会经济劣势与寿命较短有关。贫穷总与心理压力、事故、暴力、有害行为、缺乏获得保健的机会、不良饮食、肥胖等等问题相伴而生，而这些损害的累积会使身体加速丧失功能性储备。穷人在他们的人生旅途中经过同样的地标，但是他们走得更快。

生活在不健康环境中的人寿命不长，这并不是什么新鲜事。传统的解释将其归因于环境污染，或者归咎于受害者不良的饮食和不健康的习惯。有人认为那些生活悲惨和沮丧的人可以通过少喝酒或少抽烟来延长他们的寿命。尽管这些建议毫无疑问是有效的，但却很难实现。而对衰老标志的研究确实阐明了一些更根本的东西，那就是不利的环境会影响身体的成长和发育过程，从而影响整个人生轨迹。也就是说，贫困和剥夺可以产生一种独特的表型。既然如此——我们一会儿会看到更多的证据——我们应该把注意力放在整体环境上，而不是单个的风险因素上。

▶▷　存在衰老的起搏器吗？

有些人老得太快，很少有比早衰症更可怕的病了。患有早衰症的儿童会快速衰老，并在 14 年内死亡。幸运的是，这种病很罕见，自 1886 年首次被发现以来，只有 130 例报道。患病的孩子没有毛发，脑袋圆圆的，面部小得不成比例，眼睛突出，鼻子尖，下巴向后缩，声音尖锐。受影响的患儿不能正常生长，很快就会出现皮肤紧绷和增厚、皮下脂肪流失、骨骼脆弱和关节脱位。患者皮肤以令人不安的速度衰老，而且进展性动脉疾病会导致冠心病发作和中风。早衰症不是遗传的，而是由于在胚胎发育早期发生了自发突变。它不能解释衰老，但它确实表明单一的缺陷可以触发普遍的衰老过程。

沃纳综合征是另一种加速衰老的病症，首先在青春期表现出来。这些患者体型小而轻，长着鹰嘴鼻，无发或头发过早变白，皮肤类似于猪皮，声音嘶哑，患有弥漫性动脉疾病白内障和骨质疏松症。随着钙质在跟腱下和跟腱内沉积，他们的皮肤会变厚并形成溃疡。患者容易患糖尿病和其他内分泌疾病，他们的大脑早早开始萎缩，且他们患癌症的风险大大增加。很少有患者能活过 50 岁。沃纳综合征是一种影响 DNA 卷曲的常染色体隐性遗传疾病。我们已经发现了它的多种变异，但最常见的变异是在日本被发现的，在全部的 1487 例病例中占 1128 例。患有沃纳综合征的日本人比过去长得更高大，活得更久，这表明他们也对环境的变化做出了反应。[17]

这些令人不快的状况令研究人员着迷，因为他们认为，这说明单一的基因缺陷可以触发整个衰老过程。这就确立了两个原则：第一，尽管有许多不同的表现形式，但衰老在某种程度上是一个相似的过程；第二，衰老可以被加速也可能会被推迟。

为什么女人比男人长寿是一个长期未解的谜。《哥达历书》首次出版于 1763 年，是日耳曼欧洲社会的时代指南。从本质上说，这本书是贵族的家谱书，提供了有关允许他们结婚的少数血统的信息。1913 年，普鲁士的维多利亚·路易丝公主嫁给了汉诺威的恩斯特·奥古斯特王子，当时乐队演奏的华尔兹舞曲只有拥有《哥达历书》第一卷里所记载的血统的人才能跳。后来，当贵族家庭被困在时间的沙滩上，除了债务和虚荣之外一无所有时，这本书仍然被寻求丈夫的人、寻求财富的人、迂腐的人和虚伪者津津乐道。消失 53 年之后，《哥达历书》于 1998 年意外重见天日。它揭露了不少人虚假的血统，[18] 对大约 20 万个出生、结婚和死亡的详细记录使它成为一个无可比拟的数据来源。[19]

不出所料，《哥达历书》显示，上层社会的人寿命更长，女性比男性寿命更长。男子平均死亡年龄为 64.6 岁，女子平均死亡年龄为 73.5 岁——可能是男性贵族的不良习惯造成了如此巨大的差距。男性的不良习惯可以作为解释女性长寿的原因，但却不能解释为什么其他物种的雌性也活得更长。一个可能的原因是"母亲的诅咒"——一种基于线粒体 DNA 只遗传自母亲这一事实的假设。对女性有害的性别选择性突变将被自然选择淘汰，而对男性有害的基因——例如影响精子活力的线粒体突变——将会积累。[20]

1899 年，玛丽·比顿和卡尔·皮尔森试图研究长寿是否可以遗传，但死亡的随机性让他们的研究变得非常困难。我的母亲和她 4 个兄弟姐妹中的 2 个活过了 85 岁，她自己的母亲也是如此，但我的外祖父很早就死于下颌癌，可能（就像西格蒙德·弗洛伊德那样）与大量吸烟有关。我的叔叔在 1944 年被一个德国狙击手枪杀了。死亡，就像比顿说的，是一个随机杀人的枪手。比顿翻阅《福斯特的贵族》和《伯克的地主贵族》，把它们作为家庭记录的可靠来源，尽管其中不乏偏见。例如，儿童时期的死亡很少被提及，女性死亡的年龄也不被提及。然而，比顿确实发现，长寿的父亲会有更长寿的儿子。随后的研究证实，长寿是有家族遗传的，这使得雷蒙德·珀尔在 1920 年得出结论，确保自己长寿的最佳方式是选择长寿的父母。后来的观察表明，儿子的年龄更多地受到母亲年龄而不是父亲年龄的影响，这再次提高了线粒体基因（总是由母亲传递）可能具有特别重要作用的可能性。

长寿的原因应该在寿命最长的人身上寻找。自 1837 年以来，英国就有百岁老人数量的记录，1911 年的人口普查确定百岁老人总数为 110 人，即每百万人中有 3.6 人。这一成就非常了不起，值得白金汉宫发来电报。1908 年白金汉宫寄给尊敬的托马斯·洛德牧师的信上写道："奉国王之命，我祝贺您度过了最有价值的百年。"1917 年以后，电报会被定期发送，后来被私人信息所取代。幸运的百岁老人如今会收到一张女王穿着浅绿色连衣裙的照片，戴着她的母亲在 100 岁生日时送给她的胸针。2015 年，英国每百万人中有 4.5 名百岁老人，而日本的百岁老人数量已从 1963年（有记录时）的 153 人上升至 2018 年的近 7 万人。[21]

图 49：在休斯敦的克莱尔伍德高级社区为十位百岁老人举行的庆祝活动中，只有两位是男性，女性百岁老人的人数是男性的 4 倍。

　　为什么有些人能活到极端高龄，以及这样做是否值得，这些都是属于老年人的秘密。有些特征是一致的，例如 85% 的百岁老人是女性，但另一些特征却出奇地不同。此外，百岁老人似乎越来越年轻，正如哈丁·琼斯所预测的那样，过去的几代百岁老人的特征基因现在集中在 110 名"超级百岁老人"身上。人们生动地把能活到 100 岁的人分为三类：幸存者，他们在 80 岁前就出现了健康问题，但仍顽强地坚持着；延迟者，他们的问题在更晚年才出现；逃脱者，他们没有在临床上表现出明显的疾病。大约 15% 的人幸运地成为逃脱者，幸存者和延迟者的比例相当。[22] 然而，一般的规律是，健康越久，寿命就越长，达到极端高龄的男性比同年龄的女性更健康，这大概是因为他们经历了更艰难的选择过程。

百岁老人在教育、财富、背景、宗教、种族和生活方式方面各不相同。不出所料，他们很少吸烟，并且在人际关系和心理弹性方面的人格测试中得分很高。幽默感似乎也有帮助，一位 104 岁的女性表示，没有同伴压力是变老的好处之一。大约 50% 的百岁老人都有过极端高龄的家族史，他们的孩子似乎也会走向同样的发展方向。长寿的缺点是，我们的大脑可能不会像身体的其他部分那样衰老。一项对百岁老人的调查发现，大约一半的人有痴呆症的迹象，但不一定是由于阿尔茨海默氏症。更常见的形式是"他们活在一个狭窄的宇宙中，对个人领域之外的事件认识有限；他们无休止地重复各自的话题"。[23]

▶▷ 基督徒活得更久

如果想活得更久，你应该改变自己的基因还是环境？基督复临安息日教友会支持改变环境。他们的信仰源于浸信会牧师威廉·米勒的教义，他预言耶稣将在 1843 年 3 月 21 日之后的一年再次降临。他的信徒被称为基督复临论者，因为他们相信耶稣即将到来。"第七日"的说法源于他们的主张，即安息日是周六（一周的第七天），而不是第一天（周日）。第二次降临并未如期到来，但这并没有浇灭米勒追随者的热情。在一本名为《当预言失败时》的书中，有一个关于心理学的有趣描述：一个现代邪教组织的成员相信，他们会在世界末日时被一架飞碟接走。当这一切未能实现时，他们的信仰就会坍塌。有些人失去了信仰，但剩下的人——那些以前曾平静地考虑毁灭整个人类的人——现在开始说服别人皈依他们的信仰。[24]

复临节被重新定义为一个精神事件——它确实发生了，但是在精神层面上——基督复临安息日教会已经发展成为世界上排名第 12 的被广泛接受的宗教信仰，信徒和传教士达 1800 万人。他们以保守的社会习惯和不吃猪肉和贝类而闻名，因为这些在《圣经》中是被禁止的。他们提倡素食主义，尽管只有不超过 35% 的人完全遵守这方面的规定。烟草和酒精是被禁止的，其他兴奋剂也不被允许使用。你可以自由选择一种最吸引你的信仰，但这套禁忌方案是有效的：加州基督复临安息日教会教徒男女的预期寿命分别为 81.2 岁和 83.9 岁，而其他加州教徒的预期寿命分别为 73.9 岁和 79.5 岁。[25]

有利的环境能延长人的寿命，不利的环境则会缩短人的寿命。

20 世纪 50 年代，生活在哈莱姆区的黑人的预期寿命与孟加拉国的黑人一样长。总的来说，1929—1931 年，美国黑人男性和女性的寿命比白人少 11.5 岁（男性）和 13.2 岁（女性），而 2003 年则是 6.3 岁和 4.5 岁。后续分析表明，美国黑人在各个年龄段都呈现出更多的衰老迹象。贫困本身并不能解释这种差异，作者得出的结论是，在一个有偏见的社会中生活的压力和挫折感或许可以解释在弱势群体中看到的"风化"效应。[26]

生态比较证实了社会劣势的重要性。世界各地居民的期望寿命都在增长，10 个领先国家居民的期望寿命被称为国际年龄前沿。在世界范围内，美国无论男女的期望寿命都排在第 37 位。美国分为 3000 多个县，2000—2007 年的县级数据显示，一些县比国际年龄前沿长 15 年，而另一些则短 50 年。[27] 当只统计美国黑人时，分析显示，65% 的县的男性期望寿命比国际年龄前沿低 50 岁或以上，而女性期望寿命比国际前沿寿命低 50 岁或以上的只有 22%。[28] 寿命最长的社区在东西海岸和北部，而表现最差的是在阿巴拉契亚山脉和南部腹地。粗略看一下地图就可以发现，那些寿命最低的人通常会投票给共和党。

▶ ▷ 富有和健康等价吗？

世上最安全的人痴迷于他们的安全，最健康的人痴迷于他们的健康，最长寿的人痴迷于活得更久，这并不奇怪。但事情并不总是这样。作为一名年轻医生，我曾在英国中部一座衰落的工业城市中的一家公立医院的病房工作。在那里，我遇到了一代即将死去的男性和女性，他们的职业生涯从 20 世纪 20 年代一直延续到 50 年代。当过了 70 岁——一个他们不曾期待活过的年龄——他们可以回顾一生劳累的工作、各种"好或坏"的关系以及他们供养的家庭。他们不认为健康是一种商品。这代人疲惫不堪却永不言败，他们向我展示了如何死去。

2003 年，美国国立卫生研究院（NIH）一位即将退休的主任指出，1970—2000 年，美国人的预期寿命增加了 6 岁，并声称医生至少帮助人们增加了 3 岁的预期寿命（公共卫生的进步帮助人们增加了 1 岁的预期寿命）。他没有提到，在国家卫生研究院成立之前，预期寿命的增长速度甚至更快。令人沮丧的是，尽管在医疗保健方面进行了大量投资，美国人的预期寿命仍落后于 22 个国家。他指出，有些人可能认为这是由于社会不平等造成的，但他自己认为，这是因为现有的医学知识没有转化为实践。[29]

我们可能会质疑这位即将退休的主任没有说真话。图 50 显示了世界各国的财富和预期寿命之间的关系，这一比较表明，到达人均国内总产值约为 1 万美元（2005 年的数值）的临界值后，一国居民的预期寿命会与世界上最富裕国家居民的预期寿命相差不远。

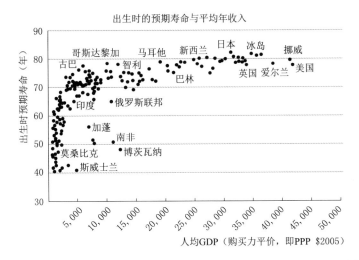

图50：南非和俄罗斯联邦远低于主要曲线，而挪威和美国没有从他们的高人均 GDP 中获得额外的好处。数据来源：https：//underpoint05.wordpress.com/2011/10/03/inequality-firstworld-problems/。

例如，美国人的寿命并不比智利人或哥斯达黎加人长，尽管美国人的平均收入是智利人的 4 倍，而且拥有世界上最先进的医疗设施。现代医学做了许多了不起的事情，但延长平均寿命不一定是其中之一。正如老年医学家凯莱布·芬奇所言："尽管特定疾病的发病率存在巨大差异，但所有国家与衰老相关的死亡率都相似，这表明与死亡风险相关的某些过程与特定年龄相关的疾病并不密切相关。"[30]

收入不平等可能比平均收入更重要。这或许可以解释为什么美国最受欢迎的县里，居民的预期寿命很长，而一些县居民的预期寿命可以与撒哈拉以南的非洲国家相提并论。这或许也解释了为什么英国人的平均预期寿命在经历了一个世纪的增长后开始回落。

总之，人们比以前活得更久了。这主要是由于过早死亡在20世纪上半叶消失了，而寿命在20世纪下半叶增加了，因为老年人活得更长了。这种发展是没有被预料到的，没有人知道人类未来会有多长寿。主要有两种解释：一是医学延长了我们的寿命，二是我们衰老得更慢。两者都有作用，但医疗保健的进步并不一定更重要。无论如何，漫长的生命在召唤着你——只要你认真选择你的父母、国籍、社会地位和生活方式。延缓衰老已成为表型转变的一个特征，但仍有许多未解决的问题。我们正在接近生命的自然期限，还是特权人群会更加长寿？如果是这样，是否会像乔纳森·斯威夫特笔下的斯特鲁布鲁格斯那样：被赋予永生，却必须忍受着老年的痛苦。阿喀琉斯追求短暂而光荣的一生，而我们大多数人宁愿长寿也不愿光荣地早亡，但我们真正想要的，是更长的青春。

第十五章

拴在垂死的动物身上

274

正如佛陀临终时说的那样——"万物皆腐朽"，我们衰老的身体讲述着由过去预示的未来的故事。如今，大多数人死于与年龄相关的疾病，这些疾病在的身体内产生，经过多年的发展，其发展速度受到基因、外部世界和我们自身行为之间相互作用的影响。我们的种族并未为此做好准备，因为生育后的生活已经不受自然选择的支配了。我们没有"长寿"的基因，只有因其他原因进化的基因，只是碰巧在现代环境中，这些基因更有利于长寿。我们步入老年的旅程是由基因之间的相互作用决定的，这些基因由于其他原因而进化，而当前世界的环境以前从未存在过。那么，我们应该把晚年的痛苦看作是疾病，还是一种表型的终局？

身体是由相互依赖的细胞组成的联合体，其完整性取决于大量的调节或"内务管理"功能。由于这些细胞随着时间的推移而退化，衰老导致自我调节的逐步失败，这种失败会对功能受到调节的细胞造成累积性的不良后果。有两种类型的调控失灵与我们有关：一种是无法维持细胞所依赖的内部环境，另一种是无法为细胞自身提供服务。

恒温器使房间保持同一温度的过程是典型的稳态平衡。我们调节自己身体温度的能力通常在一生中都运转良好（尽管随着年龄的增长这种能力的效率会降低），而且它保持着相同的设定值。与20世纪的狩猎-采集者比较就可以看出，其他的稳态平衡器在现代条件下就没那么稳健了。狩猎–采集者们的寿命较短，但他们的体重在成年后保持不变，血压和血糖没有随着年龄增长而增加。当他们放弃了传统的生活方式，逐渐沦落到工业社会的边缘时，肥胖、高血压和糖尿病很快就席卷了人群。

我们这些在富裕社会中长大的人，体重、高血压和糖尿病的增长速度较慢，而且更为隐蔽。虽然每年消耗掉一吨食物中最好的一部分，然而我们的体重几乎是不变的。但也不是完全不变，因为我们还保留着一个很小的正余额，而我们的体重逐年稳步上升。每一个节食者都知道，身体很快就会把每一次增加的体重作为"新常态"，并抵制我们再次降低体重的努力。血压和血糖也随着年龄的增长而升高，并抵制我们降低体重的努力。我们之前看到的这种因为食物产生重大变化而发生的身体调整，被称为动态平衡。这影响了消费社会的所有成员，但我们以不同的速度改变着。例如，人们获得食物的途径几乎是一样的，但有些人比其他人增重更快。体重增加容易导致高血压和糖尿病，但有些会很快导致高血压和糖尿病，有些则不会。尽管存在这些个体差异，但动态平衡是我们表型的主要标志。

类似的环境产生类似的"涨潮"效应，消费者表型趋同于一种"代谢综合征"，在这种综合征中，向心性（男性型）肥胖与高血压、动脉疾病以及血脂和葡萄糖代谢紊乱有关。这一综合征（字面意思是"一起跑"）引起了很多争议，一部分原因是有许多相互竞争的定义都有些武断，还有一部分原因是这一概念的所有权已经被授予无法明确区分表型和疾病的医学专业。

▶▷　风险因素的增加

奥尔德斯·赫胥黎说过，算命的从不会发财，保险公司也从不会破产。人寿保险是对一个人能活多久的赌注，这种基于统计技术的赌注会将你的实际年龄与你的生理年龄相对应。尽管这些统计技术是经验性的，但它们经过了尝试和测试，并根据性别、种族、职业和社会经济地位等变量调整预估你的生理年龄。身高和体重是成长和生活方式的指标；血压、葡萄糖和胆固醇表明体内的损耗程度；吸烟和饮酒是压力的象征。生活是不确定的，这就是为什么人们买保险，但"赌场"总是赢。

人寿保险公司在 20 世纪上半叶编制了关于人口健康的最可靠的统计数据，他们引入了风险的概念——是他们的风险，而不是你的！他们认为风险是一种固定的属性，而不是可以通过自己的行动能够改变的属性。流行病学后来成为一门学科，并随着 1948 年启动的弗雷明汉心脏研究而成熟起来。这是一项对来自马萨诸塞州一个小镇的 5000 人进行的长期跟踪研究，顾名思义，调查人员主要关注的是席卷全国的冠状动脉心脏病的流行。研究表明，在考虑到年龄差异的情况下，心脏病的风险与一个人的血压、胆固醇和葡萄糖直接相关，并将"风险因素"引入了临床指南。

它改变了医学的面貌，因为在那之前，"治疗风险"而不是疾病的理念几乎不存在。1944 年，富兰克林·D. 罗斯福在再次当选美国总统时，患有危险的高血压（200/100）。6 个月后，他死于脑溢血。细致的记录显示，医生没有试图治疗他的高血压；当时的药物有太多的副作用，而且还不清楚降低血压是否能预防中风。当时的人们只有在认为自己有问题的时候才会去看医生，而医学是一种纯粹反应性的专业。对危险因素的识别，意味着医生如今可以诊断没有症状的人的疾病，并治疗尚未发展的疾病。医学变得主动而不是被动，越来越多的人进入了它的服务范围。

这是迈向现代生活医学化的重要一步，需要强有力的理由。要指出一个风险因素与心脏病有关是一回事，但要指出它如何导致心脏病则完全是另一回事。人们只能通过调整风险因素并观察会发生什么来测试这一点。20 世纪 60 年代，美国进行了大规模的前瞻性临床试验，结果喜忧参半。血压治疗对中风非常有效，但对心脏病的效果要温和得多。降低糖尿病患者血糖的研究最初显示，这种治疗实际上增加了患上心脏病的机会。人们仍需要进一步的试验来证明事实并非如此，而且降低血糖可以预防糖尿病眼和肾脏疾病。在 20 世纪 90 年代引入他汀类药物之前，降低胆固醇治疗的试验都由于缺乏真正有效的治疗而受到限制。[1]

▶▷　**缩影**

　　我们是由细胞造就的，但我们也造就了自身的细胞。生命从一个单细胞开始，然后分化成 200 多种特化的子细胞。这些子细胞会对周围环境的信号做出反应，它们也会衰老和死亡。有些细胞——比如形成我们皮肤和肠道的细胞——会经历有规律的死亡和再生周期。尽管拷贝机制几乎是万无一失的，但当要拷贝数以亿计的细胞时，会不可避免地出现错误——除非它被检测到并被消除。其中一些错误的拷贝将发展为癌症。由于患癌症的风险与拷贝速度直接相关，所以频繁更替的组织癌症风险较大，任何促进拷贝的东西——例如炎症——都会增加这种风险。因此，我们患癌症的可能性与基因变异可能影响的拷贝风险有关，包括细胞错误拷贝的比率、外部因素可能会引起的炎症和身体检测和消除拷贝错误的能力。癌症在年龄较大的人群中风险会增加，因为拷贝错误会随着时间的推移而累积，监测机制也会逐渐变得低效。

　　更复杂的是，不同的细胞以不同的方式衰老。当细胞周期结束时，正常运转的细胞就会自杀，但这种有序的序列在以后的生命中会被衰老但拒绝死亡的细胞打乱。这些衰老的细胞聚集在组织中，并向周围的细胞发送有害信号。不能正常监测和消除这些功能失调细胞可能是正常衰老的一个特征，并可能为未来干预衰老过程指明道路。

然而，有些细胞在成年后不会自我替换，神经细胞就是一个典型的例子。随着大脑的成长，这些细胞以迅速增长的频率进行拷贝，并在大脑重塑自身时大量死亡。然而，当大脑接近它的成年状态时，一场巨大的变化就开始了，因为成熟的细胞不再复制，此后必须为我们服务一生。[2] 其他长寿细胞存在于肌肉（包括心肌）、作为肾脏功能单位的肾单位和产生胰岛素的胰腺细胞中。这些细胞需要承担所有可能威胁到它们生存的风险，它们都要经历缓慢的、与年龄有关的消耗战。这种累积效应会导致身体系统或器官的衰竭，我们称之为疾病。那么，为什么常见疾病会起起伏伏呢？

▶▷　**动脉即生命**

心脏病一直伴随着我们，但它的表现形式却发生了变化。奥兹冰人是 5300 年前被冻在高山冰川里的一个四五十岁的男人，人们发现他的主动脉中有白垩沉积物，"这表明他的冠状动脉疾病已经到了晚期"。长期存在的胆固醇沉积会产生少量的钙颗粒，这已经通过 x 射线在世界各地不同社会的古代木乃伊的冠状动脉中得到了证明。动脉病变是衰老过程的一个特征，但进行性冠状动脉病变在近代以前是很少见的。

冠状动脉滋养着心脏的"王冠"，它们变狭窄就会产生心绞痛的特征性症状——运动时胸痛并辐射到喉咙和手臂，休息时即疼痛停止。这些症状在 17 世纪被清晰地描述出来，但被认为是不寻常的，以至于 18 世纪一位经历过这些症状的不知名医生将自己的身体贡献出来用作解剖，希望能解决这个问题。威廉·赫伯顿（1710—1801）解剖了他的身体，但他忽略了观察冠状动脉。后来赫伯顿又遇到了更多的案例，通常是 50 多岁的男性，"他们大多数人脖子短，而且倾向于肥胖"。由于心绞痛发作时脉搏稳定，他怀疑这是否与心脏有关。病人的突然和意外死亡很少给他机会让他"打开"病人的身体。然而，在 1772 年，一位同事给他发来了一份报告，使他得以窥见冠状动脉循环的作用，这一联系终于被建立起来了。

摸摸你的脉搏。动脉有一个叫做外膜的外层保护层，一个叫做中膜的中间层，还有柔滑的内膜。中膜在大动脉中是有弹性的，并在动脉树下连接肌肉；当我们站起来的时候，这些肌肉会收缩，来防止我们昏厥。动脉会受到不同形式的损伤。在 20 世纪早期，病理学家们重点关注的动脉硬化，是由于介质损坏而引起的。20 世纪下半叶，研究重点转向了动脉粥样硬化，即富胆固醇的斑块对内膜的浸润。动脉粥样硬化（"Atheroma"这个词来自希腊语，意思是"稀粥"）是指血管内膜富含胆固醇，会发生膨胀，阻塞血液通道；或者，动脉内膜可能会剥离沉积物，留下一块可能形成血栓的区域。

1900 年，医生威廉·奥斯勒创造了"动脉即生命"这一说法。他指出，他的私人诊所里有很多中年男性患心绞痛的病例，这些人吃得太多，抽烟太多，工作太多。他的建议是"放慢脚步，专心工作，过一种敬虔的生活，不入股煤矿"。奥斯勒是最早认识到"早期的退化，尤其是动脉和肾脏的退化，是由于过多饮食"的人之一。他说，长寿与少吃之间的联系由来已久。然而，他并不一定会像他所宣扬的那样去实践，因为有一次他发现一个病人在公园里吸烟，就劝病人戒掉。当病人把烟盒扔掉后，奥斯勒捡起它，点上一支烟，漫步走开了。[3]

我们很难确切知道 20 世纪的冠状动脉心脏病流行是什么时候开始的，因为医生们在 20 世纪早期对这种疾病并不熟悉，也并没有类似心电图的诊断方法。在 1930 年之前，没有关于死于"冠状动脉疾病"的记录；1949 年，这一术语被改为"动脉硬化性心脏病"，1965 年被改为"缺血性心脏病"，那时，大约 90% 的心脏死亡病例都被贴上了这一标签。因此，冠状动脉流行病是何时开始的尚不确定。我们确切知道的是，它的死亡率在 1950—1970 年期间达到了顶峰，此后一直在稳步下降。

这种流行病消退的确凿证据来自于对阵亡美军士兵尸体的解剖。在死于朝鲜战争的健康年轻男性中，77% 的人的冠状动脉中发现了脂肪条纹，在死于越南战争的男性中，有 45% 的人的冠状动脉中发现了脂肪条纹；而在死于伊拉克战争的男性中，只有 8.3%

的人的冠状动脉中发现了脂肪条纹。[4] 在同一时期，65 岁以下因
冠心病发作而住院的人数减少了一半。尽管引入了更灵敏的诊断
测试，但并没有使住院人数增加，而且在 2000—2010 年这 10 年
间的患病人数下降速度最大。整个西方世界也出现了同样的结果
（图 51），而在同一时期，中风（不包括出血引起的死亡）的死亡
率也大幅下降，且幅度相似。[5]

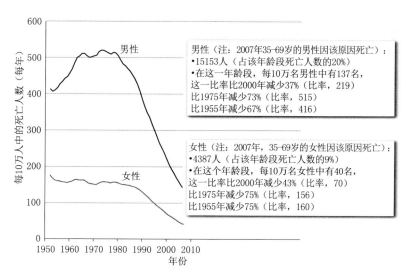

图 51：1980—2007 年间，英国 35—69 岁的男性和女性冠心病死亡率下降了
70%—80%。

在 65 岁以下的人群中，动脉疾病的死亡率下降得如此之快，
以至于死于癌症的人数超过了死于冠心病和中风的人数。法国在
1988 年达到这一临界点，美国在 2002 年（图 52）达到，意大利

和英国在 2011—2012 年间达到。[6] 可能导致这一下降的因素包括吸烟人数的显著减少，和控制冠状动脉危险因素的药物使用的增加，但在这些策略实施之前，血管疾病死亡率已经大幅度下降。夏洛克·福尔摩斯破获的一个案件中，狗在晚上不叫，这很令人费解。而健康监督机构在庆祝血管疾病死亡率真正下降这一可能被认为是 20 世纪最伟大的公共卫生胜利的时候，也出奇地低调。相反，他们只是竭力阻止形势迅速恶化。

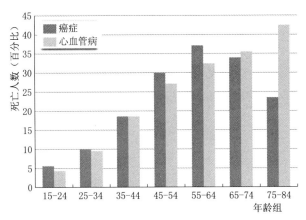

图 52：转折点——2002 年的报告显示，美国 65 岁以下的人死于癌症的人数超过死于心血管疾病的人数。

吸烟是冠状动脉疾病的主要危险因素，可能是因为它会引发炎症。炎症是对组织损伤的一种程序性反应。公元 1 世纪的罗马医生塞尔苏斯报告了炎症的四个基本特征——热、痛、肿、红（拉丁文 "Calor、Dolor、Tumor、Rubor"）。这在受影响的组织中创造了一个战区，使细胞沐浴在化学警报信号和周围的免疫细胞中。最近对血管疾病的研究发现，免疫细胞及其产生的化学物质（称为细胞因子）在动脉损伤中起着积极的作用。由于冠状动脉疾病的消退速度非常快，先前异想天开的猜测也就诞生了，即免疫系统的变化可能与此有关。可以想象，传染病不再肆虐可能会影响人类免疫反应的强度，从而影响动脉疾病的严重程度。[7]这又回到了先前的一项观察结果，即在现代环境下，肥胖本身造成的危害似乎变小了。

疾病模式的变化需要一个解释，特别是当它与教条背道而驰时。因此，我们应该注意到唯一一个正确预测动脉疾病消退的人。前文早些时候提到的来自挪威北部的全科医生安德斯·福斯达尔认为，他所在地区的冠状动脉疾病流行是由于童年贫困与晚年生活富裕之间的不匹配造成的。他指出，如果这是正确的，随着更多的人出生在富裕家庭，冠状动脉的流行将会逆转。同样，当世界其他地区的富裕程度提高时，冠状动脉疾病的发病率也会飙升。事实证明，这两种预测都是正确的。[8]20 世纪 50—80 年代，冠心病对欧洲和美国的影响最大，主要影响 1900—1930 年出生的人，他们通常生活在物质贫困的条件下。无论如何解释，事实仍然是，我们对血管疾病的敏感程度远低于两、三代以前。心脏病没有改变，但我们改变了。

人们一度认为，基因分析可以帮助我们区分健康和复杂的疾病，但我们已经了解到，它所能做的只是在给定的环境下提供一个概率估计。19 世纪的教训必须重新学习。当时的专家们对统计的力量感到敬畏。例如，它可以预测某一特定年份巴黎可能自杀的人数，精确到年龄、性别和自杀方式。他们认为，这种规律性必然反映出一种潜在的规律，而事实确实如此——但这种规律与概率有关，而与生物学无关。统计数据只能描述，却无法解释。它们可以识别出自杀者的一些特征，但永远不能告诉我们谁会自杀，或者什么时候自杀。同样地，基因组测序可以在大量人群中提供对复杂疾病风险的非常精确的估计，但在个体水平上却几乎没有预测价值。遗传风险也不应该被考虑在评估环境之外。

▶ ▷ 螃蟹的钳子

我们可能认为癌症是一个单一的实体，但专家认为，每一种癌症都是独立的疾病，有其自身的历史、流行病学和诱因。如今，癌症是富裕世界 65 岁以下男性的主要死亡原因。然而，并不是因为患癌症的风险增加了，而是因为心脏病死亡人数在下降。人们总是必须死的。

我们认为癌症是界限明晰的：你要么有，要么没有。这可能是真实的日常经验，但癌症的种子一直存在，并经常在针对死亡老人的精细尸检中被发现。由于癌症是由细胞内快速循环的拷贝错误引起的，任何增加细胞循环的行为都会增加患癌症的风险。香烟是世界上最主要的致癌物。美国人 1900 年人均消费 54 支香烟，到 1963 年这个数据上升到 4345 支，肺癌死亡率在 1930—1990 年间增长了 15 倍。[9] 在英国，肺癌占癌症的 22%，但自 20 世纪 70 年代以来，肺癌在男性中的发病率已减半；女性戒烟的速度则比较慢。随着年轻人吸烟人数的下降，确诊肺癌的年龄也在上升；男性的发病高峰目前在 85—89 岁之间。

　　了解到全球 20% 的癌症与吸烟有关，这可能不足为奇，但人们往往不太了解 16% 的癌症与感染有关。2012 年，肝癌是男性第二大常见癌症，中国占一半；90% 的病例是由于肝炎病毒的亚临床感染。胃癌与幽门螺杆菌密切相关，在低收入国家极为常见；宫颈癌与人类乳头瘤病毒相关，是世界贫困地区女性的第二大常见癌症。其他癌症与生活方式有关——吸烟、酗酒或饮食。肥胖会增加患 11 种癌症的风险，而身高（生长和食物摄入的标志）是其中 6 种癌症的额外风险因素。

　　虽然癌症有遗传因素，但环境也很重要。例如，乳腺癌有很强的遗传因素，特别是那些携带臭名昭著的 *Brca* 基因的人。历史分析表明，在冰岛，携带这些基因突变的女性患乳腺癌的可能性是 1920 年的 4 倍，但与此同时，其他类型的乳腺癌发病率也增加了 4 倍。与糖尿病和心脏病一样，基因决定相对风险，但绝对风险与生活方式和环境有关，[10] 这是又一个"涨潮"效应。

▶▷ 世界是不健康的：请调整你的表型

我们的社会选择以青年的标准来衡量每个人，以此来划定健康和疾病之间的界限。例如，体重、血压等的"正常"范围被定义为健康的年轻人的范围，而老年人的任何向上变化都被认为是不健康的。由于这些指标随着年龄的增长而增加，老年和疾病之间的区别变得模糊得令人绝望。举个例子，据估计，2007—2012年，代谢综合征影响不到 10% 的美国年轻人，但在 70 多岁的美国人中，这一比例约为 60%。[11] 再举个例子：在欧洲，80 岁以上的老人中，77% 的女性和 56% 的男性在葡萄糖处理方面有缺陷或患有糖尿病。[12] 选择青年作为衡量疾病的标准，其结果是把老年看做一种病态。既然那些活到老年的人可以被认为是人口中非常健康的成员，那么可以说是由于一个社会把青年等同于健康时，才会给老年人贴上患有疾病的标签。

同样的文化态度也反映在居住在不健康环境中的人试图对抗这种环境的努力中，这就是药物已成为日常生活的一部分。2014年，英国 50% 的女性和 43% 的男性经常服用常规处方药，在 75 岁以上的人群中，这一比例升至 70%。到 2018 年，近一半 65 岁以上的人正在服用 5 种或 5 种以上的药物。与此同时，通过降低健康的血糖、血压和胆固醇的门槛，疾病的范围也得到了扩展，目前有 5600 万美国人（占 1.87 亿成年人口的三分之一）需要被治疗。最近的国际高血压指南表示，几乎所有 45 岁以上的人都需要药物治疗。[13] 这是在追求无益治疗。

　　吃药现在已是老年生活的常规特征。从本质上讲，这并没有什么错，因为药物的不自然程度不高于眼镜或皮鞋，但我们应该考虑一下逆收益定律。例如，那些患心脏病风险最高的人会在更早的时候患上心脏病，并从干预中获益最多，而那些风险较低的人则会在更晚的时候受到影响，或者根本不受影响。将相同的标准应用于所有年龄组的结果，是使 70 岁以上年龄组中的大多人需要治疗高血压、胆固醇或葡萄糖，尽管他们远不像年轻年龄组获

图 53："从摇篮到坟墓"（2003），大英博物馆的一件大型展品，展示了 14000 粒药丸。据估计，英国女性在 80 岁出头的时候平均服用了这么多的药物。

得治疗的个人收益那么大。此外，由于代谢随着年龄的增长而减缓，药物也更有可能出现副作用。这就是逆收益定律。

我认为，这在很大程度上只是由于对年龄和疾病的认识不清。老年人可以而且必须得到所需要的一切医疗帮助，但只有在有合理的直接证据的情况下，才会因治疗受益。常见的与年龄有关的疾病发生在我们的身体内部，其原因是不确定的，多种基因和环境因素会影响其发展，所有老年人都在某种程度上经历过这些疾病。这些"疾病"能够并且应该被有效地管理，但我们也应意识到，衰老是必然的。衰老不是一种疾病，是一种表型的最后阶段，它应该伴随着幽默和尊严收场。

第四部分　改变我们的思想

第十六章 人性的乳汁

荷马在吟唱《伊利亚特》的大屠杀故事前，讲述了赫克托在一次战斗结束后，大步走进特洛伊的那一刻场景。他遍体鳞伤，鲜血淋漓。他的妻子安德洛玛切在等着他，一位女仆抱着他们的儿子阿斯特亚纳克斯。当赫克托伸出手时，小男孩因为害怕父亲头盔上晃动的马毛羽而尖叫起来。父母纵情大笑，赫克托摘下头盔，拥抱自己的儿子，说他将会成为一个比他父亲更伟大的战士。只有我们这些看不见的旁观者，才知心满意足的三个人的命运是什么。①

在荷马的描述中，有一种无法定义的东西紧紧抓住了我们，它与一种从未改变，而且可能永远不会改变的共同人性有关。即便如此，我们的祖先的思维方式和行为方式显然与我们截然不同。荷马笔下的英雄都是虚荣的、任性的、非理性的、凶残的，他们的神也好不到哪里去。荷马史诗或挪威传奇中不识字的英雄们一时冲动行事，非常缺乏同情心，只有几个老人（荷马笔下的内斯特，或者挪威传奇中的主人公）胸襟广阔。

我们有多大的不同？毫无疑问，我们的成长和发展各不相同，对生与死的体验各不相同。我们在交流、表达思想和情感的方式上与前几代人不同，但由于没有客观的比较手段，我们留下了直觉上明显但又无法衡量的差异。即便如此，尝试也是很重要的，

---

① 赫克托在战斗中被杀，妻子安德洛玛切成为奴隶，儿子阿斯特亚纳克斯被从特洛伊塔上扔下去摔死了，因为人们担心他活着可能会为父亲报仇。

我也会努力去尝试证明，我们的自我意识和同理心的带宽已经改变，并且比过去变得更宽。

我们反映了自身生活的社会的变化。表情是我们最原始的互动方式。我将从面部表情如何表达我们的情感开始，讨论我们如何解读它们，以及这种表现方式是如何发生变化的。我们将从这里开始讨论我们的性情、情感、同情心、识字的影响，以及——用更存在主义的术语来说——我们在社会和宇宙中定位自己的方式。

▶ ▷   以貌取人

在一首英国民谣中，有这样的歌词："我的脸就是我的财富。"我们被社会接纳、统治和等级的观念深深影响着，以至于广告牌上的一张脸或一种姿势会立即引发反应。脸是个人强烈兴趣的焦点，当我们从镜子里看自己的脸时，会引起从自满到绝望的各种情绪。它的信号范围从身体吸引力，到时尚、性别、社会阶层和种族，大脑的运动和感觉区域中有大量的神经细胞专门用于脸部，这表明我们在解读这些信号方面比自己所知道的更专业。半语言交际是我们社会交往的主要媒介，我们习惯于解读它的信号——或者试图隐藏自己传递的信号。尽管脸在社会交往中占据了压倒性的主导地位，但它的微妙和复杂性使面相学难以成为一门科学。

那么，我们如何评价彼此呢？许多人相信，几分钟（甚至几秒钟）的交谈就足以了解我们刚刚遇到的那个人的背景、教育和性格。外表的魅力和社会地位的关系很容易被建立起来，之后我们通常会根据他们的个性和有趣程度来评价他们。当涉及更严肃的选择时，你希望这个人在战斗时、工作时或睡觉时在你身边吗？这时，信任显然就变得至关重要。莎士比亚的悲剧几乎都是围绕着信任和背叛展开：《恺撒》（"瘦弱而且看起来很饥饿"）、《麦克白》（"一位让人信任的绅士"）、《李尔王》（"那些鹈鹕的女儿"）、《哈姆雷特》（"惯于微笑，像个恶棍"）和《奥赛罗》（"然而她必须死，否则她会背叛更多男人"），无不如此。讽刺的是，只有安东尼和克利奥帕特拉这两个最不可靠的角色，对彼此至死不渝。

"我们没办法在人的脸上找到思想的构造。"邓肯国王在《麦克白》中这样说，他是对的。当我们觉得别人值得信任时，这种感觉往往是不可靠的，甚至反过来别人对我们的感觉也是如此。在最近的一项研究中，那些为面孔的可信度打分的参与者无法区分已定罪和未定罪的公司高管、军事罪犯和授勋老兵，以及考试作弊的学生和没有作弊的学生。这两种评价之间有很大的一致性，但几乎与现实无关，只是证实了那些看起来值得信任的人得到了信任。[1] 有些人努力做到外表光鲜，有些人则利用外表所带来的信任，他们被称为骗子并不是没有原因的。

那些必须依赖陌生人忠诚的人需要更有力的保证。早期的商业网络是通过家庭、社区或宗教的纽带运作的。在商业中，法律制裁比个人价值观更重要，但在社会生活中，信任仍然是最重要的。18世纪的人们考虑的是美德和邪恶，而不是救赎和诅咒，他们认为美德是信任的最好保证。婚姻市场是简·奥斯汀小说的核心内容，她的女主人公必须区分最真诚但不激动人心的安全"赌注"和那些缺乏稳固经济基础的无足轻重的迷人之人。在主人公的客厅外，人们越来越多地遇到按陌生规则行事的陌生人，这也许可以解释为什么19世纪的人比以前或以后的大多数文化更依赖性格外部的标记。一个著名的例子是，"贝格尔号"的菲茨罗伊船长第一次见到查尔斯·达尔文时，他担心达尔文大而扁平的鼻子可能表明他缺乏这次航行所需的精力和决心。[2] 相面术（即相信你可以从脸来判断一个人的性格）对我们影响很大，虽然我们自己可能不这么觉得。因为，长得好看的人更容易找到工作，他们在面试中表现得更好。不考虑其他资格的情况下，军队里的男性如果面部表现出支配地位，就更有可能取得高级职位。更令人吃惊的是，在一秒钟的照片曝光中对能力的判断预测了大约70%的美国参议院或国会的选举结果。[3]

　　读懂人脸的艺术早在古希腊就存在了，而且无疑是在那之前很久就已经存在。苏格拉底以丑陋而闻名，当一位面相学家宣称他"沉溺于放纵、肉欲和猛烈的激情爆发"时，苏格拉底的门徒们强烈抗议。当苏格拉底承认这是他的本性时（尽管被尽力地控制着），门徒们沉默了。[4] 在 18 世纪 70 年代，瑞士著名相面士兼牧师约翰·卡斯帕·拉瓦特出版了一本关于这一主题的重量级且具有超高影响力的著作。这本书在一个多世纪以来一直深受读者的喜爱，并为维多利亚时代小说中的人物塑造提供了信息，从狄更斯和夏洛特·勃朗特，到文学界的无名之辈们都在使用。在以华生医生和夏洛克·福尔摩斯为主角的第一部冒险小说《血字的研究》中，谋杀案的受害者有着"低额头、钝鼻子和突出的下巴"，这让"死者看起来酷似猿猴"。

　　拉瓦特将相面术（在平静或休息的状态下观察性格）和相表术（研究行为中的性格）区别开来。[5] 他的信仰是"面容是灵魂展示自己的剧场"。因为所有的人都在寻求他人的认可，所以伪造的东西比比皆是，但他认为，再多的掩饰也改变不了面部的结构，只要具备必要的技能，就能破译出来。他来自苏黎世，那是加尔文主义的发源地。加尔文主义是一种教义，给注定要得到永恒幸福的人和注定要受到永恒惩罚的人划清了界线。因此，从被选中的人当中选择你的商业或婚姻伙伴是至关重要的。拉瓦特认为，虔诚是可以伪造的，但面部却不能。面相学家能够分辨出这两者的不同，而且他们自己应该有令人愉快的外表，有一个发育良好的鼻子，而拉瓦特自己恰好天生就有一个很好看的鼻子。

　　拉瓦特擅长用华丽的风格来画人脸——他的布道可能并不短——但他的解释毫无掩饰地倾向于把好看和美好的道德联系在

图 54: 拉瓦特的鼻子。

一起。伟大的博物学家乔治 - 路易斯·勒克莱尔 Z（即布丰伯爵）愿意相信，性格可以通过情感的表达来体现，但他嘲笑那些认为一个人可能会因为他有一个"更好的鼻子"（他相当恶毒地评论道）而拥有更好的个性的人。"没有什么比他们的观察结果更荒谬的了。"他总结道。[6]

雕塑是凝固的面相。对人脸和身体的精确描绘往往会让人失望，伟大的雕塑家采用的微妙的透视扭曲至今仍令人着迷。神经学先驱查尔斯·贝尔爵士（1774—1842）指出："我们所认为的完美的模式不同于自然界存在的模式……没有一个活人的面部有朱庇特、阿波罗、墨丘利或维纳斯的面部线条。"[7] 在罗马时代，现实主义的描绘很流行，部分原因是丧葬面具被发明出来了。你在博物馆里看到的石头脸是真实的人脸，他们饱经沧桑、精明、坚韧、能干，但又充满渴望——这至少是我自己对庞培面部的描述（图 55），而历史学家彼得·格林看到了"无力的下巴、猪一样的眼睛和自满的笑容"，这似乎是一位伪希腊艺术专家的微妙诋毁。[8] 无论谁是对的，真正的问题是，我们都准备通过一块雕刻的石头进行推理。

　　艺术家把人的脸部描绘成不同的光谱，一端是现实主义的理想化肖像，另一端是扭曲或讽刺的描绘。神圣的艺术呈现的是一张在静止中漂浮的不老的脸，具有对称的五官，温柔的嘴和低垂的眼睛，避开观赏者的目光。分散注意力的细节被避开了，因为圣女或圣母在两个世界的交汇处泰然自若，人性的特征被冲刷掉了。计算机合成的面孔在美和非人格化方面与神圣

图 55：公元 30—50 年，庞培大帝，纽约嘉士伯酒店，哥本哈根。

艺术有着奇妙的相似之处，而更现实的描绘提供了神圣艺术所避免的背景和特质。例如，17 世纪的荷兰肖像画会展示人物的生活阶段、社会地位、举止和商业背景。正式的肖像通常以一个微妙的角度展示脸部，三分之二的人像从左边开始，这反映了右撇子的画家更多。这些画也表现了角色的性格特点：男性的方脸和窄眼睛暗示着权力和能力，但脸太宽或眼睛太窄则传达出不同的信息。这些外貌特点，一系列的刻板印象通过肥皂剧和广告牌得到加强。

相貌特点之间的平衡一直备受推崇。这也许可以解释合成照片的奇怪吸引力，弗朗西斯·高尔顿使用这种技术来寻找难以捉摸的家庭面孔。将家庭成员的照片叠加在一起，会使面部轮廓更一般、更平衡，没有特别的特征。相关人员感到自己的个性被剥

夺了。叠加在一起的罪犯照片也会趋向于平庸，那张合并后的脸看起来显然比当初形成它的那些备受蹂躏的脸更讨人喜欢。高尔顿的叠加技术不可避免地导致了轮廓的模糊，他试图减少均衡眼睛之间的距离，但是，现在电脑可以在不降低清晰度的情况下融合人脸，产生一种奇怪的空灵的外观，观察者认为这种外观比融入其中的大多数人脸更有吸引力。

对美的感知可能仅仅是由于对称性的增强，这与画家乔舒亚·雷诺兹爵士的假设是一致的，那就是"美是个体的各种形式的媒介或中心……大自然不断地向它倾斜，就像线的终点是一个点"。[9] 现代观察家想知道美与稳定的性格间是否有进化相关性。他们让大众对 60 名女性面孔的男性和女性吸引力进行评分，来论证美丽是趋于平均的回归这一观点。当把 15 张评分最高的脸合并在一起时，研究人员发现这 15 张脸比整体合成的脸更有吸引力，这推翻了"美丽在于平均"的观点。然后，两位研究者找出了高平均水平组与其他组别之间的区别，并将其提高了 50%（这种差异对于观察者来说几乎是看不出来的），结果这个组合的得分更高了。当对面孔的美丽做出评价时，我们会对难以察觉的线索做出反应。由于这个实验在日本女性和西方女性身上得到的结果是一样的，所以这个结论并不局限于某一种文化或种族。[10]

过去的面孔和现在的面孔之间的区别比较容易感知，但很难界定。卡迪夫附近的一家摄影工作室专门将客户的脸转换成旧照片，但尽管技巧高超，这些脸看起来还是不像过去时代的人。艺术伪造者发现，要复制 20 世纪的面孔，比复制伟大画家的高超技艺要困难得多。[11]弗朗西斯·高尔顿研究了几个世纪以来的英国肖像，他声称发现了"无可争辩的迹象，表明一种主流的面部正在取代另一种类型的面部"，但这可能与艺术风格有关，而不是解剖学。另一种可能性是，我们面部肌肉的习惯性活动可能会改变我们面部的静止状态，而我们并没有意识到。亚瑟·凯斯特勒说，在美国定居的犹太人朋友很快就变得像美国人了。这一观点得到了一项研究的支持，该研究表明，学生们可以通过显示中性表情的灰度照片更精准地识别富有的人。[12]

如果试图从外部线索推断一个人的性格，结果往往让人失望。18 世纪的思想家相信，敬虔和美德是与生俱来的品质，一个人的性格必须落在邪恶和美德之间界限的一边或另一边。可悲的是，美德并不是特别有趣，而邪恶却有着无穷无尽的魅力。早期的小说家通过让读者猜测一个角色会落在线的哪一边来绕过这个问题，直到故事的结尾才揭露每个人的真面目。成长小说向前迈进了一步：角色不再被描绘成一种固定的属性，而是通过考验仪式才能达成的结果。19 世纪的小说家把邪恶与美德的斗争定位在男女主人公身上，宗教思想和传记也经历了类似的转变。虔诚和美德不再保证被救赎，只有在痛苦的自省之火中得到净化，灵魂才会向往光明。

地狱的概念在 19 世纪逐渐消失了，性格这个概念也不再是统一的、固定的。心理学家威廉·詹姆斯在 1890 年写道，新生儿会陷入一种"热闹嘈杂的混乱"的感觉，今天的小说家所刻画的人物都被自我表达所淹没。性格已经消失了，我们只能紧紧抓住个性、属性和习惯行为，这些东西无法从鼻子中被推断出来。

▶▷ 表达情感

虽然没有理由怀疑我们对快乐或痛苦的感觉会随着时间而改变，但表达它们的方式无疑会改变。戏剧反映了这一点，因为当演员与观众保持一定距离时，脸的作用是有限的，古希腊的演员戴着面具表演。那些在舞台上表演的人必须把他们的声音和感情投射到剧院的后排，因此早期的电影制作中有很明显的戏剧性的表演风格。近距离电影摄影是一种启示，因为它通过面部肌肉几乎察觉不到的变化来传递角色的心理变化。当在一起互动时，我们的脸很少是完全静止的，而早期著名的美人也不可能成为好的海报女郎，因为她们的美在于其魅力、活泼和丰富的面部表情。

语言和表情是密不可分的，因为面部的肌肉支配着从嘴里说出的话，并通过手、肩膀和身体的运动来强化面部肌肉对说话内容的生动诠释。达尔文指出："语言的力量在很大程度上是由面部和身体的富有表现力的动作所推动的。"当与任何一个掩面的人谈论一个重要的问题时，我们马上就会意识到这一点。达尔文从来不用纠结于电话或电子邮件，但我们知道，严重的误解有多么容易产生：面对面的会议永远都不可能被取代。

虽然在今天，拉瓦特式的相面术并不可信，但我们似乎有理由相信，面部肌肉的构造受到了习惯性表情的影响。这些肌肉在脸部面具下形成了一个错综的网状结构，它们以复杂而微妙的同步方式对传递给我们神经的信息作出反应。相比之下，灵长类动物的面部肌肉主要由用于快速运动的快速肌纤维组成，与之相反，我们的面部肌肉是慢肌，更适合情绪和表情的缓慢变化。[13]面部肌肉不同于其他部位的肌肉，它们的末端在皮肤上而不是骨骼上。这意味着面部肌肉完全挂在头骨上。你可以在床上平放一面镜子，垂直向下看，放松面部肌肉。接下来，为不愉快的经历做好准备吧。

查尔斯·贝尔指出，神经和肌肉通过不断调整来改变面部表情，眼睛、嘴、脸颊和额头上的轮廓都受神经和肌肉支配。面部神经的作用在被称为贝尔氏麻痹的暂时性瘫痪中表现得很明显，贝尔氏麻痹是一种半张脸的下垂的麻痹症。

贝尔启发达尔文去研究情绪，他得出的结论是，人类面部表情的范围可以从几种主要的情绪中衍生出来，尽管它们巧妙地交织在一起。像恐惧和愤怒这样的原始情绪很容易跨越物种障碍而得到理解，在不同的种族、儿童和盲人中都可以观察到相同的基

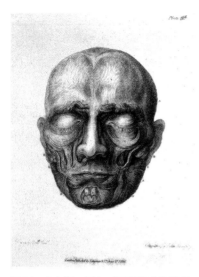

图56：查尔斯·贝尔对面部肌肉的描绘。

本表达范围，这表明自然选择有着共同的起源。他指出，"我们在不需要任何有意识的分析过程的情况下，就能立即识别出来如此多细微的表情"，这意味着我们天生就被设定好了发送和接收非语言信号。[14]

鉴于面部和声音的紧密合作关系，语言和面部识别能力都是天生的也就不足为奇了。婴儿几乎是在出生后立即对人的脸——甚至是一张脸的图画做出反应，并能在几周内回应你的微笑；我们在一生中，会习惯性地把脸解读成云或其他随机的形状。大多数成年人对任何像婴儿的脸一样的东西都会有一种爱的冲动。康拉德·洛伦兹认为，我们拥有先天的释放机制。正因为有这样的机制，我们可以从新手父母震惊的表情中，看到无助的偶像崇拜。

情感与其他思维过程的不同之处在于，它们会产生一种身体反应，而且这种反应可能具有惊人的力量。用心理学家威廉·詹姆斯的话说："身体的每一个变化，不管是什么，都在它发生的那一刻被强烈地或模糊地感受到。"此外，"每一点变化都为我们每个人的个性增添了一种悸动的感觉，或暗或锐，或愉快，或痛苦，或暧昧。"[15]在现代早期，我们表达情感的方式，也就是在某种程度上我们体验情感的方式，发生了显著的变化。

在18世纪和19世纪上半叶的英国，流泪是一种常规的情感表达方式，但到了19世纪末，男性流泪就成了严格的禁忌。[16]尽管有些人可能会说，公学制度造就了一代又一代感情用事的"娘娘腔"。但对一个傲慢的种族来说，沉着冷静是必要的，公学生普遍符合这样的标准。E. M. 福斯特回忆说，他所见过的最勇敢的事情，是学校里的一个男孩在开放日公开介绍了他的父母和妹妹，甚至和他们一起走过操场。

表达方式要遵循社会习俗。电影用面部表情的特写画面取代了戏剧式的远距离表演，但电视上的肥皂剧或娱乐节目则要求将喜悦或绝望的情绪加以夸大，并渗透到日常生活中去。当某位击球手被解雇时，板球运动员们高兴地跳来跳去，而不是在他离开时恭敬地鼓掌。另一个创新是露齿微笑。在艺术画廊里可以看到数千幅古老的肖像，然而现代的微笑最早可以追溯到18世纪80年代，当时这被认为是淫秽的。[17]动物只有在受到威胁时才会露出牙齿，这就是为什么当你对宠物微笑时，宠物可能会退缩。也许还有其他原因，比如牙齿不好等。总之，我们的祖先总是紧闭双唇，但现代的问候方式很大程度上要归功于好莱坞电影、牙膏广告和牙齿矫正术。

艺术家约翰·辛格·萨金特在1890年为埃莉诺·布鲁克斯

小姐画了一幅画，画中的人物脸上带着温暖而文明的微笑。他显然对结果不满意，最终的完成品中人物很沉静。肖像和旧照片中缺少微笑的一个原因是，一个自然的微笑不可能持续超过一瞬间。男性的目的是让自己看起来严肃或威严而不是欢快，而女性则被要求说出"西梅干"（Prunes）这个词来让自己的嘴巴呈现出想要的玫瑰花蕾的形状。一项对一个世纪以来美国学生年鉴照片的研究表明，微笑的频率和强度都随着时间的推移而稳步增加，而且女性比男性更容易微笑。[18]

大脑的大部分运动和感觉皮层专用于面部运动和感觉，但梭状回中的一个区域专用于区分面部——要在街道上观察到眼睛、

图 57：维热·勒布伦夫人的自画像细节，她在 18 世纪晚期将半笑引入了肖像画，并由此引发了丑闻。她任性的头发、微微张开的嘴唇和扩张的瞳孔给这幅清新而天真的画面增添了一种情色的味道。

鼻子和嘴巴的无尽细微变化绝非易事 。我们生活在移动的面孔海洋中，如此相似，但又如此不同。人类区分人脸的能力是非常惊人的，我们能够存储大约 5000 张人脸的数据库，目前仍然领先于计算机软件。人脸识别涉及大脑不同区域之间的相互作用，而这个系统的失败会导致一种被称为人面失认症的情况。这与智力功能完全无关，极端情况下，患者可能无法认出自己的孩子，甚至难以辨认出与他们对话的人的性别。人们似乎一眼就能认出所有的面孔，就像老练的读者能够囫囵吞下一个句子，而患有脸盲症的人则很难把它拼凑起来。就像一位患者说的那样："我能清楚地看到眼睛、鼻子和嘴巴，但就是看不出来是谁。它们都像是用粉笔写的，写在黑板上。"虽然这种情况曾经被认为是由脑损伤或中风引起的神经异常，但现在人们认识到，大约每 50 个人中就有一个人在面部识别方面有困难；神经科医生奥利弗·萨克斯就是其中之一，他在研究了《把妻子当成帽子的男人》这本书后，为自己做出了诊断。[19]

我们中的很多人在面部识别方面遇到困难很正常，因为当我们的大脑发展到现在的大小时，我们的祖先还生活在狩猎–采集者的小群体中。当面对一大群面孔时，我们必须依靠其他线索来确定自己的身份。我们中的大多数人都曾因为在不熟悉的环境中认不出一位老相识而感到尴尬。不认识或说不出你应该认识的人的名字，往好了说是一种失礼，往坏了说是一种侮辱。在医疗会议上，我经常叫不出我见过的人的名字——我的诀窍是向他人询问"和你一起工作的那个人是谁？我想不起他的名字了"。就像外语能力一样，识别人脸的能力也可以开启和关闭。比如，如果有人意外地跟我说法语，我就会说不出话来，但在几个小时内，我就能说得更流利；随着会议的进行，我的面部识别系统也发生了类似的事情。

从进化的角度来看，认不出敌人的脸可能是致命的，但认不出周围人的脸也可能造成严重的破坏。精神病患者通常缺乏这种能力。例如，当看到表达恐惧的照片时，一个人回答说，这就是人们在被杀之前的样子。另一方面，有些人——包括精神变态者——更擅长于解读他人的表情。解释、影响和欺骗他人的需要，可能是我们拥有庞大而昂贵的大脑的一个原因。考虑到我们现在会遇到成千上万的人，迅速的判断是必要的，就像"快速思考"处理日常决策一样。快速判断通常对我们很有帮助，因为大多数人都想活在自己的期望中，但过度依赖第一印象为社会掠食者提供了他们的自然栖息地。

我们对于社会充满迷茫，但对社会线索的误解而造成的复杂局面，也为我们提供了从阅读简·奥斯汀，甚至是一般小说中获得的乐趣。老练的观察员可以从一次偶然的接触中获得很多的信息。夏洛克·福尔摩斯声称："欺骗……对于一个受过观察和分析训练的人来说，是不可能的。"西格蒙德·弗洛伊德说：

"有眼睛看，有耳朵听的人不会相信凡人能够保守秘密。如果他的嘴唇沉默，他的指尖会不停抖动，他的每个毛孔都流露出对自己的背叛。"话虽如此，我们并不知道他说对了几成。

▶ ▷　性情

"发脾气"（To temper）一词的本意是混合或平衡，比如我们用仁慈来"调节"正义或失去平衡。性情是你性格中个性特征的混合。希腊人相信你的性格来自于四种体液的混合，或者说是体液。它们分别是血液、黄胆汁、黑胆汁和痰（水状液体），其中一种或另一种的优势将人的性格分为多血质，胆汁质，忧郁质或粘液质。这一学说的生命力是顽强的。例如，到了19世纪晚期，外科医生亚历山大·斯图尔特在一份流行的教学大纲中提出了类似的四重分类——多血型、淋巴型、胆汁型和神经型，其中神经型取代了原来忧郁质。[20]

不出所料，弗朗西斯·高尔顿瞧不起那些仅仅满足于描述的人。他认为："这是一种概括的恶习。"但是，我们如何才能更客观地衡量我们的"情绪气质"呢？他查阅了一本同义词典，找出了1000个与性格有关的形容词，其中许多在意义上是重叠的。[21]50年后，芝加哥大学的L. L. 瑟斯顿重拾了高尔顿的研究。他编制了一份包含60个常用形容词的清单，让人们想出一个他们熟悉的人，并在最能描述他们的形容词下面画线。[22] 对人的评价可以分为不同的几组：一组把人描述为友好、慷慨和快乐的；第二组是耐心、冷静、诚恳的；第三组是恒心和勤奋的；第四组是有能力、坦率、独立和勇敢的；第五组（也是最大的一组）则完全由贬义词组成的。瑟斯顿很惊讶地发现，巨大的个性图谱可以归为如此少的类别。

通过列举形容词来评估一个人的性格似乎有些奇怪，但我们就是这样做的。如今心理学家用计算机词典来列出它们，为了弥合文化差异，这种探索已经延伸到其他语言。同样的词群也会出现，而且许多人都同意从经验中推导出的五大分类——外向性、亲和性、尽责性、情绪稳定性和对经验的开放性——尽管术语各

图 58：来自杜勒的《四使徒》（1526）的细节，这幅画是他皈依新教后的作品，每个使徒代表一种性格。在左边，平静而忧郁的约翰向冷漠的彼得展示《圣经》，彼得放下了天主教会的钥匙，顺从上帝的话语。在最右边，易怒的保罗一手拿着一本书，另一只手拿着一把剑，而乐观的马克注视着未来。消极的性格在左边，积极的性格在右边。

不相同。[23] 所有文化中外向性和亲和性得分都很高，其次是尽责性；对经验的开放态度在某些文化中比在其他文化中更受重视。一组研究人员描述了"中国传统"因素，它是由一系列与内在和谐和社会和谐相关的术语定义的。[24]

关于"人格障碍"是分类变量（即与正常类型不同）还是维度变量（程度不同）一直存在争议，最近的共识是：它们属于同一范畴。[25] 伍德沃斯个人资料表（Woodworth Personal Data Sheet）在第一次世界大战中被开发出来，起初是被用于筛查美国军人是否易患上炮弹休克症（尽管没有被及时使用）。在这之后，更有利可图的游戏就开始了。通过迈尔斯-布里格斯类型指标（Myers-Briggs Type Indicator）等工具进行性格测试逐渐成为一项利润丰厚的业务。许多人发现迈尔斯-布里格斯是一种有用的自省工具，但声称的选择合适的人担任某项工作的作用却经常受到质疑。[26]

▶▷ 心灵的镜子

我们的祖先是如何思考的？维多利亚时代的人们认为，他们所遇到的所谓的"原始"民族的思想和行为就像孩子一样，而随着社会在技术发展的阶梯上不断上升，他们的思想会变得更加成熟。20世纪社会人类学的两部名著挑战了这一观念。弗朗茨·博阿斯在《原始人的思维》（1911）一书中指出，原始人的思维过程和我们的一样复杂——平等而又不同。克劳德·列维施特劳斯在《野性的思维》（1962）一书中也提出了同样的观点。举例来说，传统社会的植物学知识往往并不比现代差。奇怪的是，博阿斯和克劳德·列维施特劳斯都没有评论他们自己和所研究的人之间最根本的区别：读写能力。

苏格拉底可以阅读，但他是靠口头讲述来生活，他的声音通过其弟子的著作传达给我们。在《费德鲁斯篇》中，柏拉图想象了两个埃及神之间关于书写的发明的对话：塔玛斯神说：

> "你的发现，会在学习者的心灵中创造健忘，因为他们不会使用自己的记忆；他们会相信外部书写的文字，而忘却了自己思考。你所发现的特殊事物不是对记忆的帮助，而是对回忆的帮助，你给门徒的不是真理，而只是真理的假象；他们会聆听许多事物，却什么也学不到；他们会显得无所不知，但通常却一无所知；他们将是令人厌烦的伙伴，展示自己的智慧，却对真实的世界一窍不通。"

听起来是不是很熟悉？他说的难道不是互联网吗？

我们已经习惯了写作，以至于忘记了它是多么的"不自然"。语言学家阿瑟·劳埃德·詹姆斯在《我们的口语》一书中说：

> "声音和视觉，言语和文字，耳朵和眼睛，没有任何共同之处。人类大脑所做的一切，在复杂性上都无法与连接两种

语言形式的思想融合相比。但融合的结果是，一旦在早期完成融合，我们就永远无法清楚地、独立地、肯定地思考问题的任何一个方面。我们不能做到想到声音而不想到字母；我们相信字母也有声音。我们认为印刷品就是我们所说的话的写照。我们相信自己应该像写作一样说话，而且'拼写'这个神秘的东西是神圣的。"[27]

孩子们是靠耳朵学会语言的，但是当学习读和写的时候，他们必须重新发明这个过程。我们的大脑已经为口语做好了准备，但自然选择并没有让我们为书面语言做好准备，这也许可以解释为什么读写困难比口语困难更普遍、更多样。

写作减少了对记忆的依赖，但牧师和政治家的演讲却以一种我们几乎无法理解的方式对听众产生情感上的影响。广播将冗长的演讲浓缩成富兰克林·D.罗斯福的炉边谈话或阿道夫·希特勒的咆哮，电视则将演讲缩减为简短的讲话片段。结果，与前几代人相比，我们在缺乏视觉线索的情况下吸收口头信息的能力大大降低了。从现代教科书来看，这同样适用于书面信息。

写作在作者和读物之间建立了一种新型的对话，因为它将思想从思想者手中解放出来，将其引入一个外部和非个人的领域，在那里，思想成为一种智力货币。现代读者阅读一本书所用的设备在以前几乎是不为人知的。手抄本的目的是要被大声地读出来，而孤独的读者会在阅读文本时念出这些单词。[28] 文字只不过是一种符号。威廉·莎士比亚似乎对他作品的印刷版并不感兴趣，甚至对自己名字的拼写也不感兴趣。在古登堡发明西方活字印刷术之前，文字仅仅是一种将口语从一个人传递到另一个人的方式。而印刷术发明之后，书面文字才变成了"字面上的"真理。

　　我们很多人都清楚地记得阅读带来的变革影响，但在过去很少有人有识字的机会；联合国教育、科学及文化组织估计，在 200 年前，世界上只有 10% 的人能够阅读。印刷术在西方最初主要局限于拉丁字母，尽管它很快就传播到其他地方的西方化精英手中——在那里，他们常常困惑地注意到，欧洲人并没有践行他们所宣扬的自由和平等。用联合国教育、科学及文化组织的话说，高级读写能力最初"仅限于宗教领袖、公务人员、远行商人、专业协会成员和某些贵族"，只是在过去的一个世纪左右才渗透到了社会的其他阶层。欧式文学用一种异族语言向非西方人传达了异族的思维模式，即使在翻译中也保留了其独特的心理风格，这是一种文化帝国主义。从东方到西方的逆向流动在新媒介中表现得不太好，东方主义——来自东方的学习和见解的回流——最初被来自西方的结构化信息浪潮所淹没。

　　世界范围内识字的普及由于语言和文字的泛滥而变得复杂起来。1971 年，人们认为世界上现存的语言有 3000 种，其中只有

78 种有书面文字。[29]19 世纪，欧洲语言在民族国家的边界内开始标准化，这一过程（伴随着对某些语言和方言令人厌恶的排斥）在 1919 年的《凡尔赛条约》中得到扩展。多语言社会在世界其他地区更为普遍，这迫使许多人必须学会用第二语言读写；8 岁以后习得的语言储存在大脑的不同部位。拉丁字母的简单性及其符号的情感中立性极大地促进了其传播。例如，阿拉伯语在拼写上比书面英语更复杂，因此不容易一眼就能理解。流利的英语读者在阅读时使用左右脑，而阿拉伯语读者则更依赖左脑，这可能是因为他们更需要逐字逐句地进行书写。[30]

1950 年，全球约有一半人口受过教育。教育将几代人分开，不识字的老年人向年轻人求助，就像我的孩子们帮助我使用电脑一样。读写能力使读者能够区分观察的"我"和行动的"我"，从而引入更多的自我认识，使我们更容易为自己的生活构建一个关联性的叙述。不识字的人不会这样看自己。一位人类学家说，当被问及"你是什么样的人"时，一位非洲村民愤慨地回答说："我能就自己的心说些什么呢？我该如何谈论我的性格？问别人吧，他们可以告诉你我的事。我自己无话可说。"[31]

在中世纪早期的欧洲文学中，一个人的地位和荣誉感与自我之间并没有明确的区分：就像非洲村民一样，人们从外部来看待自己。在人类学家鲁思·本尼迪克特的构想中，他们是"羞耻"社会的成员。识字能力在 16 世纪宗教改革时期才成为一面自我认知的镜子，那时，当人们能读《圣经》的通用语言版本，能够自我直面上帝时，就成为会反省和自治的个人，行为逐渐被内疚而不是羞愧所驱动。

几乎全民识字是最近才出现的现象。在第一次世界大战中，美国开展了针对军人的智力测试，其中四分之一的人无法参加基于阅读能力的阿尔法测试，这些人只能继续参加基于图片和符号的贝塔测试。[32] 这些测试程序现在被认为有不可弥补的缺陷，尤其是因为它们没有考虑到不识字的人具体的思维过程。识字是一种改变大脑的方式，它需要将声音复杂地转换为一种视觉媒介，然后再转换回来。将思想者从思想中分离出来，需要一种新的内部叙述形式，并能促进完善自我意识的发展，（潜在地）增强对他人的同理心。这种新的二元性强调了个体的独特性。16 世纪的散文家米歇尔·德·蒙田把他一生的大部分时间都花在了一个塔楼的房间里，专注于对生命体验的个人探索。他的座右铭是："我知道什么？"（Que scais je？），这标志着人类意识开启了一个重要的新发展阶段。随着文学水平的提高，日记、回忆录、小说等大量涌现，人们的自我意识不断增强，而对他人内心深处思想的接触，也为同理心概念的发展奠定了基础。自我意识和对他人的洞察是密不可分的。

▶ ▷ 人心的净化

　　30 年前，我的一位学术同事在沙特阿拉伯受到了东道主的特别款待。"款待"是坐在公共广场上观看某人被斩首。在 18 世纪的英国，父母常常带着孩子去观看死刑，这在当时似乎并非不合时宜，但在今天却会引起反感。一个原因是，我们与宰杀动物的行为隔绝了，因此会更加敏感，而任何 18 世纪的孩子都会看到动物被宰杀。前几代人受到的教育是，杀戮是值得赞扬的。第一次参加英式猎狐活动的男孩身上会沾满狐狸的鲜血，这个仪式被称为"流血"。而在武士部落中，杀死第一个敌人之后才算迈入成年。纳粹敢死队命令新兵进行杀戮，因为他们知道这种仪式会让后续的杀戮变得更容易。在《杂食动物的困境》一书中，迈克尔·波伦描述了他是如何学会宰杀鸡的。他说："某种程度上，杀鸡最不道德的地方在于一段时间后，你就不再觉得杀鸡不道德了。"[33]20 世纪的教训告诉我们，普通人可以轻而易举地变成杀手。

　　如果我们看到别人的头被砍下来时感到厌恶，一个原因是神经质，另一个原因可能是羞耻。在沙特阿拉伯执行死刑现场有 2 名英国人，在那之后他们故意避开对方。芝加哥臭名昭著的米尔格拉姆实验表明，志愿者完全做好了在权威人士的邀请下折磨他人的准备。斯坦福监狱实验表明，学生在扮演狱卒时，很容易陷入一种施虐狂欺凌的模式。同理心似乎是对社会规范的一种反应：它必须被学会，也可以不被学会。

当然，还有更多的原因。我的一位丹麦朋友的父亲是农民，他曾诱捕老鼠，并把它们活活钉在谷仓的横梁上；它们的尖叫声会吓跑其他老鼠。我的祖母是一位一个世纪前搬到乡下的城市女孩。她也不得不捉老鼠。她的装置把老鼠诱到一个活板门上，然后把它们扔进笼子里。接着，她把笼子放进一桶水里，老鼠就会被淹死。我的祖母总是把水加热，以减少这种经历的不快。她可以想象被淹死在冷水里的情景，而农夫却无法想象被钉在梁上的情景。这种对比跨越了表型转变，可以用"同理心"一词来概括。这个词直到20世纪才进入英语，它的核心意思是感受到自己处于他人的位置。进一步说，这包括对女性、儿童、穷人、被奴役者、被囚禁者和精神病患者的脆弱性的更深入的了解，以及对动物的一些同情。

心理学家史蒂文·平克在介绍他关于社会暴力下降的研究时说：这"可能是人类历史上曾经发生过的最重要的事情"。"写作和文学的发展使人类产生了外生性变化"，这引发了他所说的人道主义革命。他认为："从时间和空间来看，越和平的社会也往往越富有、越健康、受教育程度越高、治理越好、对女性越尊重、越有可能从事贸易。"[34] 不幸的是，这并不一定能阻止他们向那些不那么开化的人投下炸弹。

▶ ▷ **独处**

在表型转变的初期，稳定的社会秩序和有目的的宇宙确定性逐渐消失，取而代之的是对个人体验真实性的强烈呼吁。一些人在浪漫主义运动暴风雨般的激情中发现了这一点，另一些人在福音宗教中发现了这一点。尖锐的，通常也是痛苦的自我分析伴随着对被压迫者的同情明显增加。文学评论家笔下的"感性"这个词是一个难以捉摸的概念，他们用这个词来描述小说家或写日记的作家体验世界的方式。传统的虔诚和美德不再足以保证一个人顺利进入天堂，因为灵魂也必须经受内省之火的灼烧。

社会编年史家彼得·盖伊根据资产阶级的私人回忆录撰写了大量关于19世纪人们情感变化的文章。正如他所指出的那样："19世纪人们是极度专注于自我的，甚至自我到了神经官能症的程度。"[35] 他主要关注中产阶级，忽视金钱等因素，中产阶级越来越关注自己的社会力量，但对自己在世界上的地位却没有信心。盖伊与西格蒙德·弗洛伊德一起在维多利亚时代无意识地完成了他的探险之旅，后者的人生追求是指向内心的。

自我是一套内化的社会反应：一种社会自我。弗洛伊德将心灵看作是19世纪城市的缩影：本我代表着骚动的大众，他们有着原始的能量，无规无矩的情绪和不受约束的欲望；资产阶层代表着自我，牢牢地压制着这一沸腾的骚动；超我是形成这样做的理由的方式。平克认为这是一种"水压"的人格观，从康拉德的《黑暗之心》到戈尔丁的《蝇王》，现代小说都描绘了人类与生俱来的冲破文明约束的野蛮性。弗洛伊德本人持悲观的观点，认为个人的文明只能通过不断加强对淫欲的压制来实现；治疗师所能期望的最好结果就是"将神经质的痛苦转变为普通的不幸"。

到了 20 世纪中叶，流行动物行为学家罗伯特·阿德雷以中心地位理论为个人适应社会提供了一种更为世俗的观点。根据这一点，襁褓中的婴儿视自己为宇宙的主人，世界唯一的功能就是满足婴儿自己的需要。慢慢地，孩子极不情愿地通过分享玩具和接受别人的计划来承认这种全能的局限性。随着时间的推移，他的同情和理解向外发展扩展到社区，并从那里发展扩展整个社会。平克称其为不断扩张的圆圈。自我可能会成长为一个成熟和宽容的社会成员，但也容易在这个过程中停滞不前。如果是这样，这个不断扩大的圈子就会慢慢停止，把其他种族、信仰或性别身份的表达都抛在一边。

▶▷ 社会失范

无根性（无论是社会层面还是宗教层面）是现代生活的主要特征。英国人类学家阿尔弗雷德·哈登（1855—1940）在 1887 年首次前往托雷斯海峡（位于澳大利亚和新几内亚之间）时，受到了巨大震撼。他是一名海洋生物学家，对珊瑚礁很感兴趣，但一次经历改变了他的一生。事情发生在亚姆岛上：

> "我们在登陆台附近发现了一个挡风板，下面蹲着几个人。岛上的居民已经减少到只有3个男人和2个男孩了。所有的女性都已死亡或移居到邻近的岛屿。老人们静静地坐着，没精打采，什么也不做，什么也不关心，等待着死亡。我为他们感到很难过。"[36]

他意识到，珊瑚礁可以等待，但生活在珊瑚礁上的人们却不能。于是，他开始尽可能多地记录这些人的生活。

伴随失去朋友、家庭、部落、文化和语言而来的彻底灭绝的感觉是难以想象的，相当于我们现代人面对整个族群的灭绝和老年的孤独。这种孤独感被称为失范、身份的丧失——也被称为"无限病"。这个术语是由社会学家埃米尔·涂尔干（1858—1917）提出的，特别涉及从"有机"社会过渡到工业社会的失落感。更普遍地说，它指的是伴随社会或文化冗余而来的身份的丧失。

社会失范的最新案例是老年人的失范，因为寿命的延长和迅速变化的环境结合在一起，使许多老年人被困在一个语言和文化越来越难以理解的世界。他们觉得自己过时了，与外界脱节了，失去了意义和目标。如果说老年人的失范值得同情，那么年轻人的失范则令人畏惧。在消费的黄金时代（大约1950—1980年），充分就业是西方国家人民的期望。那时，人们有房子、汽车、社会地位的保障，以及可以传给子女的东西。当后工业社会创造了一个没有先例的"经验真空"时，这种情况发生了变化。年轻人在刚刚进入社会时，他们在自己所处的社会参与有意义的社会生活的可能性就已经被消灭了。

一种新的意识遇到了一种新的心碎之源：宗教信仰的丧失。18 世纪的欧洲人与神有一种正式的关系，这表达了他们社会的价值。19 世纪带来了一种更痛苦的生存孤独感，个人转向自己的内心去寻找上帝，许多人在那里找到了他们内心深处的思想，和渴望的神圣见证。痛苦不能被分享，但它可以被见证，而见证可以在某种程度上证实痛苦。其他人则遇到了可怕的空虚。

目前很少有西方人相信他们的思想和行为是由神的见证来判断的，也很少有人认为我们在世的时间是进入更高形式存在的测试场。也有人把这些信仰视为他们存在的核心意义，宗教信仰在前几代人的精神世界中占据着中心地位，人们很容易忘记失去它意味着什么。接下来，让我们重新回到那个世界。

牧师 C. 莫里斯·戴维斯（1828—1910）于 1873 年一个星期日晚上 6:45 分走进了伦敦老街的科学馆。他是来听异教徒的传道者查尔斯·布拉劳夫的演讲的。虽然戴维斯故意提早到达，但大厅里已经挤满了人。环顾四周，他注意到观众大多来自商人和工匠阶层，但也包括"穿着海军服装的军舰士兵，以及穿着工作服的真正的劳工和苦力"。他苦笑着问，那些从未想过免费到教堂做礼拜的人，却愿意花 4 便士来听上帝不存在的说法，这是怎么回事？[37] 这时，大厅里已经挤满了人，布拉劳夫亲自挤过人群，领着他的女儿爱丽丝和希帕提亚走向围着桌子坐在平台上的那群男人。戴维斯看到了"一个高大威严的身影，脸刮得干干净净，头发从前额向后梳着。他有一双敏捷而明亮的眼睛，和演讲者常有的那种大下巴。"很快，布拉劳夫在一片寂静中站了起来，开始谴责上帝不存在。上帝证明的概念是可笑的——跟托雷德尔格列柯村的人说说吧，最近维苏威火山爆发，这个村庄被熔岩吞没了。至于祈祷，想象 12 亿人每天都祈求上帝，希望他能满足他们的愿望是多么可笑。没有宗教本能这回事，因为他自己（"这时，他那厚厚的声音降到了最温柔、最悲切的声调"）也会像大部分年轻人那样，在精神极度痛苦时试图祈祷，但是并没有收到回应的信号。

他的结论是，宗教禁锢了千百万人的思想自由，把殉教者烧死在火刑柱上，但是布鲁诺、雪莱、伏尔泰和潘恩的声音再也不能被压制下去了。他总结道："我们在过去的 200 年里才刚刚能够自由交谈，宗教用几千年的时间麻痹了人们的大脑。"掌声如雷。随后又有两位发言人发言：詹金斯先生为基督教进行了毫无生气的辩护，但在有人要求他闭嘴的背景下，信奉有神论的威廉姆斯先生却赢得了一阵掌声，他勇敢地坚称，无神论与其反面一样无法被证明。戴维斯牧师思忖着，难道世上就只有这些稻草人站出来捍卫宗教吗？观众会留下来听吗？

莫里斯·戴维斯知道教义纯洁的陷阱。他在 1851 年被任命为牧师后，就放弃了最初对牛津运动的坚持，转而在一系列小说中取笑高等教会，并在他的信仰减弱后转向了新闻业。19 世纪 60 年代，当还是伦敦的一名兼职牧师时，他就开始了在伦敦迷宫般的探险之旅。和许多维多利亚时代的探险者一样，他很快发现这座城市比《泰晤士报》的读者想象的更奇怪、更出乎意料。从精神到物质，从宗教到政治，各种各样的信仰在伦敦都有体现。爱德华·吉本曾描述了早期教会分裂成无数教派的过程，每个教派都有自己直接通往上帝的渠道，并随时准备对其他教派进行诅咒；戴维斯在不信仰者阵营中也发现了这一点。正如他所指出的那样，"不信"在教义上等同七层面纱之舞，每一层都由被丢弃的东西来定义。一神论者——他们的名字掩盖了他们各种各样的观点——否认一个三位一体的神；自然神论者（有些是基督教徒，有些不是）相信一个不知名的神，他坚决的不干涉政策使他既不插手世间事也不暴露自己；无神论者——在 19 世纪的思想中是与有神论相对立的，而不是启示性宗教——否定了神的概念本身，并认为神应该为自己的不存在负很大责任。

当然，每个团体都按照不同会众的模式组织自己。但这些团体的一个显著特征是，他们都有自己的会议厅，自己的牧师（他们中的许多人，像早期的卫理公会教徒一样，不知疲倦地在全国各地旅行）和自己的通讯录或小册子。每个人都通过这些途径来定义自己，每一种不相信的陈述，都同样不可避免地激起其他人的反对或破坏。无论你从哪个角度看，无论是神智学者、唯灵论者、自由思想家，或者有宗教信仰的人，没有宗教信仰的人，你都会看到同样的组织，同样的分裂主义者，同样的精心伪装的权力斗争。自由思想从正统宗教中汲取能量，也有自己的圣人和殉道者；当有组织的宗教在撤退的边缘摇摆时，它就繁荣起来，一旦宗教溃败，它便成了主宰。

在虔诚的异教徒的一生中，有两个里程碑。第一是信仰的丧失，第二是与死亡的相遇。威廉·詹姆斯在《宗教经验的多样性》中提供了详细的描述宗教皈依及其反转的各种宗教经验。皈依是维多利亚时代自传中反复出现的主题，在皈依之前通常会有一段绝望的时期，一种对自己无价值感的深刻感觉，以及许多临床抑郁症的特征。皈依的经历本身就伴随着一阵喜悦的宽慰和一种压倒一切的接受感。当信徒从信仰转向不信仰时，相应的无神论就出现了，詹姆斯把这称为反转。许多叙述表现了这种缓慢而痛苦的堕落，因为不信教者逐渐放弃了一切以前曾给人希望和存在的目的。法国哲学家茹夫瓦这样描述自己信仰不忠的危机：

> "我徒劳地固守着这些最后的信念，就像遇难的水手紧抓着他的船的碎片不放一样。我对即将漂浮的未知的空虚感到恐惧，我和他们一起转向我的童年、我的家庭、我的国家，

和所有对我来说是亲爱的和神圣的东西……我似乎感受到了我过去的生活，那充满微笑和欢乐的生活，像一把火一样熄灭了，另一种生活在我面前展开了，那是一种阴暗的、没有人烟的生活。将来我必须独自生活，独自带着我的致命的思想生活，这种思想把我放逐到这里，我很想诅咒它。这一发现之后的日子是我一生中最悲伤的日子。"[38]

正如宗教皈依者要面对陷入不信的恐惧一样，对一个不信仰者来说，最严峻的考验是直到最后都否认救赎。垂死的无神论者为福音派信徒提供了一个不可抗拒的诱惑，他们试图把一个不信仰者从地狱的魔爪中解救出来。他们非常愿意把不信仰者握紧对方的手看作是忏悔的表示，并向全世界宣布这一消息。因此，无神论者的临终之床被他们的朋友们小心翼翼地保护着。

1874 年 4 月，莫里斯·戴维斯选择以无神论者奥斯汀·霍利亚克的葬礼来结束他在伦敦的一系列报道。霍利亚克的工作是印刷异教徒文学，提倡节欲和共和主义，并与人合著了《世俗主义者的歌曲和仪式手册》。霍利亚克忠于他的信仰，对妻子口述了他的"不悔于不信教"的遗嘱，直到他说不出话来。戴维斯在一个晴朗的春日参加了他的葬礼，他在葬礼上注意到大自然的"复活"，到处都是花蕾和花朵。但对霍利亚克来说，却没有这样美好的希望，报纸上纪念他的文章标题仅仅有"斯人已逝"几个字。而基督教的纪念文章标题中常用的几个字被省略了（"虽然逝世了，但没有消失")。戴维斯想："没有这样的话语体系，无神论者的死亡显得更消极一些。"赛利亚克被埋葬在海格特公墓的一块地上，葬礼的隆重程度甚至超过了基督教仪式。这首歌由霍利亚克本人创作，我们可以通过以下摘录来判断：

> "在生命最后的庄严时刻，当他凝视着自己的坟墓时，世俗主义给他带来了最完美的心灵解脱。没有担心，没有怀疑，没有颤抖，也不害怕会错过正确的道路；但是他毫不畏惧地进入了伟大的离去者的国度，进入了寂静的国度……地球上的原子曾经是活着的人，在死亡的时候，我们不过是回到亲人那里，他们已经存在了无数代。"

查尔斯·布拉劳夫对逝者说了最后的话，他努力控制着"僵硬脸上颤抖的神经"。正如戴维斯所言，人比他们的信条要好得多。

戴维斯独自在新翻开的泥土旁徘徊，重读了一封死者写给自己的善意的信。此时，纯粹的否定带来的彻底的绝望似乎强烈地袭上了他的心头，使他确信无神论不可能是正确的。如果一切都在那边的坟墓里结束，那么上帝将是一个严厉的人，而生命将是一个暴君所施加的残酷惩罚。霍利亚克可能会同意这个说法，但他的思想站在有神论的反面。戴维斯转身向着这座大城市，他已经把这座城市的各种信仰编入了目录，诗人阿瑟·休·克拉夫关于复活的诗句在他耳边回响：

"吃吧，喝吧，死吧，因为我们是丧失灵魂之人。

在苍穹之下的所有生物中，我们是最绝望的人，

曾经最希望的人，最不相信的人，曾经最相信的人……

耶路撒冷的女子啊，去吧。

尽你所能地建立你自己那颗悲伤的、流血的心吧！"

总结一下我们对于这个国家信仰变迁的回顾，很明显，我们体验生活，表达自我和互动的方式无法量化，但似乎无可挽回地不同于我们的祖先。这一章开始于一个问题：我们还是原来的我们吗？这是给读者的一个问题。我自己的回答是，永恒的真理是不变的。我们走过生命中相同的里程碑，但看待它们的角度不同，我们是同一个物种的变体。但是，这如何影响我们的思维呢？

第十七章
新思想换旧思想

要了解我们自己的思想过程就已经很有挑战性了，更不用说不同历史时期人们的思想过程。荷马——如果他真的是一个诗人的话——在他的脑子里创作了两部大师级的作品，并凭记忆背诵它们；有这种能力的人显然和常人很不一样。诗歌的神奇棱镜让我们能够洞察他的思维方式，但我们的思想对他来说几乎是不可理解的。过去真的是一个陌生的国度。然而，有一个标准（尽管存在争议）可以用来衡量我们的心智和现代人的心智：智力测试。这些被认为是衡量原始的智力能力，不受训练或文化背景的影响，不受时间、地点或环境的影响。我们现在的分数比过去高得多，但我们真的更聪明了吗？

▶▷　对智慧的追求

法国心理学家阿尔弗雷德·比奈（1857—1911）通过测量学龄儿童的头骨开始了他了解智力的探索。他很快意识到，聪明的人和不聪明的人在体型上几乎没有差别。更糟糕的是，他意识到自己在评估更有能力的学生的脑容量时，受到了无意识的偏见的左右。在经历了多次令人厌烦的实地考察后，他得出结论："智商高的学生和智商较低的学生的头部测量结果通常没有毫厘的差别。通过测量头部来测量智力的想法似乎很荒谬。"[1] 他转而研究精神功能，但当时的分类系统是极其粗糙的。不能学会说话的孩子被称为"白痴"（Idiots），被认为智力年龄在 3 岁以下。那些不会写字的人被称为"低能儿"（Imbeciles）（这两个词都很容易被同化为辱骂用语），他们的年龄在 3—7 岁之间。美国心理学家 H. H. 戈达德创造了一个新词来形容那些心理年龄在 8—11 岁之间的人，他把这些人称为"傻瓜"（Morons）。

1904 年，法国召集了一个专家小组来评估儿童的精神亚正常状态，但并没有真正的测量方法。然而，比奈能够利用他长期与儿童打交道的经验，设计出关于记忆、理解、联想和思考的简单测试，这些测试可用于将儿童的发展与其年龄联系起来。如果成绩与预期相符，分数为 1，分数高低取决于心理年龄。这个分数再乘以 100，就成为后来我们熟悉的智商测试。[2]

在第一次世界大战中，美国军人接受了大规模的心理测试，其结果在 1923 年的《美国情报》杂志上发表。如上文所述，24.9% 的军人被认为是功能性文盲，不能阅读报纸或写家信。随后这些人接受了基于图片和符号的测试。[3] 这些测试被用来评估心理年龄，其中白人军官的平均心理年龄为 15 岁，黑人新兵的平均心理年龄为 11 岁。美国白人的平均得分为 13.08，这意味着有三分之一的人可以被归为"傻瓜"。不用说，所有这些都反映并强化了一种普遍的假设，即种族、性别和社会阶层被不可改变的智力障碍分隔开。

冒着被质疑的风险，智力测试者会给你在测试中的表现打分，而基于测试分数对智力的定义很快就会进入一种循环。使用这些测试的理由是，那些思维敏捷的人在一种测试中表现出色，通常在其他测试中也能取得好成绩，在求职竞争中也更有可能表现出色。然而，在这两个方向上都有一些惊人的例外，许多人会同意斯蒂芬·霍金的观点，即吹嘘自己智商的人是失败者。考试成绩作为一种我们称之为智力这种难以捉摸的品质的标志时是有用的，但分数不是智力本身。

人们对此有不同的看法，那些认为智力测试测量的是不受文化或学校教育影响的原始智力的人，会认为"智力"和智商测试之间没有区别。从这个假设中产生了重要的结论：如果智力真的是天生的，那么给那些天生就不能利用智力的孩子提供教育机会，就没有什么意义了。想象一下这样一个世界：每个孩子都必须在11岁时接受智商测试，并根据测试结果受训成为工匠、职员或管理人员。这不是科幻小说，这就是我的童年。

我还清楚地记得"11+"考试，这是我人生中第一次严肃的考验，我知道它的结果会很重要。母亲发现我半夜在楼梯平台上踱步时，试图安慰我结果并不重要，但我知道，它确实重要。第二天，我面对的是一张张写满数字、奇怪的图形和语法运用题的试卷。幸运的是，我预先知道会发生什么，但我周围的一些人之前从未见过这样的试卷。然后我们被分配到三个级别的学校，准备从事蓝领工作、白领工作或者读大学。我勉强在考试中排到了前

5%。其目的是用一种基于成绩的等级制度来取代英国原有的等级制度，但它没有产生这样的效果。中产阶层送他们的孩子去根本不考虑智商的私立学校读书，这样做是满怀信心地期望他们无论如何都能得到最好的工作。这一切都很英国化。很难相信会有人认真对待这个选拔程序，但他们确实这么做了。迈克尔·杨写了一篇讽刺文章，名为《精英统治的崛起》，但许多读者没有看出其中的讽刺意图。随后，不可避免的反应出现了，暗示孩子们的能力可能不同成了政治上不正确的说法。在此之后，所有的孩子都必须在同一个班里学习数学。我认识的一位才华横溢的老师在尝试这项任务时神经崩溃了。

智力测试被认为不受外部环境、训练、社会等级制度或出生时间顺序的影响，第一个表明这可能是错误的迹象来自苏格兰。1932 年，一组 11 岁的儿童接受了一项现已过时的智力测试；1947 年，为了比较，另一组儿童接受了同样的测试，与 1947 年相比，他们的得分高出 6.3%。[4] 在任何人群中，IQ 分数都呈钟形曲线，然后每个大样本的平均智商分数会被调整为 100 分。你的分数是相对于总体平均值的。心理学家詹姆斯·弗林在 20 世纪 80 年代注意到，智商测试中心习惯于不时地提高 IQ 分数的平均值，他的分析显示，分数一直在以每 10 年以 3 分左右的速度增长。这意味着，今天的普通青少年在 1950 年的得分是 118 分，在 1910 年的得分是 130 分，因此她是人口中最优秀的 2%。相反，1917 年得 100

分的美国人现在只能得 72 分，只比精神不正常的临界值高 2 分。[5]

为什么我们的智商会上升得如此之快？我们似乎不太可能真的变得更聪明。有两种可选的解释。首先，表现不佳的原因已经被排除了。除了功能性文盲很可能在任何形式的测试中挣扎这一事实之外，贫穷无疑是导致认知功能低下的最常见原因。在高收入国家，每千名儿童中有 3—5 名儿童有学习困难，但在发展中国家，每千名儿童中会有 24 名儿童有学习困难。据保守估计，由于"贫穷、不良的健康和营养以及缺乏照顾"，如今有 2 亿名 5 岁以下儿童无法开发他们的认知潜力，其中许多也会发育不良。[6]世卫组织在 1997 年估计，全世界有 15 亿人的认知功能和工作效率因缺铁（通常是由寄生虫引起的）而受到影响，同样数量的人智商下降 10—13 分可归因于碘缺乏症。锌、叶酸、维生素 A 和维生素 B12 的缺乏也与此有关。除此之外，儿童疾病在穷人中更为常见，通常以感染性腹泻的形式出现。据估计，贫穷国家有三分之一的儿童会受到持续性或复发性肠道感染的影响，其后果是在他们 7—9 岁时，生长发育会出现 8 厘米的缺陷，智商会下降 10 个百分点。[7]

贫穷和文盲在 20 世纪上半叶的西方社会很普遍，因此，更好的生活条件可能有助于提高人口的智商水平。即便如此，这也不能解释为什么智力得分持续上升。人们可能会认为，这些进步是由于语言表达能力的提高或算术教学的提高，但这种进步主要来自于抽象推理的测试（X 与 Y 之比如同 A 与 Y 之比？），这被认为是衡量一般智力的指标。弗林认为，这种改善是由于居民暴露在一个充满了解决问题挑战的高科技符号丰富的环境中，加上前科学时代（前文字时代）推理能力逐渐衰落。受教育后的人具有反思、概念化和抽象思维的能力，这是前几代城镇居民与乡村居民的区别。为什么在较富裕的社会中，不同社会经济群体之间的智商差异仍然存在，这仍然很难解释。这在一定程度上可以用社会流动性来解释（更聪明的人更有可能向上流动，智力较低的人更有可能向下流动）。但在这方面，没有哪个社会是顺畅的。社会剥夺对我们的表型有广泛的影响，其中一些还不太为人所知，而智力测试中的表现似乎可能是其中之一。

▶▷　可塑性

　　大脑是我们最具可塑性的器官。免疫系统可以学习和记忆，而只有大脑才能思考。这又把我们带回到阿尔弗雷德·华莱士的问题：为什么我们一开始就进化出这么大的大脑？从生物学层面看，这样的投资是巨大的。神经生物学之父西摩·S. 基蒂的研究表明，大脑进化层越新，脑细胞的能量消耗大。基于此，就出现了一个令人不快的结果：一段时间没有氧气或葡萄糖，你的高级中枢就会被清除，而营养机能却完好无损，这是你所见过的最接近没有灵魂的身体状态。我曾经拜访过一个女孩，她试图用胰岛素摧毁自己的高级中枢来自杀。那沉默，那千里之遥的凝视，以及病房里钟表的每一次滴答声之间的永恒，依然萦绕着我。神经通过泵送离子穿过细胞膜来维持电荷，这一活动需要不断消耗高能三磷酸腺苷（ATP）。大脑的重量仅占成人身体的2%，但它消耗了成人大约25%的摄入能量，而新生儿大脑耗能甚至能够达到摄入能量的60%。据说，亨德尔在两周内就创作出了《弥赛亚》，创作期间，他应当消耗了相当于其大脑重量的葡萄糖（接近1500克）。

更大的大脑使得我们的远祖需要的更多的食物能量，在螺旋式的发展中，我们的祖先拥有了更简单的内脏和更大的大脑。阿尔弗雷德·华莱士认为，当我们到达食物链的顶端时，进化的棘轮就应该结束了，但他的结论是基于与其他物种的竞争——他没有考虑到人类之间竞争的作用。一项对南美洲亚诺玛印第安人的分析显示了社会地位对基因遗传的影响程度。在那里，女性更愿意为有雄性气概的男子生育。因此，在114名至少有一个成年孙辈的男性中，有84人的孙辈人数少于10，平均有4.3个孙辈。其余20人则平均有23.7个孙辈。亚诺玛的一个首领有62个成年孙辈，[8]但他的成就相比于有1600万名男性后代的成吉思汗不值一提。[9]考虑到社会成功与性成功有关，且智力是其中的一个重要因素——几乎没有人会怀疑，我们的遗传基因长期以来一直偏向于增强脑力。

大多数权威人士认为，社会互动是我们积累昂贵脑细胞的动力。荷兰历史学家约翰·海因加将我们描述为"顽皮的人"。游戏为我们提供了一个受保护的空间，在这里我们可以探索想象的场景，并且假装成另一个人，而故事就是它选择的载体。生活在复杂社会中的人必须学会预判同龄人的反应。这就需要有揣测的能力，而揣测又依赖于对他人思维过程的深刻洞察。同理心和操纵他人的能力是区分圣人和精神病患者的两面。解释、影响和欺骗他人的需要，可能是我们的大脑庞大而昂贵的原因，这被称为心理理论。

心理理论在司汤达的《红与黑》第21章中得到了很好的体现。法国一个省城的市长德·瑞那先生，刚收到一条令人震惊的消息。他雇用了当地一个出身卑微的青年于连·索莱尔来辅导他的孩子，主要是为了提高他在当地社会的声望。德·瑞那夫人爱上了这个男孩，他们开始了一段婚外情。女仆爱丽莎爱上了于连，但被于连拒绝，因而把这件事告诉了当地名望很高的西郎神父，然而那人早就看中了德·瑞那夫人。西郎神父勃然大怒，给市长写了一封匿名信，谴责他的妻子。虽然瑞那先生几乎气得歇斯底里，但他因两个谨慎的考虑而克制住了自己。第一，如果这件事被人知道了，他将永远成为当地社区的笑柄；第二，他的妻子将在一位姑妈去世后得到一大笔遗产，如果他们离婚，这笔遗产就会化为乌有。出于对危险的警觉，于连为德·瑞那夫人编造了一封指责她有外遇的匿名信给她的丈夫看，这使她的丈夫对第一封匿名信产生了怀疑，因为——据他解释——如果她有罪的话，她就不会把信给他看了。她红着脸告诉了丈夫爱丽莎对于连感情受挫的事情，顺便提到西郎神父可能是第一封匿名信的作者——他曾给自己写过情书。她的丈夫要求看那些情书，但她谨慎地拒绝了。他冲向她锁着的桌子，找到了那些信件，这也证明了她的说法。这时，他的怒气已经平息了，夫妻俩商量着下一步的行动。

在这种紧密交织的叙事中，六个角色的智慧相互竞争。每个人都有自己的计划，并都在忙着猜测其他人。我们的大脑陶醉于这样的思维游戏中，将此与先进的语言技能和知识文化传播相结合，这很可能推动我们的大脑向前发展。

在我们出生之前，我们极具可塑性的大脑就已经在酣睡中进入了这个世界，它配备了一系列预先编程的反应机制和对学习强烈渴望的机制。它的重量从出生时的400克增加到12个月大时的1000克。在儿童能够在社会环境中承担正式角色之前，需要10年的训练；而要求儿童能够以成人的能力驾驭社会环境则需要更长的时间。何以如此呢？和其他复杂的特征一样，智力是由多个基因赋予的，这些基因共同作用，组织起一系列基于规则的过程——大脑就是以这样的方式"组装"起来的。在发育的某些关键时期，这些过程很容易受到外界的影响——比如母亲饮酒过多——但这种偶然性在很大程度上也决定了父母在孩子身上看到的惊人的多样性。他们发展的能力或爱好通常是自我实现的。运动员通过训练发展特殊技能，就像其他人学习骑自行车、弹钢琴或修理手表一样。我们的大脑不会上传一个学习程序，而是创建它，并重新配置自己，直到学习的技能变成自动化的。

当我们的祖先离开非洲时，他们的内心承载着一个未被发现的世界。我们的大脑——大脑的表型——是在文化进化的响应下一步步构建起来的。我们并不比祖先聪明，但已经学会处理更多的信息。我们花了几十年的时间内化自己的文化和技术遗产并不是没有原因的，那些缺乏这种训练的人在任何社会中都处于可悲的不利地位。

▶ ▷ 寂静的大陆

神经系统中位置越高的组织越复杂。向大脑提供信息的脊髓就像一个老式的电话网络，把你家的电线剪断，线就断了。再往上是后脑，它会有更多的联系，那里的接线员可以选择把你的电话转到汉堡。再高一点，你进入大脑皮层，会发现一切都是相互连接的，这就像从固定电话跳到了互联网一样。大脑皮层有大量的空闲容量，这使得早期的神经学家很难发现它到底做了什么。像早期地理学家一样，他们在这片寂静大陆的地图上填满了想象出来的野兽，并花了很长时间才认识到整体大于部分，而且大脑皮层的功能具有显著的可塑性。

有史以来最著名的脑损伤证明，我们的大脑皮层的功能就像互联网一样。25 岁的菲尼亚斯·盖奇是佛蒙特州一个铁路建设队的工头，他身材匀称，英俊潇洒，广受尊敬。1848 年 9 月 13 日星期三，他的团队正在爆破岩石。这个过程是这样的：他们钻一个深洞，用火药填塞，用沙子夯实，然后退开来爆破。捣固铁棒长 1 米，直径 3 厘米，重量 6 千克，顶端呈锥形。盖奇正忙着在沙子上填土时，一颗火星引爆了炸药，铁棒径直穿过他的头部，从颧骨下方穿过头骨顶部，然后落在了 20 米开外。尽管左眼失明，但盖奇仍然保持清醒。这并没有看上去那么不可思议，因为在越南战争中，有穿透性脑损伤的士兵有时可以自己走到包扎站。一辆牛车把盖奇带回了他的住处，在那里，当年轻的约翰·哈洛医生赶到时，盖奇仍可以正常地与他交谈。人们已经准备好了棺材，但他还是克服重重困难活了下来。

令人好奇的是，除了那些大家都心知肚明的谣言之外，人们对他接下来的职业生涯知之甚少。传说他的性格在受伤后发生了变化，他变得懒惰和不可靠——"盖奇不再是盖奇了"——以至于他失去了工作。最近的研究显示，盖奇曾在巡回马戏团做过一段时间的展览，后来在一家车行工作了 18 个月。随后，他被招募到智利去驾驶公共马车。他在 1852 年或 1854 年到达那里，然后这位独眼人驾驶公共马车沿着糟糕透顶的长达 13 个小时车程的道路上奔走。1859 年，当回到旧金山与家人团聚时，他的健康状况已经恶化，但他仍能干农活，直到 1860 年 2 月第一次癫痫发作。3 个月后，他去世了。[10] 公共马车上的菲尼亚斯·盖奇看起来更像 1848 年受人尊敬的工头，而不是像几代医学生所描述的堕落的败类，他的照片也是如此（图 59）。对于一个脑袋上有个大洞的人来说，他做得已经很好了。

图 59：菲尼亚斯·盖奇手握穿过他头部的金属棒。

正如这个和其他 19 世纪的轶事所证明的那样，大脑皮层的大片区域可能会丧失，但没有明显的后果，而对特定区域的损伤则会导致运动或感觉功能的灾难性丧失。右撇子大脑左半球的小区域，被称为布洛卡区和韦尼克区，被证明在言语和语言方面有非常具体的作用；而对非优势半球相应区域的损伤则没有这种影响。这显示大脑的两个半球分别执行着特定的功能。后来的成像研究表明，一些一般功能被分配到大脑的不同区域。例如，移情和空间意识等非语言技能集中在非优势半球。然而，这种界限是不固定的，当我们执行复杂任务时，大脑皮层的许多区域会相互作用，这种流动性使大脑能够找到绕过某些显著障碍的方法。

就在我忙着写这本书的时候，我们当地的电工（被威尔士当地人称为"电网汤姆"）当了爸爸。一位警觉的超声波技师在婴儿出生前注意到，婴儿的两个半球的大脑并没有以正常的方式连接，构成大脑两个半球的两个臂就像中脑上方的"Y"臂一样分开，然后它们在中线处压在一起，就像两半的核桃。这两个部分由大约2亿根神经组成的桥连接在一起，这个桥被称为胼胝体。每4000个婴儿中就有一个出生时部分或完全没有这种结构，电工汤姆的儿子就是其中之一。他问我，这意味着什么？

我模糊地记得那个著名的裂脑实验。20世纪50年代，神经外科医生敢于切开胼胝体，将这种手术作为治疗癫痫致残患者的最后一搏。令人欣慰的是，用诺贝尔奖得主罗杰·斯佩里的话来说："语言能力、语言智力、计算能力、运动协调能力、语言推理和回忆能力、个性和气质，都被保留到了令人惊讶的程度。"这并不是说受害者没有受到影响，只是说影响远没有人们担心的那么严重。遗留问题是，这会影响复杂的推理、人际关系和情绪的表达。

斯佩里认为，实验者在手术切除一半大脑后依然能够用另一半交流。这是可能的，因为右脑处理左视野，反之亦然。如果你的大脑是分裂的，那么显示在左脑的东西在右脑会被"看到"，但不能传达给左脑。因为大脑只有一侧处理语言，如果把一个苹果展示给大脑处理语言的一边，它就会被正确地命名为苹果。如果把它展示给另一边，志愿者会否认看到任何东西，但仍然会通过触摸从托盘上的一系列物品中选择一个苹果。你的非优势半球知道发生了什么，但却缺乏语言来传达这种体验。一个大脑分裂的人经历着一种无法用语言来表达的情感，一种对那些大脑完好无损的人来说相当陌生的感觉。

那这对电工汤姆的孩子产生了什么影响呢？天生大脑分裂的人比外科手术患者受到的影响要小得多，大概是因为他们发育中的大脑已经适应了大脑分裂。他们也更多地利用一个更小的桥，叫做前连合。先天性胼胝体缺失"对一般认知能力的影响出奇地有限"，而且更多的人带着未确诊的脑裂走过了一生，这超出了人们之前的想象。然而，行为问题也并不少见，那些受影响的人在复杂的脑力活动中挣扎，这需要大脑两侧的密切合作，他们可能对复杂的社会情况或人际关系缺乏洞察力。[11]

如这类例子所示，可塑性是大脑皮层的主要特征。它的运作是自由浮动、相对流动和互动的。这意味着一些区域可以被破坏而整体不受影响，大脑的两个半球几乎可以自主地运作。它最具特色的功能之一与说话和语言有关。95% 的右撇子的语言功能位于占优势的半球，有 72% 的左撇子的语言功能位于占优势的半球。而且在极少数情况下，可能两个半球都存在这种功能区。最著名的例子就是电影《雨人》的原型金·皮克。皮克有包括胼胝体缺失在内的几处神经异常，他可以在大脑两侧处理语言。作为一个狂热的读者，他阅读了 12000 本书，并能准确地回忆起它们。他的习惯是左眼看左边，右眼看另一边。他是如何把它们组合在一起的？这仍然是个谜。

▶▷　翻译一切的大脑

当你看电视的时候，一些非凡的事情正在发生。摄像机对着一个物体，把它的图像转换成像素，储存起来，传送到卫星上，再发射到电视接收器上，再重新组合成视觉图像。这幅图像被你的视网膜捕获，化学递质被转导成神经元信号。它们会到达你脑后的灰质区域，将它们转换成视觉图像，然后被大脑倒转，呈现给你欣赏。所有这些都与以同样复杂的方式处理的听觉信息同步发生。可惜，这图像只是个广告。

我们目前的体验带宽受到感官感受器的限制：昆虫可以"看到"热图像，蝙蝠可以将声音转化为视觉。先天性失明的人可以使用部分视觉皮层来听声音，而多余的部分皮层可以学习新的功能，也可能会丧失原有功能。一个经典而残酷的生理学实验是，在关键的最初几周的视觉体验中，人们蒙住小猫的一只眼睛，那只猫的那只眼睛从此就失明了。外科医生由此了解到，对出生时有潜在可逆性视力丧失的儿童进行早期手术至关重要，童年时失明的人有时可以恢复视力。你可能认为没有什么是比拥有视力更大的恩赐了，但事实并非如此，因为少数人实现了这一目标的人却因为这种经历而感到困惑和不快，他们的大脑根本不知道如何处理感官输入。

在罗尔德·达尔的短篇小说《威廉和玛丽》中，一个恃强凌弱的丈夫恐吓他顺从的妻子。他安排他的大脑在他死后继续存活，仍然与一只眼睛相连。他的妻子声称有权把他的大脑留在家里，并对着她坚决不吸烟的丈夫的眼睛吐烟取乐。想象一下你是一个完全孤立的大脑——感官的极度剥夺。你怎么能让这样的大脑恢复知觉呢？从理论上讲，这应该是可能的，因为神经系统将输入的感觉信息转换成脉冲，然后再传递到感觉皮层，再转换成洋葱的味道或贝多芬《第五交响曲》的开场小节。你可能会认为，在你的感觉皮层中，完成这一奇迹的细胞是高度专门化的，但同样的六层神经细胞似乎可以处理任何事情。如果真的有可能隔离大脑并让它们永远存活下去，那么也应该有可能让它们相信自己还有一具身体。这样，它们就可以进行无穷无尽的刺激冒险或迷幻之旅，这比烟被吹到眼睛里或无休止地看老电影要好得多。大脑是我们最具可塑性的器官。

▶▷ 隐喻的使用

许多人认为，大约 5 万年前，智人开始以不同的方式使用大脑，这种发展被称为行为现代性。我们无法从解剖学或遗传学上解释这一现象，这种变化可能是功能性的。一个标准的解释是，社会竞争给了我们更复杂的大脑，当临界量出现时，意想不到的可能性开始出现。如果是这样，那么惊人的潜在能力等待着我们去发掘。伟大的数学家和音乐家在社会给他们提供一种表达方式之前，就已经花一辈子的时间来摆弄石头了。只有这样，新概念才会产生，新思想才会产生，才会传承下去。

在雅典机场，古生物学家史蒂芬·杰伊·古尔德非常高兴地发现，隐喻（metaphoros）这个词在希腊语中是"行李车"的意思。隐喻将一个熟悉的概念从一个经验领域转移到另一个经验领域。如果没有隐喻，我们几乎就无法开始理解周围的世界。问题是要找到正确的隐喻。当笛卡尔把人体比作机器时，他所知道的机器是通过管道和杠杆来操作的。两个世纪后，科学隐喻可以涉及电力、燃烧和蒸汽机；后来，我们有了电话交换机和电脑。

进步的概念——自我维持的知识和技术增长——在18世纪之前实际上是不为人所知的。爱德华·吉本认为安东尼皇帝统治下的罗马是文明的摇篮。当科学——人类从错误中学习的唯一合理可靠的方式——与技术结合起来时，以前的比喻很快就过时了。毫不夸张地说，未来的科学家们将会接触到一些超出我们想象的隐喻，而且，如果我们的文明能够延续下去，我们的后代将会理解我们甚至无法开始思考的事情。谁知道接下来会出现什么样的潜在能力被发掘呢?

　　总之，毫无疑问，我们思考、感受、互动和体验世界的方式一直在改变。除了在智力测试中的表现，这些差异很难衡量，但它们的影响是深远的。我们是我们为自己创造的环境的产物。如果我们不能理解这一点，就注定要像梦游一般走向未来。

第五部分　住在一起

第十八章

人类物种的驯化

我最近参观了一个工业化农场，观察了挤奶过程。乳房膨胀的奶牛会自动向电子通道移动，电子通道会扫描它们脖子上的芯片，准备好时就会让它们通过。一旦它们进入围栏，机器人就会给它们挤奶，并记录它们的挤奶量，然后再把它们送回围栏里打发时间。第二天，我看到超市里的购物者购买港币，他们出示了电子标签（二维码），然后钱就进了收银机。高度的服从是现代社会生活的一种特征，也是家养物种的一种特征。布卢门巴赫发现了人类与驯养动物有很多相似之处，他想知道人类是否也会被驯养。一个可能的答案的轮廓开始浮现。

达尔文的堂兄弗朗西斯·高尔顿想知道，为什么很少有大型哺乳动物被驯养：根据最新的估计，148 种大型食草动物中有 14 种被驯养。人们经常试图圈养幼年动物，因此他认为那些能够驯化的动物已经被驯化了——这表明进化赋予了它们特别适合圈养生活的特征。[1]

达尔文区分了自然界中的自然选择和人工育种之间的区别。人工的或"系统的"选择（他后来这样称呼它）是一种相对现代的创新，可以与驯化早期的"无意识"选择形成对比。无意识的选择会无意识地选出异常耐寒、温顺并能在圈养环境中繁殖的物种，其个体成员的数量很快就会超过其他物种；而数千年的无意识选择物种在后来被朝着预定的目标进行选择。[2] 我们和家养动物在解剖学和行为特征上确实有很多相似之处。这些基因会不会经过数千代的进化，在无意识的选择过程中进化而来呢？

▶▷ 驯化之路

驯养动物主要有三条途径。第一个是共生。与共生动物"同桌吃饭",清道夫无疑就是因为这个原因被早期的定居点所吸引。被捕获的幼犬会显示出它们守家(驯服的狗会吠叫,而他们的祖先不会)、狩猎和放牧的价值。猫会被老鼠的繁殖所吸引,并因能够压制它们而被容忍与人共处。狗很容易接受等级制度,它们的群体行为和对非语言信号的敏感性相结合,使它们与我们紧密地联系在一起。与此同时,猫是一种孤独的动物,它以自己的方式接受了驯化——你可能会说它驯养了我们——如果一定要这么说的话。但猫仍然可以在野外生存。

第二种驯化方式是食用储备,绵羊、山羊、牛和猪就是通过这种方式变成现在的样子的。群居动物一般会跟随一个占统治地位的个体,这使它们易于受控制。最早的食用动物可能在晚上被关在围栏里圈养,但在白天可以更自由地游荡。将人类划分为牧民和耕者的古老区分即源于一些放牧动物具有较高的流动性。

第三类则更多样化,包括因肉或奶以外的原因而饲养动物,例如驯养牛、马和骆驼用于运输。绵羊最初被驯养时并非是多毛的,如今柔顺的羊毛是从它们的原本粗糙的羊毛进化而来的,大约从公元前 3000 年开始,它们因羊毛而受到重视。

最早的家畜都很小,这就是希腊人和特洛伊人——被荷马称为"破马者"——从战车而不是马背上作战的原因。缓慢增长的体型可以从中世纪定居点的骨骸遗迹中追溯到，但在 18 世纪开始进行有针对性的繁殖之前，我们的农场动物都很小。[3] 饲养绵羊是为了获得羊毛而不是肉，它们"体型小，活跃，耐寒，能够靠最少量的食物维持生计，能够忍受饥饿……"经过几个世纪以来的长途旅行，在贫瘠的牧场上进食，以及在冬天忍饥挨饿食用干草，共同塑造了这些品种。我们早些时候看到，1710 年在史密斯菲尔德市场售出的绵羊平均重约 13 千克，而一个世纪后，这个数字是 36 千克。[4] 现代母羊体重达到了 45—100 千克。

图 60：中世纪的农场动物要更小一些。

驯养动物在体质和行为方面具有显著的可塑性，而野生动物的大小和形状则非常稳定，这表明自然选择已经趋同于在特定环境中生存的最佳方式。必须先打破这种模式，然后一个物种才能进入一个可塑的发展途径。驯化的历史表明，打破模式的情况通常只会发生一次，而且与一个已经被"打破"的物种合作与比原始物种合作更容易。20 世纪的一些经典实验说明了驯化的第一步是如何产生的。

▶ ▷　灰鼠和银狐

1919 年，美国威斯达研究所的海伦·金博士开始将实验室饲养的老鼠与野生老鼠进行比较。在北纬地区占主导地位的野生物种是灰鼠或挪威鼠，它们起源于亚洲的某个地方（尽管它的名字不是亚洲鼠），在 18 世纪上半叶入侵了欧洲，占据了黑鼠的生态位。"野生的挪威鼠更容易激动，也更野蛮，"她说，"它们啃咬自己的笼子。"在 25 代的时间里，海伦饲养的野生老鼠体重增加了20%，生育能力也提高了——从 3.5 胎上升到了 10.2 胎——而且可以被安全地饲养。它们的大脑、肾上腺和甲状腺变得更小了。[5]是否发生了无意识的基因选择呢？为了回答这个问题，西伯利亚的研究人员开始圈养野生老鼠，并从攻击性最强和最弱的样本中取样。研究人员避免对老鼠进行处理，并将它们的选择完全建立在顺从行为的基础上。一种被驯化的物种最终出现了，这使得早期动物的驯化过程看起来很可能是无意识地进行的。此外，由于没有训练，这个实验表明驯化特征是一种遗传特性。

西伯利亚的研究人员进行了一项更著名的狐狸幼崽实验。银狐是红狐的颜色变种，两者可以杂交。银狐广泛分布在苏联和北美北部地区，通常有黑色和灰色条纹。然而，每4只狐狸中就有一只是纯银色的，在加拿大毛皮贸易中，一张银狐皮可以换40张海狸皮。近亲繁殖会产生一种统一的银色皮毛。在北美，银狐就是为此而被饲养的。1924年，它们被出口到爱沙尼亚，然后从那里来到西伯利亚。狐狸是出了名的狡猾，没有人会准备好去打赌它们可能被驯化。

1959年，西伯利亚和新西伯利亚的动物遗传学家德米特里·贝利亚耶夫在柳德米拉·特鲁特的帮助下着手研究这个问题。他们的选择纯粹是基于行为：通过将戴上手套的手谨慎地伸入笼子来筛选狐狸的攻击性。几乎没有狐狸表现出任何友好，但广泛的搜索之下仍然发现了130只比较友好的狐狸——大多数是雌性——这些狐狸被挑选出来进行进一步的实验。人类与它们的接触仅限于手套测试，通过测试的狐狸被选中继续繁殖。六代之后，213只幼崽中的4只对人类的接触做出了明显类似于狗的反应：摇尾巴、呜咽、嗅和舔。经过30代，49%的狐狸变得非常友好。经过40代，它们已经被驯化了。[6]这种变化不仅影响了它们的行为，也引起了其他改变：它们的鼻子变短了，皮毛变得有了更多杂色，耳朵变得松软，还学会了吠叫。

图 61：德米特里·贝利亚耶夫和银狐。

　　贝利亚耶夫的实验表明，驯化的倾向是可遗传的，他最初试图解释的是一个集中在单一特征的现象：恐惧的丧失。刚出生的动物最初是无所畏惧的，但随着它们的成熟，它们会发展出逃跑或恐惧的反应。这是由来自肾上腺的应激激素的激增所引发的，一旦这种情况发生，大多数动物就不可能被接近。例如，一只农场的猫除非在幼年时被抚摸过，否则会变得非常狂野且难以改变，但她的小猫仍然很容易被驯服。野生狐狸幼崽在六周大的时候，由于肾上腺激素的大量分泌会产生恐惧反应，而家养的幼崽的反应时间较晚，也不那么强烈。海伦·金的老鼠和贝利亚耶夫的狐狸的肾上腺都比较小，这表明抑制肾上腺反应可能是驯养的遗传基础。

答案其实并非如此简单，因为贝利亚耶夫的工作所激发的研究清楚地表明，驯化的第一步与解剖学、生理和行为的一系列变化有关。更值得注意的是，完全不相关的物种独立地趋同于惊人相似的发育途径。这种融合被称为驯化综合征。

▶▷　驯化综合征

家养动物与它们的野生祖先在许多特征方面有所不同。从解剖学角度讲，它们的大脑更小、骨头更轻、鼻子更平、下颌更轻、牙齿更小且挤在一起，失去了像角这样的防御特征。它们的毛色变得更加多变，耳朵变得松软下垂（达尔文指出，大象是唯一一种天生耳朵松软的动物），它们性成熟的时间更早，在应季或不应季都能繁殖。[7]这些事情之间有什么联系呢？

除了身体上的差异，行为的改变也是驯化的主要特征。与该综合征相关的平和性情与较低的应激激素水平有关。同时，大脑其他化学物质也有了变化，比如血清素水平增加。血清素是一种与幸福感相关的神经递质。家养动物的另一个重要特征（尤其是那些我们喜欢当宠物的动物，就像彼得·潘一样）是永远长不大。但它们仍然信任他人，喜欢玩耍，充满深情，而且青少年的特征影响着他们的行为和外表，这些特征会持续到成年。

幼儿特征的持久性是驯养的一个关键特征，史蒂芬·杰伊·古尔德以一种令人愉快的方式探索了米老鼠的进化。[8] 米老鼠在 1928 年第一次出现时，看起来明显像是啮齿动物，但随着时间的推移，它的鼻子退化了，脑袋变圆了，眼睛变大了，眉毛也长出来了。这样的设计变化是为把米老鼠变成一个能够唤起我们的善意，或触发康拉德·洛伦兹所描述的先天释放机制的生物。类似儿童的特征持续到成年，被称为幼态发育，古尔德接着讨论了人类是智障猿类的可能性。根据这一观点，我们的巨大大脑在出生后需要继续生长，而这一需求减缓了我们早期发育的步伐，同时允许我们拥有更大的功能层面的灵活性。

驯化的基础是普遍的发育减缓，这一观点很有吸引力，但不应被过分强调。一个更准确的术语可能是异时性，定义为"由于祖先发育模式的速度和时间的改变，而导致的形态变化"。[9]

有人认为驯化综合征是由发育早期单个家族细胞的修饰引起的。我们的身体包含了超过 200 种特化的细胞，每种细胞都起源于一个祖先细胞，而祖先细胞又衍生出具有相关特性的后代，这样的家族中有一个可以追溯到胚胎中被称为神经嵴的部分。尽管他们有共同的来源，但这些细胞执行各种各样的功能：一些产生从肾上腺素到神经传递质的化学信使，另一些产生如黑色素之类的色素，还有一些影响脸部和头骨的发育。这些特征可能与儿童般的外表、顺从和其他行为变化的持续性有关。总之，对恐惧和攻击的缓和反应的选择有效地揭示了一个完整的发育方案。[10]

图 62：米老鼠的发展

　　驯化综合征在多大程度上影响了我们这个物种？就发育而言，我们是具有高度可塑性的。我们容忍拥挤，自由繁殖。从解剖学上看，我们的骨骼很轻，没有防御能力，下巴和牙齿也很小，这与家养动物很相似。男性的脸比女性的脸更粗糙，眉骨、脸颊和下巴更突出，这与青春期激素的激增相关。对过去 8 万年的头骨的分析显示，男性面部在逐渐女性化，眉骨减少，面部中部变平。研究人员解释说，这是由于雄性激素反应减弱了。由此推断，雄性激素分泌减少是由于我们更倾向于筛选那些攻击性较弱、社会性较强的男性。[11] 因此，无意识的选择可能让我们这个群体也带有了明显的驯化综合征的特性。

▶▷　住在一起

　　群居现象在很久之前就存在了，它的存在肯定可能会有一些进化因素。这一观点得到了自由生活的狗和狼的比较研究的支持。它们都是群居动物，但有不同之处。狼群是一个家族，有明确的等级制度和复杂的沟通能力。狗则以性别划分群体，在自身群体中也具有攻击性，并单独抚养后代。当被圈养时，狼群会分享食物，而狗则会咆哮，表现出统治或服从。换句话说，狼的等级制度是隐性的，而狗的等级制度是不断受到挑战的。[12]

奥地利的一项研究比较了被圈养的狗群和狼群，并测试了训练对单个狗群成员的影响。狗和狼在幼年时就被训练过，很快就学会了在一对一训练中听从训练师的指示，尤其是在饥饿的时候。通过测试动物唾液中的皮质醇水平来衡量这种互动所涉及的压力程度，很快就会发现，一些驯兽师比其他人有更强的镇静作用。[13]研究表明，狼在一起工作时压力最小，效率很高，而狗则在地位问题上花费了很多时间，争吵不休。事实上，狼对人类的反应只比狗稍弱一点，这表明群体生活赋予了它们高级的交流技能——正是这些技能使它们成为狗的祖先。

群居动物必须能够应对攻击性。当涉及保护群体或建立统治等级时，雄性的攻击性显得尤为重要，但它也可能具有高度破坏性。灵长类动物学家理查德·兰厄姆区分了主动攻击和被动攻击。[14]主动攻击是有预谋的和有目的的。比如，当一个群体攻击另一个群体，或者一个人欺凌甚至谋杀另一个人；而被动攻击是一种对威胁情况的无预谋和无目的的反应。兰厄姆认为，这两种模式是由不同的神经通路激活的，它们受到了自然选择的影响。我们的法律体系对被动攻击和主动攻击做出了类似的区分。19世纪，一个澳大利亚人从内陆回来，发现他的妻子和另一个男人在床上。他跑到当地商店，买了一把手枪，然后回来杀死了奸夫。不幸的是，他是一个臭名昭著的吝啬鬼，在武器的价格上讨价还价。这个细节使陪审团确信犯罪是有预谋的——主动的而不是被动的——并将他送上了绞刑架。

攻击性是一些灵长类动物的特征。黑猩猩会与其他群体进行致命的小规模战斗，也经常会为了地位和交配机会而参与群体内部的战斗。雄性黑猩猩比雌性体型大，而且雄性对雌性的暴力行为经常发生。兰厄姆将黑猩猩与倭黑猩猩进行了对比，这两个物种的血缘关系非常接近，直到1933年才被认为是不同的。倭黑猩猩的社会化程度要高得多，它们的攻击性也要低得多，两性在体型和行为上更加平等，它们随时可以通过交配来发泄紧张的社会情绪。[15]

不用说，人类的行为要复杂得多。主动攻击和被动攻击之间的区别经常是模糊的，即使是最猖獗的主动攻击者也通过指责他们的受害者来为自己辩护。主动的、以目标为导向的攻击可能会成功，但被动攻击几乎总是失败。兰厄姆认为，我们将高水平的主动暴力与类似倭黑猩猩的被动攻击抑制相结合。这或许可以解释，为什么我们有能力将对被定义为异类的群体的残忍敌意，与对我们认同的群体的友善和宽容结合起来。

▶▷ 人类的驯化

《2018 年世界幸福报告》根据福祉、收入、健康预期寿命、社会支持、自由、信任和慷慨程度对各国幸福程度进行了评分。排名前十的国家是北欧国家、冰岛、荷兰、瑞士、加拿大、新西兰和澳大利亚。这些国家都是社会民主国家，税收水平高，腐败和不平等程度低。他们是文明的、人道的、宽容的、善良的、自由的。幸运的是，他们的政客默默无闻。他们从未经历过暴力、经济暴行和剥削，你会希望他们是你的邻居。他们是世界上个子最高、寿命最长的人群，你有理由羡慕他们。但尽管如此，我还是不情愿地说，高度的个人自由也需要高度的服从。总之，我们的行为具有驯化综合征的特征，包括顺从（反应性的减少，而不是主动攻击的减少）和接受等级制度。

然而，与其他社会动物的不同之处在于，我们在个体层面上差异非常大。所有的父母都知道，孩子们成长的方式不同，个体的多样性支撑着我们共同的力量。我们进化到生活在小群体中，而没有特长的个体的生存价值将是有限的：我们需要思想家和实干家、故事讲述者和计划者、投机者和谨慎者、狡猾的追踪者和强人——如果这些人能够团结在一起的话。

一个多样化的群体，其成员作为一个整体，充分准备为彼此冒一切风险，通常会战胜其他群体。关于利他主义在进化上的优势有很多争论，但社会凝聚力的优势几乎是毋庸置疑的。有人认为，利他主义个体的基因将在社会中消失，而自私的个体的基因将继续存在。这在远系繁殖社会中是正确的，但一个母亲为她的孩子牺牲自己的基因将会继续存在，同样的情况也适用于拥有相同基因的小群体。[16] 对他们来说，团队是第一位的。我们对个人的成功大加赞扬和奖励，但狩猎−采集者群体却不这样做。一个杀死大型动物的昆族猎人可以养活整个群体，但他必须对自己的成功加以自嘲。有一种说法是这样的："当回到村子时，他静静地走进来，坐在火边，和人们打招呼后，等待着。"慢慢地，其他人从他那里探出了信息，但如果他表现出任何吹嘘或傲慢的迹象，"尖锐的笑话和嘲笑就会迫使他'回归群众'。"[17] 这描述了一个被称为"反向支配社会"的社会，在这个社会中，群体制衡了个人的突出潜能，而群体内部几乎不存在暴力。在这样的环境下，被动攻击是一种破坏性的特征，很有可能经过无数代人的繁殖，从我们这个物种中淘汰出来（可惜，我们还没有繁殖到这一阶段）。

作为群居动物，我们的进化已经赋予了我们与他人和谐相处的能力，并在面对共同威胁时共同采取行动。这可能会导致人们无意识地选择拥有在社会中有效运作的能力，而社交能力则是最重要的。在这种程度上，我们似乎有理由相信，我们正在朝着一种更趋驯化的变体进化。然而，相反的是，我们都倾向于利用我们的社会环境来为自己谋利益，无论是享受他人的认可，或是追求在社会等级中上升，抑或是追求到我们心仪的性伴侣。在这个意义上，我们都是社会掠食者，趋同和合作的压倒一切的压力为我们提供了狩猎的领域。

遗传多样性使我们的行为矛盾而复杂。指向一个方向的基因变异——例如，攻击性——会在一个群体的某些成员中存在，但如果它们分布得太广，我们的种群就会自毁。因此，总体而言，在一个群体中，易导致不耐受或服从的特征之间存在一种平衡，从而形成了动态平衡，即所谓的平衡多态性。由于涉及多个基因，我们每个人都会产生类似的紧张感。社会生活的种种限制使我们欣然接受等级制度，而社会生活却因多样性而繁荣。因此，最理想的社会是一个既鼓励多样化，又人人齐心协力的社会。这很少能实现，这就是为什么柏拉图哀叹普罗米修斯在指导我们实践科学的时候，没有教给我们政治的艺术。我们的社会是这样一个社会：在表面上的从众之下，紧张的情绪在暗暗发酵。

那么——我们被驯化了吗？是的，如果从行为和解剖学的角度考虑的话。我们可能没有受到驯化，但对社会特征的无意识选择，很可能在许多代人身上取得了同样的结果。我们对等级制度的接受，对社会压力的顺从，以及对被动攻击的厌恶，都与此相一致。即便如此，在我们社会的表面之下，以及在每个社会成员内部，紧张局面仍然存在。或明或暗，我们都处于一种动态平衡的状态。我们处于自信与顺从、集体与个人利益、爱与恨之间的平衡。我们重视多样性，只要它不会威胁到我们。我们相互竞争，但在面对外部威胁时却团结一致。我们试图控制自己的冲动，但屈服于（无论多么不情愿）主动暴力。我们创造，我们破坏。我们被驯化了吗？还没有。

第十九章
改变表型，改变社会

当我们接近旅程的终点时，我们应该停下来考虑两个独特的现代变化。第一个是个体生活的变化如何改变了我们所生活的社会，第二个是我们的社会在多大程度上承担了塑造其成员表型的责任。

▶▷　表型转化的社会影响

近几个世纪以来，人们对待他人的方式已经发生了变化，而这种变化始于特权阶级。社会历史学家劳伦斯·斯通认为，在17世纪的西方社会，已婚女性最接近于奴隶。妻子和孩子被视为丈夫的附庸，完全受他支配。约翰·班扬笔下的朝圣者是宗教生活的典范，这些朝圣者在追求永生的过程中毫不犹豫地抛弃了妻儿。哲学家让·雅克·卢梭在他的作品中开创了一种童年感伤化的潮流，但他却毫不犹豫地把自己的孩子送到孤儿院。

斯通认为，在1660—1800年间，英国的育儿观念和做法发生了变化。这导致了一种新的行为模式，他将其描述为"母性的、儿童导向的、亲昵的和宽容的"。[1]友伴式婚姻——对那些有仆人的人来说更容易——使人们对孩子和家庭生活有了新的关注，从而引入了我们现在认为理所当然的思维和行为模式。然而，和英国一贯的情况一样，阶级总是存在。富人的女儿因一只死去的鸟而悲伤，而贫穷的母亲在埋葬了一个婴儿后又排着队去工厂工作，这两者之间有着天壤之别。然而，随着时间的推移，情感沿着社会的梯度向下渗透，劳动人民在善良和真诚层面进步了。

18世纪，社会上层的女性和儿童成为自我指导的实体。享有特权的女性开始用母乳喂养自己的孩子，而不是将他们移交给奶妈。这样可以让母子之间形成更好的亲情关系，也可以（更现实地）避免男人与一个哺乳期的女人发生性爱。为了互惠互利，母亲和孩子建立了联系，父亲也更多地参与其中。我们可以比较一下两位政治家的童年经历来作为例子。罗伯特·沃波尔（1676—1745），这位未来的首相从6岁（被送去上学）到22岁（因为他的哥哥和遗产继承人去世，他从剑桥被召回家中）只在家待了几周。相比之下，另一位著名的政治家查尔斯·詹姆斯·福克斯（1749—1806）的父亲霍兰德勋爵则极为溺爱子女。有一次，在一场盛大的宴会中，桌上摆着一大碗奶油，婴儿表示想爬进去。霍兰德勋爵让人把碗放在地板上，好让孩子高兴。[2]

穷人几乎没有感情用事的余地。无尽的辛劳和反复的分娩是他们的命运，生养孩子是养家糊口的必要条件，即使这意味着他们的孩子在7岁时就被送去下矿井。查尔斯·金斯利的《水孩子》生动地描绘了维多利亚时代的贫富差距。在这个小说中，年轻的扫烟囱工人汤姆爬错了烟囱，进入了一个豪华的房间，一个天使般的小女孩躺在她的枕头上睡觉。他转过身去，看到一个丑陋的黑影，眼睛模糊，龇牙咧嘴，他吓得往后退缩——这是他第一次见到镜子。穷人的孩子几乎没有童年，但后来童年被描绘成中产阶级的舒适地带，这种描绘在 20 世纪早期达到了顶峰。青春期前的世界里，儿童由彼得·潘、蟾宫的蟾蜍和小熊维尼陪伴。童年被视为第二个伊甸园，人们从中被驱逐是不可避免的。

图 63：《水孩子》中的一个场景。

孩子们逐渐成为消费文化的象征，他们是美好生活的意义所在。童年也变短了。维多利亚时代的少女时期，青春期前的田园诗般的生活随着每一日历年出生的儿童青春期提前一到两周而缩短。更早的身体成熟和更广泛的教育要求的结合创造了青春期，这是走向成熟道路上的一个新的过渡阶段。正在成长的孩子不再被束缚在家庭中，不再需要提供劳动，他们的身体已经成熟，但却脱离了社会的其他部分，只待在学校里。由此产生的青少年同龄人群体创造了自己的行为模式。避孕药打开了自由性行为的大门，推迟了抚育孩子的责任，并创造了一种挥霍无度的青年文化。然而，青少年的舒适是一个短暂的现象。在西方国家，工业基础萎缩之后，社会上产生了自由流动的未充分就业的年轻人。而在世界上更加富裕的地区，青春期可能会成为生活的长期停车场；在其他地方，青春期已经塑造了大量沮丧的年轻人。

与此同时，年龄较大的人在年龄谱的另一端积累。在前现代时期，60 岁以上的人大约占人口的 5%，这是一种相对较轻的社会负担，财产及其伴随的社会责任迅速从一代传到下一代。1891年，英国 35% 的人口年龄在 15 岁以下，7% 的人口在 60 岁以上。到 1991 年，这一比例分别为 19% 和 21%。这是一种西方的转变，当今埃及的年龄金字塔——40% 的人口低于 15 岁，6% 的人口超过 60 岁——很像 1891 年的英国。年龄的增长推迟了财富、财产和责任从一代向下一代的转移，儿童更大的依赖性也增加了工作年龄的人的负担。高科技的医疗手段将死亡的时间延后，也使死亡变得更加昂贵。由于照顾老人的费用减少了财富的代际转移，富人和其他人之间的鸿沟越来越大。即使是繁荣的国家，如今也在这些负担之下摇摇欲坠。

简而言之，我们对个人的安全感、幸福感和成就感有了更高的期望，当这些得不到满足时，我们会有受骗的感觉。我们的世界确实是一个"美丽的新世界"，居住着美丽的新人类。

▶▷　有责任感的社会的崛起

社会是有规则的：一些人制定规则，另一些人遵守规则。这一至关重要的区别曾经被神的命令证明是合理的，因为国王被视为神所指派的管家，其臣民应当服从他们。然而，国王也必须遵守规则的观念也生根发芽，并从一种相互义务感发展为一种法律契约。法律（对虚构实体并不陌生）随后确立了"人有权利"的新原则。正是在这个基础上，英国人在 1649 年处决了他们自己的国王，因为他的个人利益"与这个国家人民的公共利益、公共权利、自由、正义和和平"相违背。

人权这样的抽象概念就像纸币，只有在有关各方都承认其有效性的情况下才能流通。社会契约演变成伟大的民主原则——民有、民治、民享的政府。我们可能会和圣雄甘地一样，认同西方文明的这些思想，认为"这将是一个非常好的想法"，但问题在于应用而不是理论。在法律当中，平等的伟大原则常常受到挑战，但它之所以占上风，是因为它只是对黄金法则的重新制定，而黄金法则是我们拥有的最好的道德指南针。

　　政客们必须口头上满足选民的愿望。慢慢地，这些愿望改变了。查尔斯·狄更斯在描写童年和贫困时，利用了越来越多有文化素养的公众的情绪。本杰明·迪斯雷利在《西比尔：两个非犹太民族》（1845 年版）一书中解释说，阶级将英国分成了两派（假定他的读者没有考虑过这种可能性）。诸如此类的想法融入了主流舆论，这时，主流舆论开始朝着宽容、包容和同情的方向发展。

　　从连续分娩中解放出来的女性现在开始在公共生活中发挥更大的作用，而男性主导的社会逐渐调整（或调整失败）以适应新的生物现实。不久之后，19 世纪的女权主义者把注意力吸引到以前难以启口的性病话题上。英国议会成员倾向于将这一问题归咎于女性，而他们最大的成就是在驻军城镇强制对妓女进行医疗检查。尽管如此，这一需求仍然十分迫切：在第一次世界大战期间，40 万名英国士兵因性病接受了治疗，而煤气中毒的人数仅为 18.8 万。阿斯巴明是治疗梅毒最有效的药物，曾被德国人垄断。爱国的制造商们争先恐后地填补这一空白。医生不愿意记录诊断结果，从而助长了该病的传播，几乎没有什么改变。几年前，我在《牛津国家传记词典》中搜索了"梅毒"（Syphilis）一词，我很"高兴"地发现，英国知名人士似乎几乎不受梅毒的影响。女性参政论者则不那么信服。克丽斯特贝尔·潘克赫斯特在《大灾难以及如何结束》（1913 年版）一书中声称，20% 的男性患有梅毒，70%—80% 的男性患有淋病。这些惊人的数据是有一些当代医学文献支

持的。即便是保守估计，这两种病的患病比率也分别会达到 10%
和 20%。[3] 在潘克赫斯特看来，结束这场灾难的方法是让人们克
制自己的兽性欲望。赋予女性投票权的运动与人口结构的转变同
步，女性解放运动也与避孕药广泛使用同步，这都不是巧合。

▶▷　管理表型

两个世纪前，人们生活在古老的节奏中，阳光决定了一天的
工作，土壤和季节决定了活动，货币的交换形成了一周活动中很
小但很重要的一部分。没人有读写能力，人们住在离他们出生地
15 千米以内的地方，并在没有标记的坟墓中被遗忘。教区登记册
是他们存在的唯一记录。他们遵从由当地地主制定的法律制度，
这些地主也是地方法官。他们躲避征兵，必要时还会纳税。除此
之外，他们与国家毫无关系，国家也与他们毫无关系。

当欧洲国家开始向现代民族国家转型时，这种情况发生了变
化，因为国家渴望获得信息。国家需要知道他们有多少人，说什
么语言，信仰什么宗教，以及在经济中扮演什么角色。国家信息，
即"统计数据"成为政策的核心要素。虽然查尔斯·狄更斯在小
说中塑造了讽刺形象格拉德格林先生，他否认想象，坚持事实，
但统计数字同样是一种解放。他们克服了不受挑战的偏见的暴政，
并且尽管有许多陷阱，却建立了真理的新标准。此前从未出现过

这种分析模式，它为贫穷影响生活和健康的事实提供了无可辩驳的证据。这类研究虽然遭到顽固抵制，但却成为社会改革者的有效武器，并且转变为社会干预的措施，其结果也可由统计数字作出判断。

最迫切的问题是钱。据说，一位18世纪的英国财政大臣通过贪污获得职位，餐馆的账单都会对他的智力造成挑战。他的一些继任者可能不会比他更有信心，毕竟一个现代政府的中心任务是平衡账目。作为世界上最富有的国家，英国在拿破仑战争期间的支出比收入高出约4.255亿英镑，到1816年1月，英国已累积了8.16亿英镑的公共债务。那一年，在英国6280万英镑的国民收入中，仅利息一项就占了3290万英镑。1912年，《经济学人》的编辑曾分析，如果英国能够避免未来的冲突，那么它可以在2160年之前还清拿破仑战争的贷款。[4] 到1849年，英国的公共收入中有970万英镑来自税收，有3460万英镑来自关税和消费税。这其中的寓意很清楚：一个国家的财富取决于它在需要时提高信贷的能力，而它的信誉则取决于贸易和工业。政治家的首要职责是保护经济。

劳动群众令政治家最惧怕，但又不能被忽视。他们的劳动支持着经济，他们补充了警察和军队的人手，他们新近获得的投票权开始影响政治家的行为。社会保险的原则起源于19世纪，最初是在俾斯麦统治的德国发起。他本人是一个极端保守的人，但他足够聪明，通过推行改革来削弱反对的力量。自愿互助计划已经显示了其价值，但俾斯麦强制要求雇主为劳工作出贡献。1883年出现了疾病保险，随后国家又在1889年推出了政府补贴的老年保险。其他地方的政客们对俾斯麦改革中的强制性元素感到不满，但在第一次世界大战爆发时，基本社会保障在西欧大部分地区已经得到落实。

保险的一个原则是，预防不幸比承担后果要便宜。为健康的人口提供保险比为生病的人口提供保险更具成本效益。健康的工人更有生产力，更健康的母亲会生出更健康的婴儿，而更健康的婴儿会成为更好的士兵。社会保险的逻辑迫使现代国家对其公民的表型承担日益增加的责任，而各个政党则通过准备接受这一责任来定义自己。

不管政客是谁，国家现在几乎会干涉其成员生活的方方面面，从产前保健到遗产税，从接种疫苗到教育，从健康到疾病，从就业到贫困。这需要监测者的高度监督和被监测者的高度服从。计算机的非人格化和无智慧的权威已经取代了大批文职行政人员，信息技术也将国家和公民之间无形的契约转移到了网络空间。小说中的极权主义国家并没有完全成功地监视温斯顿·史密斯（乔治·奥威尔《1984》的主角），但统治者从未想过自由社会现在能够拥有日常监控设施。

在《世界幸福报告》中，世界上最幸福的人生活在社会民主国家。在这些罕见但幸运的社会中，政治家的任务是促进其公民的福祉。在英国，公众情绪和政治现实在战后福利国家立法中融合在一起。这种从摇篮到坟墓的社会支持的鼓舞人心的愿景是建立在充分就业、繁荣的经济、有限的寿命和财富无法逃避税收的假设之上的，但当这些条件不再适用时，这一切就遇到了困难。可悲的是，认为一个国家可能是为了其公民的利益而存在的想法，只适用于经济健康、不奉行积极外交政策的国家，而英国不是这样的国家。国民福利很快就开始排在国民收入之后，其依据是"个人财富会使每个人受益"这一可疑的前提。事实证明并非如此，富人和其他人之间不断扩大的差距很可能会在我们的生理结构中得到相应的反映。如果以寿命减短为依据的话，这一过程已经开始了。

后　记

生活在 2—3 万年前的人们更瘦，更健康，能够在我们几乎无法忍受的条件下生存。他们中的一些人能够猎杀冰河时代后期欧洲的大兽群，并长得几乎和现代人一样高。他们也懂得爱情、忠诚、亲情的温暖和死亡的神秘。想想让人难以忘怀的伊石的故事吧，这位印第安亚希族原住民用一生的时光向现代社会过渡。他的族人是狩猎-采集者，他们被白人殖民者猎杀到了灭绝的地步。五名幸存者在加利福尼亚的荒野中生活了 20 年，最终只有他活了下来。1911 年，他走进一个农场，本以为会被当场杀死。然而，他成为旧金山一家人种博物馆的看门人。这位 50 岁的老人是地球上最孤独的人，他也交了一些朋友，其中包括人类学家阿尔弗雷德·克罗伯和语言学家爱德华·萨皮尔。他对有轨电车和餐馆有着惊人的适应能力，还结识了一位和他一样热爱射箭的医生。伊石于 1916 年死于严重的肺结核，他没有得到任何保护。"他是我最好的朋友。"那位医生哀叹道。[1]

类似的事情反过来发生了。1978 年，一架直升机在西伯利亚偏远的荒野发现了耕种的迹象。一群地质学家通过陆路跋涉到达

图 64：伊石，最后的伊石。

那里，发现了一个俄罗斯家庭，他们在完全与世隔绝的环境中生活了 42 年。他们的父母都是"老信徒"，是一个深受迫害的教派的成员，为了躲避麻烦，他们在 20 世纪 30 年代搬到了西伯利亚。1936 年卡尔普·利科夫的哥哥被枪杀后，他带着妻子和两个年幼的孩子逃进了荒野，除了种子和土豆，他几乎没带走什么财产。1978 年，家里又添了两个孩子，但母亲已经去世了。

地质学家发现有五个人住在一间用简陋的炉子取暖的肮脏的小木屋里。他们自己织衣服，没有枪和弓，没有烧水的金属容器，最小的两个人从来没有见过面包。生于 1940 年的德米特里，曾在西伯利亚的冬天光着脚打猎，甚至能把鹿追得筋疲力尽 [2]——我们与旧石器时代的祖先其实差别不大。

我们的祖先和我们有着相同的基因（只是有微小的变异），但是他们的身体和思想却不一样。我们与他们不同，是因为我们的基因调整了我们的生长和发展，以适应我们所生活的世界，一个由我们自己的努力所改变的世界。每产生一个新的人，遗传变异的骰子就会掷出去，但自然选择使我们以大致相似的方式对相似的环境作出反应。这一点在极端环境中最为明显，比如在压力下受到挑战的胎儿所采取的"生存表型"，或者我们应对饥饿的标准方式。这些"现成的"反应似乎已经根植于我们体内，是与生俱来的，它们类似于物种范围内的变异模式，理查德·沃尔特里克称之为反应规范。其中某些规范——包括旧石器时代、农业、特权和消费表型——已经成为人类旅程的特征。

音乐与舞者在舞蹈中融合，基因与环境也是如此。试图把他们分开是没有意义的。音乐变了，但我们继续跳舞。这种相互作用的生物学是复杂的、有争议的和未解决的，这就是为什么我选择把重点放在描述上。我想说的是，我们已经改变了，我们仍在改变，这告诉了我们一些重要的东西——作为人类，这意味着什么。

▶▷　末日骑士

我们是一个适应性很强的物种，人们理所当然地认为我们的适应性表现在我们的大脑、我们所做的工作，以及我们的文化传统中。我们忘记了变化的条件也反映在我们的生物学中，这也许可以解释为什么表型转变似乎让每个人都感到惊讶。在20世纪上半叶，还没有哪位著名的思想家或生物学家预测过我们会活得这么长，长得这么高，或者会遭遇肥胖症的流行。本书认为，我们不断变化的身体和思想是对我们生活环境的综合表型反应。我们曾试图把每一种表现当作一种孤立的现象来对待，结果是无效的、不合理的以及不可理解的。例如，肥胖和极端老年被认为是医疗问题，取代了旨在促进终生健康的政策，从而使有关人员与其他人疏远，而且所提供的昂贵和无效的医疗补救措施往往为时已晚。

人类进化之旅的大部分是在非洲平原上完成的。它是由对食物的追求控制的，而烹饪的发明改变了我们的进化。农作物和动物的驯化带来了更大的飞跃，这为耕作和我们称之为文明的城市之间的相互作用创造了条件。几千年来，农耕方法进步缓慢，饥荒和瘟疫控制着我们的人口。然而，近几个世纪以来，科学、工业和廉价能源的获得使我们得以超越这些自然选择因素，并为我们逃离兔子岛创造了条件。

发育可塑性的概念出现于20世纪下半叶，其媒介是女性的身体。在此之前，科学中无形的性别歧视在很大程度上忽视了母亲的作用。直到那时，人们才意识到母亲和孩子是同一功能单元的不同部分，生命的头一千天对孩子的生命有着持久的影响。我们是在母亲的体内形成的，最近我们表型的变化在很大程度上是由于女性营养良好、健康并且能够计划怀孕。他们的孩子长得更快，性成熟更早，身体的组成和比例也发生了变化。一个更令人吃惊的发现是，早期生长条件不仅影响我们的成长速度，还影响我们衰老的速度。在富裕国家，大约90%的人能活到60岁以上。生物标志物表明，我们衰老的速度确实是不同的，而这个速度受到我们生活经历的影响。我们的表型轨迹是灵活的，我们比以前活得更长，我们死于与衰老表型相关的退行性疾病。这种表型可以被修改，并为我们提供了活得更久的潜力。

我们的免疫系统已经经历了它们自己的表型转变。在旧石器时代，我们的免疫表型是在与寄生虫和传染病的长期共同进化对话中发展起来的，这些寄生虫和传染病已经与小群体生活相适应了。后来，农业的发展使得新的传染病感染病例大量涌入人口密集的社区，并沿着连接这些社区的贸易路线传播。我们生活条件的改变使流行病开始侵袭人类，而我们生活方式的简单改变通常足以将它们赶走。然而，与我们长期共同进化的同行者却不那么容易被赶走，它们成为当今世界人们死亡的主要元凶。失去其他不知名的同行者可能会导致我们对变态反应或自身免疫功能失调模式的敏感性增加。

我们是群居动物。在我们穿越时间的旅程中，社会条件在不断影响着我们的发展。2018 年，英格兰北部一所小学的匿名校长说：

> "我的孩子们已经从我身边升入了当地的中学。他们的皮肤是灰色的，牙齿、头发和指甲都很差。它们更瘦小、单薄……在体育赛事上，你看到你的孩子和其他富裕地区的孩子在同一年龄组，会想：我们的孩子真的很矮小。你平日不会注意到这一点，因为你一直和他们在一起，但当你看到他们

和来自富裕地区的同龄孩子在一起时，他们看起来很矮小。"

她的孩子不仅更小，而且"配置"也不一样——不仅仅是在社会层面上处于弱势，在生理层面也处于弱势。他们衰老得更快，死亡得更早，这一点在小学阶段就已经很明显了。他们面前的门已经关上了。事实证明，身高方面的社会经济差异难以消除，但体重超标已经取代身材矮小成为社会劣势的标志，而且这一差距正变得越来越大。[3] 在英国和美国等国家，人们的预期寿命存在着巨大的差异，这是社会不平等的典型影响。

社会对其成员的生理机能产生影响，但它也留下了我们生理机能变化的印记。女性被控制生育的技术改变了，童年被加速生长和性早熟改变了。青春期是一个新的现象，我们的身体组成部分已经被过多的食物和体力劳动的减少改变了。美国最高法院大法官的长寿已经成为具有相当大的政治意义的事件，他们就像乔纳森·斯威夫特笔下的斯特鲁布鲁格一样，衰老但不死亡。直到上一代人成长起来，我们才充分认识了我们的发育可塑性。它所传递的信息，虽然远非新鲜的，却是令人信服的。我们是应该投资开发帮助富人活得更久的技术，还是应该让 10 亿人有机会活得更长、更充实呢？

体格的变化与许多其他维度的变化相匹配。我们生命的期限更有保障，这对我们的生死经验、社会关系以及宗教信仰方面产生了深远的变化。我们（总体上）更有同情心了，而且我们的同情心的带宽也因为近乎普遍的读写能力和对戏剧的了解而扩大了。我们在智力测试中表现得更好——尽管这一点的重要性有待商榷——而且似乎毫无疑问，我们的思维运作方式有所不同。

布卢门巴赫认为人类是一种被驯化的物种，这一观点通过对驯化综合征的鉴定而重获生机。我们与许多被驯化的动物都有共同特征。于是这样一种假说就应运而生了：在最拥挤的条件下，一个共同的遗传途径可能成为我们相互容忍和合作的基础。唉，当然了，主动攻击倾向依然是不可逾越的。

▶▷　**我们是一样的吗？**

多亏了丰富的文学遗产，我们可以想象在特洛伊平原上投掷沉重的青铜长矛的场景，或者坐在简·奥斯汀的客厅里，幻想着意中人向你走来的样子。我们对我们的祖先有一些了解，但对他们来说我们显得非常陌生。射箭使伊石与20世纪的一位医生建立了联系，但在伊石的传记中，并没有自我反思的陈述。我们的想法和他不一样。

那么，回答这个问题：我们改变了吗？关于所谓的"人的自然本性"的论述非常多，通常的结论是"你不能改变它"。在我看来，唯一可以肯定的是你无法给它下定义。它包含了人们曾经想过或做过的任何事情，如果你能从中得出任何有用的结论，那我就祝你好运了。自古以来，人们对理解自身本性的追求就像是在寻找一个隐喻中的伊甸园，以此来评判我们当前的生活方式。这个古老故事的最新版本告诉我们，我们是为非洲大草原上的生命而设计的，在那里进化出来的基因与 21 世纪的生命不匹配，这引起了很多当代病症。

这本书得出了一个截然不同的结论，那就是我们已经很好地适应了一种自然选择不可能为我们做好准备的生活。我们比以往任何时候都更健康长寿。长期以来被描绘为大自然对现代生活的报复的冠状动脉流行病，正在从我们的人口中逐渐消失。癌症的影响之所以越来越大，是因为其他原因所导致的死亡越来越少。肥胖的流行有许多不良的后果，但预测中的世界末日并未发生。长期营养过剩已成为一种新常态，我们正在学着去适应它。如果返祖基因确实在试图惩罚我们的不良行为，它们的做法非常奇怪。即便如此，我们对自然选择的逃避给我们带来了过去任何东西都无法应对的前所未有的挑战，其中包括长期营养过剩和极度衰老。

▶▷　无限病

我们已经进入了一个奢华安逸的梦幻世界，但我们的未来却没有保障。政治领袖们曾提出过更美好的未来的愿景，但他们现在对这个问题却出奇地沉默，他们更喜欢喋喋不休地讲述光荣的过去。古罗马历史学家杰罗姆·卡尔皮诺曾说过，"要想成功地对抗当时的邪恶，社会需要相信自己的未来"[4]，而在 21 世纪，我们也面临着类似的空虚。

社会学家埃米尔·涂尔干把社会失范称为"无限病"，因为它刺激了永不能得到满足的欲望。在更普遍的用法中，这个词指的是由于社会秩序的变化而产生的一种无意义或缺乏目的的感觉。这是一种普遍的疾病。老年人发现，他们的价值观和经验在一个技术快速进步的世界里被贬低了，他们的文化素养对年轻人来说意义不大，而对年轻人来说，连通性就是一切。同时，年轻人发现来之不易的技能是有一定有效期的，他们的就业前景受信息化的摆布。具有不同思考习惯的老年人拥有权力和金钱，而通过传统的方式在职业上逐步获得晋升并组建自己的家庭，则显得越来越不现实。年轻人被他们所处的社会边缘化了。

那么，未来会怎样呢？那些靠写书赚钱的人的观点很极端。生态崩溃就是其中一种观点，某种形式的环境危机似乎是不可避免的。相比之下，新一代的改良主义者提供了经济无限增长的前景，以及由基因工程和电子大脑植入等技术主导的未来。这和其他的乌托邦世界很像，任何理智的人都不愿意在这种想象中的世界生活。基因工程可以纠正单个基因的缺陷，但我们离重塑由多个基因协调的复杂性状还有光年之遥。信息技术有可能扩大我们的感官范围（目前它的主要作用是缩小它们），但更快地执行计算的能力不太可能扩大人类理解的范围。

　　更现实地说，我们有机会设计出表型。实现这一目标最好和最有效的方法是优化每个人的生长、教育和发展机会。如果做不到这一点，更多的人将诉诸药理学手段来进行表型工程。表型工程的最终目的是对胚胎进行药理学处理，而改造未出生婴儿脂肪组成的失败尝试只是朝这个方向迈出的第一步。

　　由于可塑性反映了人为的环境，那些控制环境的人将有意或无意地指导后代的表型。由谁来控制呢？单一民族国家的政权曾被视为其公民的家长，但它已被资本外逃不可挽回地削弱了。财富曾经是有形的，它可能位于银行金库或地产中，革命暴徒和政客都觊觎这些财富。如今，财富已经进入了网络空间，只存在于用它交易的人的头脑和电脑中。如果互联网崩溃，世界贸易崩溃，财富会像梦一样消失吗？生存主义者可能幻想重新开始，但不可能重新开始。如果我们赖以生存的网络真的崩溃了，我们的后人很快就会发现，所有易于开采的矿藏和化石燃料都已枯竭，而剩下的资源如果没有先进的技术就无法开采。因此，他们将永远生活在前工业时代。

　　最后要强调的一点是，我们不是自然物种。我们是我们自己文化的产物，为了适应我们所创造的世界，而努力适应着不确定的未来。没有任何一种"自然"的存在方式可供我们去追求。根据过去的经验看，我们将继续梦游般地进入一个我们始终无法预测的未来。然而，就我个人而言，需要补充的一点是：我曾与许多垂死的人坐在一起，并从这最后的生命之光中了解到，我们是一个值得自豪的物种，一个值得为之奋斗的物种。

参考文献

序言

[1] Isaiah 65:20, New American Standard Bible translation.

[2] Hinrichs (1955).

[3] Pleij (2001).

[4] Johannsen (1911).

[5] Schwekendiek (2009); NCD Risk Factor Collaboration (2016).

[6] Shapiro (1939).

[7] Clarke (2007).

[8] Broadberry (2010).

[9] Stone (1977).

[10] UNESCO Fact Sheet #45, September 2017.

[11] Flynn (2012).

第一章　普罗米修斯时刻

[1] Plato (1958), p. 53.

[2] Boas (1911), p. 83.

[3] Wrangham (2009).

[4] Wallis (2018); Tyson (2018).

[5] Milton (2003).

[6] Lee (1968) p. 33.

[7] Organ (2011).

[8] Ponzer (2016).

[9] Klein (1999), pp. 512ff.

[10] Gould (1983a), p. 49.

[11] Eaton and Eaton (1999), p. 450.

[12] Holt and Formicola (2008).

[13] Formicola and Giannecchini (1999).

[14] Childe (1942), p. 22.

[15] Green (1981).

[16] Cannon (1932), p. 69.

[17] Mithen (2003).

[18] Hodder (2004).

[19] Cohen (1977).

[20] Lobell and Patel (2010).

[21] Tacitus (1948), p. 122.

[22] Khaldun (1969), p. 94.

[23] Koepke and Baten (2005).

[24] James (1979).

[25] Mays (1999).

[26] Scott (2017), p. 83.

[27] Macintosh et al. (2017).

第二章　查理曼大帝的大象

[1] Einhard and Notker the Stammerer (1969).

[2] Pirenne (2006), Introduction.

[3] Pomeranz (2000).

[4] Hoskins (1955), p. 56.

[5] Cited in McKeown (1979).

[6] Read (1934).

[7] Linklater (2014).

[8] Trevelyan (1942), p. 165.

[9] Ernle (1936), p. 177.

[10] Braudel (1981), p. 196.

[11] Schwartz (1986), pp. 41–42.

[12] Ernle (1936), pp. 188–189,

[13] Broadberry et al. (2010).

第三章　通往兔子岛的路

[1] Gurven and Kaplan (2007).

[2] Finch (1990), p. 150.

[3] James (1979).

[4] James (1979).

[5] Smith (1991).

[6] Stone (1977), p. 476.

[7] Malthus (1985).

[8] Darwin (1958), p. 120.

[9] Wrigley (1969).

[10] Harris (1993), p. 44.

[11] Carr-Saunders (1936), p. 30.

[12] Wrigley (1969), p. 197.

[13] Thompson (1929).

[14] Davis (1945).

第四章　喂饱了世界的发明

[1] Giffen (1904), vol. 2, pp. 274 – 275.

[2] Crookes (1917), p. 11.

[3] Leigh (2004), p. 69.

[4] Cushman (2013).

[5] Sohlman (1983).

[6] Tuchman (1994).

[7] Grey (1925), vol. 2, p. 289.

[8] Smil (2001), p. 103.

[9] Prescott (n.d.), p. 296.

[10] Stern (1977), p. 469.

[11] Smil (2001).

[12] Jones (1920).

[13] Collingham (2013), p. 416.

[14] Consett (1923).

[15] Offer (1989).

[16] Charles (2005).

[17] Borkin (1979).

[18] Smil (2001).

[19] Nystrom (1929).

[20] Boyd-Orr (1966).

[21] Smil (2001), p. 113.

[22] Rehm (2018).

[23] McNeill and Engelke (2014).

[24] Smil (2004), p. 102.

[25] Food and Agriculture Organization of the United Nations (1975), paras 77–82.

[26] Walpole et al. (2012); Thornton (2010).

[27] Van Ittersum et al. (2016).

[28] Thomas (2003).

第五章　人类可塑性的发现

[1] Blumenbach (1865).

[2] Cited in Poliakov (1971), p. 173.

[3] Ripley (1899), p. 453.

[4] Keynes (1936).

[5] Lamarck (1963), p. 108.

[6] Wallace (1880).

[7] Darwin (1922).

[8] Boas (1909).

[9] Jordan (1993), p. 171.

[10] Anon. (1904).

[11] Cited in Himmelfarb (1984), p. 350.

[12] Barnardo and Marchant (1907).

[13] MacMillan (2001), pp. 318–321.

[14] Ripley (1899), p. 52.

[15] Boas (1912).

[16] Hulse (1981).

[17] Bateson et al. (2004).

[18] Planck (1949).

[19] American Anthropological Association (1998).

第六章　社会环境

[1] Steinach and Loebel (1940).

[2] Vogel and Motulsky (1997), p. 377.

[3] Potts and Short (1999).

[4] Eaton and Mayer (1953).

[5] Frisch (1978).

[6] Eaton and Mayer (1953).

[7] Smith et al. (2012).

[8] Ellison (2001), pp. 145–160.

[9] Women's Co-operative Guild (1915).

[10] Chamberlain (2006).

[11] Chamberlain (2006).

[12] Molina et al. (2015).

[13] Kaunitz et al. (1984).

[14] Mitteroecker et al. (2016).

[15] Walton and Hammond (1938).

[16] Cited in Cameron (1979).

[17] Lawlor (2013).

[18] Brudevoll et al. (1979).

[19] Tanner (1981), pp. 106–112.

[20] Moller (1985).

[21] Barbier (1996), p. 91.

[22] Zanatta et al. (2016).

[23] Hochberg et al. (2011).

[24] Potts and Short (1999), p. 162.

[25] Short (1976).

[26] Belva et al. (2016).

[27] Barclay and Myrskylä (2016).

[28] Kong et al. (2012).

[29] Aviv and Susser (2013).

[30] Bordson and Leonardo (1991).

[31] Eisenberg and Kuzawa (2018).

[32] Barclay and Myrskylä (2016).

[33] Dratva et al. (2009).

第七章 生活在出生之前

[1] George (1925), p. 34.

[2] Sullivan (2011).

[3] Ballantyne (1904).

[4] Gale (2008).

[5] Smith (1947).

[6] Stein et al. (1975).

[7] Lenz (1988).

[8] Forsdahl (1978).

[9] Barker (2003).

[10] Gluckman and Hanson (2005).

[11] Hayward and Lummaa (2013).

[12] Roseboom et al. (2006).

[13] Schlichting and Pigliucci (1998).

[14] Waddington (1957).

第八章 越长越高

[1] Stanhope (1889).

[2] Tanner (1981), p. 114.

[3] Komlos (2005).

[4] Julia and Valleron (2011).

[5] Tanner (1981), p. 162.

[6] Tanner (1981), p. 163.

[7] Tanner (1981), p. 122.

[8] Quetelet (1835).

[9] NCD Risk Factor Collaboration (2016).

[10] Jantz and Jantz (1999).

[11] Bakewell (2011).

[12] Leitch (2001).

[13] Pawlowski et al. (2000).

[14] Ives and Humphrey (2017).

[15] Amherst data from UNCG digital collections, http://libcdm1.uncg.edu/cdm/compoundobject/collection/PEPamp/id/3067/rec/2.

[16] Bowles (1932).

[17] Morton (2016).

[18] O'Brien and Shelton (1941), p. 28.

[19] Shapiro (1945).

[20] Rose (2016).

[21] Jantz and Jantz (2016).

[22] http://www.scientificamerican.com/article/the-power-of-the-human-jaw.

[23] Keith (1925), vol. 2, p. 671.

[24] Katz et al. (2017).

[25] Lieberman (2013), p. 306.

[26] Zeuner (1963), p. 68.

[27] Weiland et al. (1997).

[28] Sun et al. (2015).

第九章　性能

[1] Sargent (1887).

[2] Morris (2001), p. 84, p. 129.

[3] Norton and Olds (2001).

[4] Day (2016).

[5] Tanner (1964), p. 108.

[6] http://www.bbc.co.uk/news/magazine-34290980.

[7] Sedeaud et al. (2014).

[8] Syed (2012).

[9] Bejan et al. (2010).

[10] Charles and Bejan (2009).

第十章　设计师表型

[1] http://www.lostateminor.com/2013/04/26/infographic-of-barbie-

doll-vshuman-woman.

[2] Norton and Olds (2001).

[3] Sharp (2009).

[4] Saner (2018).

[5] Cochrane (2016).

[6] Finch (1990), p. 90.

[7] Early Eighteenth-Century Newspaper Reports: A Sourcebook, rictor norton.co.uk/grubstreet/gelder.htm.

[8] Holt and Sönksen (2008).

[9] http://www.businessinsider.com/nfl-players-arrested-2013-super-bowl-2013-6.

[10] Perkins (1919).

[11] Olshansky and Perls (2008).

[12] Levine et al. (2017).

[13] Cooper et al. (2010).

[14] Skakkebaek et al. (2016).

[15] Colborn and Clement (1992).

[16] Gore et al. (2015).

第十一章 肥沃的土地

[1] Brink (1995).

[2] Komlos and Brabec (2011).

[3] West (1978), p. 275.

[4] Association of Life Insurance Medical Directors and the Actuarial Society of America (1912).

[5] Schwartz (1986).

[6] Sun et al. (2012).

[7] Collingham (2013).

[8] Hawkes (2005).

[9] De Vogli et al. (2014).

[10] Monteiro et al. (2004).

[11] Howel et al. (2013).

[12] Strøm and Jensen (1951).

[13] Trowell (1974).

[14] Franco et al. (2008).

[15] Komlos and Brabec (2011).

[16] USDA: What we eat in America: NHANES 2007–2010.

[17] Neel (1962).

[18] Neel (1994).

[19] Ó Gráda (2009), p. 99.

[20] Loos and Yeo (2014).

[21] Hales and Barker (2001).

[22] Chiswick et al. (2015).

[23] Kuczmarski et al. (1994).

[24] Flegal (2006).

[25] German (2006).

[26] Prentice and Jebb (2001).

[27] Kuczmarski and Flegal (2000).

[28] Blüher (2014).

[29] Flegal (2006).

[30] Kuulasmaa et al. (2000).

[31] Gregg et al. (2005).

第十二章　在多元宇宙的家中

[1] Brock (1961), p. 11.

[2] Rosebury (1969), p. 10.

[3] Dubos (1965).

[4] Rook (2013).

[5] Omran (2005).

[6] Brooks and McLennan (1993), p. 5.

[7] Roberts and Janovy (2000).

[8] Nunn et al. (2003).

[9] Dounias and Froment (2006).

[10] Stoll (1947).

[11] Chan (1997).

[12] Cited in Brooks and McLennan (1993), p. 405.

[13] Cowman et al. (2016); Loy et al. (2017).

[14] Zinsser (1935), p. 185.

[15] Maunder (1983).

[16] Stedman (1796), p. 5.

[17] Maunder (1983).

[18] Van Emden and Piuk (2008), p. 196.

[19] Bonilla et al. (2009).

[20] Donoghue (2011).

[21] Dubos and Dubos (1952), p. 185.

第十三章 传染病的消退

[1] Dowling (1977), p. 40.

[2] Dubos (1976), p. 23.

[3] Charlton and Murphy (eds.) (1997).

[4] McKeown (1988).

[5] Cited in Lancaster (1990), p. 90.

[6] Dubos and Dubos (1952).

[7] Dormandy (1999), p. 387.

[8] Marshall (ed.) (2002).

[9] Barlow (2000).

[10] Grytten et al. (2015).

第十四章 最后的边疆

[1] Wallace, cited in Beeton and Pearson (1899).

[2] Fisher (1909).

[3] Pearl (1920), pp. 161–165.

[4] Haldane (1923).

[5] Dublin (1928).

[6] Fries (1980).

[7] GOV.UK Health profile for England, 13 July 2017, https//www.
gov. uk/government/publications/health-profile-for-england.

[8] Oeppen and Vaupel (2002).

[9] Olshansky and Carnes (2001), p. 86.

[10] Levine and Crimmins (2018).

[11] Jones (1956).

[12] Sebastiani et al. (2017).

[13] Belsky et al. (2015).

[14] Levine and Crimmins (2018).

[15] Levine and Crimmins (2014).

[16] Field et al. (2018).

[17] Goto et al. (2013).

[18] Hardman (2001).

[19] Gavrilov et al. (2002).

[20] Gemmell et al. (2004).

[21] McCurry (2018).

[22] Evert et al. (2003); Ailshire et al. (2015).

[23] Powell (1994).

[24] Festinger et al. (1956).

[25] Fraser and Shavlik (2001).

[26] Geronimus et al. (2006).

[27] Kulkarni et al. (2011).

[28] Stiglitz (2001).

[29] Lenfant (2003).

[30] Finch (1990), p. 161.

第十五章　拴在垂死的动物身上

[1] Greene (2007).

[2] Kole et al. (2013).

[3] Bliss (1999), p. 274, p. 372.

[4] Dalen et al. (2014).

[5] Lawlor et al. (2002).

[6] Townsend et al. (2016).

[7] Hansson (2005).

[8] Gaziano et al. (2010).

[9] Centers for Disease Control (1999).

[10] Tryggvadottir et al. (2006).

[11] Moore et al. (2017).

[12] DECODE Study Group (2003).

[13] Godlee (2018).

第十六章　人性的乳汁

[1] Rule et al. (2013).

[2] Nichols (2003), p. 120.

[3] Todorov et al. (2005).

[4] Godwin (1834).

[5] Lavater (n.d.), p. 11.

[6] Buffon (1797), vol. 4, pp. 94–95.

[7] Bell (1885), p. 54.

[8] Green (1990), p. 578.

[9] Bell (1885), p. 58.

[10] Rhodes (2006).

[11] McNeill (1998).

[12] Bjornsdottir and Rule (2017).

[13] Burrows et al. (2014).

[14] Darwin (1965), p. 359.

[15] James (1890), vol. 2, p. 451.

[16] Dixon (2015).

[17] Jones (2014).

[18] Ginosar et al. (2015).

[19] Sacks (2010).

[20] Stewart (1892).

[21] Galton (1884).

[22] Thurstone (1934).

[23] Goldberg (1993).

[24] Nisbett (2003), p. 122.

[25] Trull and Widiger (2013).

[26] Emre (2018).

[27] James (1938).

[28] Chaytor (1945).

[29] Edmonson (1971).

[30] Ibrahim and Eviatar (2009).

[31] Ong (1982).

[32] Brigham (1923).

[33] Pollan (2006), p. 233.

[34] Pinker (2011), p. xxii.

[35] Gay (1998).

[36] Quiggin (1942).

[37] Davies (1969).

[38] James (1902).

第十七章　新思想换旧思想

[1] Gould (1984).

[2] Gould (1984).

[3] Brigham (1923).

[4] Scottish Council for Research in Education (1949).

[5] Flynn (2012).

[6] Bergen (2008).

[7] Guerrant et al. (2013).

[8] Neel (1970).

[9] Zerjal et al. (2003).

[10] Macmillan (2008).

[11] Anderson et al. (2017).

第十八章 人类物种的驯化

[1] Galton (1865).

[2] Darwin (1905), vol. 2, pp. 231–233, p. 332.

[3] Thomas et al. (2013).

[4] Ernle (1936), p. 177.

[5] Castle (1947).

[6] Dugatkin and Trut (2017).

[7] Leach (2003).

[8] Gould (1983b).

[9] Shea (1992), p. 104.

[10] Wilkins et al. (2014).

[11] Cieri et al. (2014).

[12] Range et al. (2015).

[13] Vasconcellos et al. (2016).

[14] Wrangham (2018).

[15] Wrangham (2018).

[16] Hare (2017).

[17] Wilson (1988), p. 38.

第十九章 改变表型，改变社会

[1] Stone (1977).

[2] Trevelyan (1928).

[3] Pankhurst (1913).

[4] Porter (1912), p. 617, p. 622.

后记

[1] Kroeber (1961).

[2] Peshkov (1994).

[3] Bann et al. (2018).

[4] Carcopino (1941), p. 88.

人名索引[*]

A

---

* 书中部分人名索引，按中文名拼音首字母排序。——编者注

查尔斯·达尔文　　　　　　　Charles Darwin

查尔斯·狄更斯　　　　　　　Charles Dickens

查尔斯·金斯利　　　　　　　Charles Kingsley

查尔斯·尼克尔　　　　　　　Charles Nicolle

查尔斯·詹姆斯·福克斯　　　Charles James Fox

D

达德利·A. 萨金特　　　　　Dudley A. Sargent

大卫·巴克　　　　　　　　David Barker

大卫·洛奇　　　　　　　　David Lodge

大卫·休谟　　　　　　　　David Hume

德米特里·贝利亚耶夫　　　Dmitry Belyaev

狄奥多西·多布赞斯基　　　Theodosius Dobzhansky

蒂姆·蒙哥马利　　　　　　Tim Montgomery

杜克·卡哈纳莫库　　　　　Duke Kahanamoku

E

恩斯特·奥古斯特　　　　　Ernst August

F

范·赫尔蒙特　　　　　　　Van Helmont

L

W. Z. 里普利	W. Z. Ripley
理查德·克莱因	Richard Klein
理查德·兰厄姆	Richard Wrangham
理查德·沃尔特里克	Richard Woltereck
柳德米拉·特鲁特	Lyudmila Trut
鲁思·本尼迪克特	Ruth Benedict
路易·都柏林	Louis Dublin
路易·雷尼·维勒梅	Louis-René Villermé
露丝·汉德勒	Ruth Handler
罗宾·沃伦	Robin Warren
罗伯特·阿德雷	Robert Ardrey
罗伯特·迪金森	Robert Dickinson
罗伯特·胡克	Robert Hooke
罗伯特·吉芬	Robert Giffen
罗伯特·马尔萨斯	Robert Malthus
罗伯特·史瑞夫	Robert Sherriff
罗伯特·沃波尔	Robert Walpole
罗尔德·达尔	Roald Dahl
罗杰·培根	Roger Bacon
罗杰·斯佩里	Roger Sperry
罗斯·弗里施	Rose Frisch

M

约翰·辛格·萨金特	John Singer Sargent
约翰·尤德金	John Yudkin
约翰尼·魏斯穆勒	Johnny Weissmuller
约吉·贝拉	Yogi Berra
约书亚·莱德伯格	Joshua Lederberg

Z

詹姆斯·V. 尼尔	James V. ('Jim') Neel
詹姆斯·弗莱斯	James Fries
詹姆斯·弗雷泽	James Frazer
詹姆斯·弗林	James Flynn
詹姆斯·理查德森	James Richardson
詹姆斯·坦纳	James Tanner
詹姆斯·沃森	James Watson